Anton Zeilinger

Einsteins Spuk

Teleportation und weitere Mysterien der Quantenphysik

Aus dem Englischen
von Friedrich Griese

Pantheon

Die deutsche Fassung wurde vom Autor durchgesehen und ergänzt.

Das Nachwort wurde übersetzt von Hainer Kober.

FSC
www.fsc.org
MIX
Papier | Fördert
gute Waldnutzung
FSC® C083411

Penguin Random House Verlagsgruppe FSC® N001967

2. Auflage

in der Penguin Random House Verlagsgruppe GmbH,
Neumarkter Straße 28, 81673 München
produktsicherheit@penguinrandomhouse.de
(Vorstehende Angaben sind zugleich Pflichtinformationen nach GPSR)

Umschlaggestaltung: Büro Jorge Schmidt, München
Druck und Bindung: CPI books GmbH, Leck
Printed in the EU
ISBN 978-3-570-55502-6

www.pantheon-verlag.de

Inhalt

Offenheit und Neugier – ein Vorwort 7
Danksagung 11
Prolog: Unter der blauen Donau 13
Glasfaseroptik und Informationsübertragung in der Telekommunikation 16
Eine kurze Geschichte des Reisens 25
Zu Wasser und zu Lande 25
Der Traum vom Fliegen und von der Raumfahrt 28
Der Science-Fiction-Traum Teleportation 35
Der Stoff, aus dem das Licht ist 37
Licht als Welle 38
Licht als Teilchen 43
Schäferhunde und Einsteins Lichtteilchen 45
Einstein und der Nobelpreis 55
Ein Konflikt 57
Alice, Bob und der Doppelspalt 58
Was ist Materie? 70
Quantenunschärfe: nur Sache unserer Unwissenheit – oder sind die Dinge wirklich so? 74
Die Quantenausrede 77
Laut Heisenbergs Unschärfebeziehung ist Teleportation unmöglich 87
Rettung kommt von der Quantenverschränkung 92
Verschränkte Quantenwürfel 94
Alice und Bob im Quantenlabor 106
Professor Quantinger über die Polarisation des Lichtes 118
Polarisation einzelner Lichtquanten 124

Alice und Bob entdecken Zwillingsteilchen 135
Johns Vortrag über Einstein, Podolsky und Rosen 148
Das EPR-Realitätskriterium 156
Die EPR-Lokalitätsannahme 169
Das Rätsel der Zwillinge 171
Johns Geschichte von den lokalen verborgenen Variablen . . 177
Verwirrende Ergebnisse 183
Die Geschichte von John Bell 188
Verschränkung – ein Quantenrätsel für jedermann 195
Alice, Bob und ihre unverständlichen Beobachtungen 210
Schneller als das Licht und in die Vergangenheit? 215
Die fantastische Quantenwelt 221
In den Tiroler Bergen 233
Erwin Schrödinger und Alpbach 242
Die Quantenlotterie 245
Quantenlotterie mit zwei Photonen 253
Quantengeld – das Ende der Geldfälscher 263
Quantenbits 267
Ein Quantenbit kann mehr übertragen, als es tragen kann . 270
Die erste Quelle und die ersten Experimente 275
Die Superquelle 279
Die Teleportation an der Donau 281
Der verschlungene Pfad zum Experiment 293
Teleportation von Nichts 300
Andere Experimente 311
Die Zukunft der Quantenteleportation 317
Reisen durch Teleportation? 321
Signale vom Himmel über Teneriffa 324
FAQs 329
Ausblick 333
Nachwort 341
Glossar 353
Zum Weiterlesen und Weiterhören 355
Register 357
Bildnachweis 365

Offenheit und Neugier – ein Vorwort

Ohne Offenheit und Neugier geht es in der Wissenschaft nicht. Neugier, das brennende Verlangen, herauszufinden, was dahintersteckt, zu versuchen, die Welt zu verstehen. Und Offenheit für das Neue, auch wenn es dem zuwiderläuft, was man eigentlich erwartet hat. Offenheit und Neugier sind vielleicht die wichtigsten Eigenschaften, die ein Wissenschaftler mitbringen muss.

Offenheit und Neugier sind auch das Einzige, was Sie, liebe Leserin und lieber Leser, mitbringen sollten, wenn Sie dieses Buch aufschlagen und zu lesen beginnen. Es wurde ausdrücklich für Nichtwissenschaftler geschrieben. Ich hoffe daher, dass Sie, wenn Sie es beendet haben, einen Einblick in eine neue Welt gewonnen haben, die sich meist einem direkten Zugang durch unser Alltagsverständnis verschließt – die Welt der Quantenphysik.

Sie werden im Folgenden zwei Studenten treffen: Alice und Bob. Die beiden sind selbst dabei zu lernen, worum es in der Quantenphysik geht. Und Sie werden sehen, dass nicht nur Alice und Bob nicht alles verstehen, sondern offenbar sogar ihr Professor manchmal vor Rätseln steht. Sie können sich also beruhigt zurücklehnen, wenn auch Sie nicht alles nachvollziehen können. Darum geht es nicht.

Es geht darum, einen Blick hinter die Kulissen zu werfen und zu sehen, wie moderne Quantenphysik heute im Laboratorium stattfindet. Sie werden erfahren, wie einfach die Experimente im Grunde sind und wie schwierig es trotzdem ist, zu verstehen, was tatsächlich vor sich geht.

Die zweite Absicht des Buches aber ist es, Ihnen zu zeigen, wie viele Fragen noch offen sind. Noch wichtiger als die Änderungen durch neue Technologie werden wahrscheinlich die auf der Quantenphysik beruhenden Änderungen unserer Weltanschauung sein – Änderungen, von denen wir gegenwärtig nur eine grobe Ahnung haben. Diese Vermutung liegt deshalb nahe, weil die Quantenphysik bereits fast ein Jahrhundert alt ist und dennoch bis heute keine einheitliche, zufrieden stellende Interpretation gefunden wurde – wahrscheinlich deshalb, weil die Änderungen weit radikaler sein müssen, als vielen lieb ist.

Zu den Technologien der Zukunft gehören Quantenteleportation und Quantencomputer, aber auch viele andere interessante Ideen. Sie werden ein Gefühl dafür bekommen, was hinter diesen Konzepten steht und welche enormen Entwicklungsmöglichkeiten hier vorhanden sind – insbesondere in der Datenübertragung sowie für superschnelle Rechner. Vieles von diesen Dingen beruht auf einem Phänomen, das Albert Einstein »spukhaft« nannte: Zwei Teilchen können auf viel engere Weise miteinander verbunden sein, als man dies nach dem gesunden Menschenverstand eigentlich erwarten würde. Beobachtung an einem der beiden Teilchen beeinflusst das andere, egal, wie weit es entfernt ist. Heute wissen wir durch viele Experimente, dass diese »Verschränkung« kein Spuk, sondern tatsächlich ein Teil unserer Welt ist. Sie werden in dem Buch genau kennen lernen, worum es sich handelt und wie sich dies zum Beispiel in der Quantenteleportation anwenden lässt.

Einsteins Spuk zeigt meine persönliche Sicht, die sicher nicht von allen Physikern geteilt wird. Ich habe auch nicht vor, die Leserinnen und Leser mit erhobenem Zeigefinger zu belehren. Vielmehr möchte ich, dass wir uns die Dinge gemeinsam ansehen, und dies geschieht eben am besten, indem man den Leuten bei ihrer Arbeit »über die Schulter schaut«. Ich lade Sie daher ein, sich geistig die Ärmel hochzukrempeln und sich auf das Abenteuer Quantenphysik einzulassen. Dass nicht alle Fragen beantwortet werden, möge auch Anregung sein, sich selbst neue Gedanken zu machen.

Einige Teile in *Einsteins Spuk* beschreiben unmittelbar persönliche Erfahrungen, beispielsweise der Besuch auf Teneriffa. Andere sind fiktiv, wie etwa die Dialoge zwischen Alice und Bob. Aber auch sie beruhen auf tatsächlich durchgeführten Experimenten. Es wird zudem bewusst offen gelassen, an welchem Ort die Geschichte von Alice und Bob spielt. Die Leserin, der Leser wird Hinweise auf mehrere Orte finden. Ebenso sind Alice und Bob nicht nur fiktive Studenten, sondern auch die handelnden Personen in Protokollen der Quantenkommunikation und Quantenteleportation. Ich hoffe, dass die Leser diesen Versuch, Quantenunbestimmtheit auch in den Aufbau des Buches einfließen zu lassen, mit Vergnügen zur Kenntnis nehmen werden.

Es ist meine vielleicht unbescheidene Hoffnung, mit *Einsteins Spuk* ein wenig dazu beizutragen, dass Sie, liebe Leserin und lieber Leser, das beginnende Quantenjahrhundert als genauso spannend und aufregend empfinden wie der Autor, der selbst sehr neugierig auf die neuen Entwicklungen ist.

Anton Zeilinger, Wien, im Oktober 2005

Danksagung

Einsteins Spuk verdankt seine Entstehung dem Einsatz vieler Menschen, zuallererst den wissenschaftlichen Mitarbeiterinnen und Mitarbeitern in meiner Arbeitsgruppe, mit denen ich während der letzten dreißig Jahre zusammenarbeiten durfte. Viele in dem Buch berichtete Ergebnisse sind das Resultat meiner langjährigen Zusammenarbeit mit diesen Wissenschaftlern. Ich empfinde es als besondere Auszeichnung, einen Beruf zu haben, in dem ich einerseits junge Leute in neues Wissen einführen kann, das ich selbst faszinierend finde, und in dem andererseits diese jungen Leute immer wieder faszinierende Ideen und neue Sichtweisen hervorbringen. Gleichzeitig ist meine Gruppe in viele internationale Netzwerke mit anderen Wissenschaftlern weltweit eingebunden. Hier findet ein ständiger Austausch von neuen Ideen und wissenschaftlichen Resultaten statt.

Die Forschungsergebnisse wären nicht möglich gewesen ohne die ständige Unterstützung durch meine Frau Elisabeth, die mir immer den nötigen Freiraum für meine zeitintensive Beschäftigung mit der Wissenschaft gab.

Ganz besonderer Dank gilt Andrea Aglibut, nicht nur für die hervorragende Anfertigung des Manuskripts aus oft verwirrenden Diktaten, sondern auch für ihre Mithilfe bei der Zusammenstellung des Buches sowie für ihre vielfältige organisatorische Unterstützung. Für Recherchen und die genaue Überprüfung meiner Angaben danke ich Bibiane Blauensteiner und vielen anderen, die Material für dieses Buch beigetragen haben.

Ein wesentlicher Bestandteil des vorliegenden Werkes sind die Abbildungen. Die Cartoons sollen den Text nicht nur etwas auflockern, sondern dem Leser wesentliche Punkte intuitiv näher bringen. Hier habe ich mit Thomas Hamann eine sehr interessante Zusammenarbeit gefunden. Physikalische Sachverhalte, vor allem Details von Experimenten, stelle ich in Form von Zeichnungen an der Tafel dar, so wie ich dies in Vorlesungen für Studenten auch mache. Ich hoffe, dem Leser damit ein wenig das Gefühl eines direkten Gedankenaustauschs zu geben. Für die Anfertigung der Fotografien und ihre grafische Ausarbeitung sowie für ihre Hilfe bei Fotorecherchen danke ich Jacqueline Godany.

Ich hatte mich schon sehr lange mit dem Gedanken getragen, dieses Buch zu schreiben. Dafür, dass dieser Gedanke schließlich realisiert wurde, danke ich besonders John Brockman. Der Großteil der Texte wurde von mir auf Englisch verfasst und dann von Friedrich Griese innerhalb von sehr kurzer Zeit ins Deutsche übersetzt, wobei Sibylle Auer als Lektorin für Einheitlichkeit des Gedankenflusses sorgte. Ganz besonderer Dank gebührt aber Johannes Jacob vom Verlag C. Bertelsmann, der mich mit der richtigen Mischung von Geduld und Ungeduld motivierte.

Last but not least gebührt mein Dank allen Institutionen, die durch ihre Unterstützung die wissenschaftliche Arbeit meiner Gruppe über viele Jahre ermöglicht haben. Zu nennen sind hier insbesondere der Fonds zur Förderung der wissenschaftlichen Forschung, die Europäische Kommission – und vor allem die österreichischen Steuerzahler.

Es ist unmöglich, hier den vielen Menschen besonders zu danken, von denen ich wichtige Anregungen erhalten habe. Erwähnen möchte ich jedoch meinen akademischen Lehrer Helmut Rauch, der von Anfang an mein Interesse an fundamentalen Fragen förderte und seine Begeisterung dafür an mich weitergab, sowie Michael Horne, der mir die Augen für das faszinierende Phänomen der Verschränkung öffnete, für »Einsteins Spuk«.

Prolog: Unter der blauen Donau

Alljährlich am 1. Januar leitet das Neujahrskonzert der Wiener Philharmoniker das junge Jahr ein. Es wird aus dem Goldenen Saal des Wiener Musikvereins in alle Welt übertragen (Bild 1). Milliarden begeisterter Hörer lauschen den schönen Walzern, Polkas, Ouvertüren und anderen Stücken von Johann Strauß Vater und Sohn und deren Zeitgenossen. Wenn das Programm beendet ist, applaudieren die Zuhörer, doch alle warten noch auf die Zugabe. Dann setzen ganz leise die Streicher ein, und wieder klatschen alle, denn sie erkennen das erwartete Stück. Das Orchester schweigt, und der Dirigent wünscht den Anwesenden und den Zuhörern in aller Welt ein glückliches Neues Jahr. Wieder setzen die Streicher ein, und das Orchester spielt den berühmten Walzer »An der schönen blauen Donau« von Johann Strauß, der oft als inoffizielle Nationalhymne Österreichs bezeichnet wird. Es gibt nicht viele Musikstücke, die zugleich die Freude und die untrennbar mit dem menschlichen Dasein verbundene Melancholie so gut vermitteln können wie diese Musik, die für die großen Bälle des kaiserlichen Wien geschrieben wurde und noch heute alljährlich während der Ballsaison aufgeführt wird.

Die Anwesenden und die Zuschauer an den Fernsehern ahnen nicht, dass unweit des Goldenen Saals, innerhalb der Wiener Stadtgrenzen, mit modernster Technik ein Experiment durchgeführt wird, das die Vorstellungskraft herausfordert, einerseits mit Ideen, die man bisher nur aus der Science-Fiction kannte, andererseits mit seinen Folgen für das Verständnis der uns umgebenden Welt.

Das Konzert endet mit der letzten Zugabe, dem »Radetzkymarsch« von Johann Strauß, einem der schmissigsten und fröhlichsten Stücke, die je geschrieben wurden. Wir verlassen den Konzertsaal und fahren an die Donau. Es ist ein schöner Wintertag, und es sind nur wenige Menschen unterwegs, weil der 1. Januar ein Feiertag ist. Der Fluss fließt in zwei Armen durch Wien, die eine lang gestreckte Insel umschließen. Um vom Ufer auf die Insel zu gelangen, nehmen wir die Steinspornbrücke, die, weil sie für den öffentlichen Verkehr gesperrt ist, nicht einmal auf allen Karten verzeichnet ist.

Auf der Insel steuern wir ein graues Gebäude an, das hinter hohen Bäumen versteckt liegt. Hier befindet sich das Pumpwerk der Wiener Kanalisation. Unter dem Fluss verläuft ein großer Abwasserkanal, der beide Seiten miteinander verbindet. Er soll das gesamte Abwasser von der Ostseite der Donau, von den Wienern liebevoll »Transdanubien« (»Jenseits der Donau«) genannt, auf die andere Seite zu einer riesigen Abwasseraufbereitungsanlage pumpen, denn die sehr umweltbewussten Wiener möchten nicht, dass Abwasser direkt in den Fluss geleitet wird und dort die Umwelt gefährdet.

Wir betreten das Gebäude und begeben uns mit dem Fahrstuhl zwei Etagen nach unten. Nun befinden wir uns tiefer als die Wassermassen des Flusses. Nach einem kurzen Gang tut sich ein Tunnel auf, welcher die Flussufer in Transdanubien und im eigentlichen Wien miteinander verbindet. In diesem Tunnel verlaufen parallel Abwasserröhren und zahlreiche Kabel.

Versteckt in der Nähe des Eingangs zu einem der Tunnel erwartet uns eine andere Szene: In einer Ecke stoßen wir auf einen kleinen Raum mit Plexiglaswänden. Drinnen erkennen wir Laserlicht, eine Menge Hightech-Geräte einschließlich modernster Elektronik, Computer und dergleichen (Bild 2). Dort treffen wir Rupert Ursin. Er erzählt uns, er sei Student der Universität Wien und arbeite an seiner Doktorarbeit, die er in Kürze abzuschließen hoffe. Thema seiner Dissertation ist die »Quantenteleportation über lange Distanzen«. Wir bitten ihn, uns kurz zu erklären, was wir hier sehen. »Bei dem Experiment geht es darum, den Quantenzustand eines Lichtteilchens – eines Photons – von der Donauinsel hinüber nach Wien zu teleportieren«, sagt er.

Als er merkt, dass wir nicht viel verstehen, erläutert er, es sei so etwas Ähnliches wie das »Beamen« in der Science-Fiction, »aber nicht ganz«, fügt er grinsend hinzu, um dann mit einer Erklärung zu beginnen. Wir verstehen noch immer kaum etwas, lauschen ihm aber mit wachsender Faszination. Er verspricht uns für später genauere Auskünfte. Einstweilen möchten wir uns nur ein wenig mit den von ihm benutzten Ausdrücken vertraut machen, uns an den Versuchsaufbau und die hier erforschten allgemeinen Konzepte gewöhnen und die seltsame Umgebung näher kennen lernen.

Die Laser, erfahren wir, dienen hauptsächlich dazu, ganz besondere Photonenpaare zu erzeugen, die miteinander »verschränkt« sind. Diese Verschränkung bedeutet, dass die zwei Photonen eng miteinander verknüpft sind. Wird das eine gemessen, so wirkt sich dies unverzüglich auf das andere aus, gleichgültig, wie weit die beiden voneinander entfernt sind.

Mit der Bezeichnung »Verschränkung« wollte der österreichische Physiker Erwin Schrödinger (Bild 3) im Jahre 1935 einen hochinteressanten Sachverhalt charakterisieren. Albert Einstein hatte kurz vorher in einer Arbeit gemeinsam mit Boris Podolsky und Nathan Rosen gezeigt, dass es nach der Quantenphysik einen hochinteressanten Sachverhalt geben müsste. Wir betrachten zwei Teilchen, die miteinander in Wechselwirkung getreten sind, zum Beispiel bei einem Zusammenstoß, und jetzt wieder auseinander fliegen. Dann kann es sein, dass die beiden noch immer auf sehr enge Weise miteinander zusammenhängen. Beobachtung eines der beiden Teilchen beeinflusst sofort, das heißt mit beliebig großer Geschwindigkeit, den Zustand des anderen. Albert Einstein mochte dies nicht und bezeichnete es als »spukhafte Fernwirkung«. Er hoffte, dass die Physiker einen Weg finden könnten, der diesen Spuk wieder aus der Welt schafft. Erwin Schrödinger dagegen akzeptierte diese Verschränkung als etwas ganz Wesentliches. Er meinte, dass sie uns zwingt, von allen unseren lieb gewordenen Vorstellungen, wie die Welt beschaffen ist, Abschied zu nehmen.

Auf unsere Frage nach dem Zweck der verschränkten Photonen im Experiment erwidert Rupert lächelnd: »Das ist der Zaubertrick.«

Er behält eines der beiden verschränkten Photonen in seinem Minilabor unter der Donau und schickt das andere durch eine

Glasfaser an den Empfänger jenseits des Flusses. Dabei spricht er von »Alice« und »Bob«, die einander Photonen schicken und miteinander reden, als seien sie Menschen. Es sind jedoch, wie sich herausstellt, imaginäre Experimentatoren: Alice, die hier in ihrem Labor sitzt, und Bob jenseits des Flusses.

Auf unsere Frage, warum die gerade Alice und Bob heißen, antwortet Rupert, dass ursprünglich Entschlüssler den Sender mit A bezeichnet haben und den Empfänger mit B, entsprechend den ersten Buchstaben des Alphabets. Wegen der einfacheren Sprechweise sind daraus irgendwann Alice und Bob geworden.

Rupert zeigt uns die dünne Glasfaser, durch die das Photon zu Bob geschickt wird – eine ganz gewöhnliche Glasfaser, ähnlich denen, die heute in der Telekommunikation üblich sind.

Durch diese Glasfaser kann man Licht von einem Ort zum anderen schicken. Wir folgen mit den Augen dem Kabel von Ruperts Laser. Es führt durch die durchsichtige Plexiglaswand seines kleinen Labors bis zu der Stelle, wo es sich zu all den anderen Kabeln gesellt, die durch die großen Tunnel unter der Donau verlaufen. Rupert folgt unserem Blick und fragt: »Möchtet ihr sehen, wo es hingeht?«

Glasfaseroptik und Informationsübertragung in der Telekommunikation

Eine Glasfaser besteht offenbar aus zweierlei Glas, damit unterwegs kein Licht verloren geht: Eine dichtere Glassorte in der Mitte ist mit einem Mantel aus einer dünneren Sorte umkleidet (Abbildung 1). Dadurch kann Licht, das in den Kern eingetreten ist, nicht mehr heraus. Es wird von dem Mantel in den Kern zurückgespiegelt, sobald es entweichen möchte. Die Faser ist zudem von einer Reihe äußerer Hüllen aus Kunststoff oder ähnlichem Material umgeben und sieht am Ende aus wie ein ganz gewöhnliches Kabel. Mit solchen Glasfasern kann man Licht über viele Kilometer hinweg leiten.

Die Glasfaseroptik brachte einen der großen technischen Durchbrüche unserer Zeit. Zu den Neuerungen, die auf sie zurückgehen, gehört der

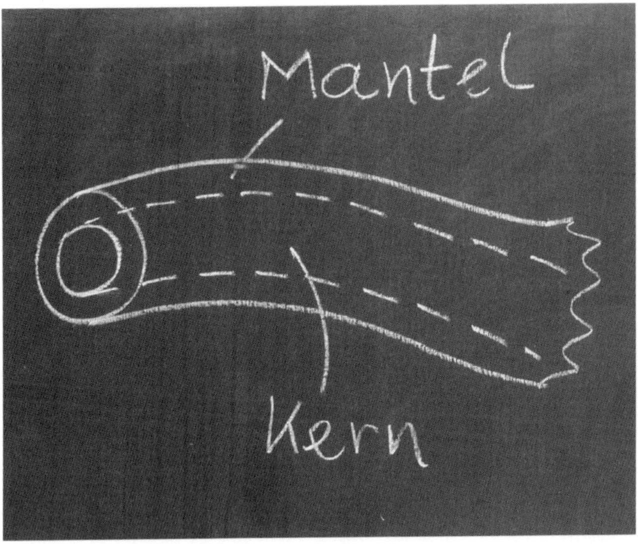

Abbildung 1 Aufbau einer Glasfaser, wie sie zur Übertragung von Daten mit Hilfe von Licht verwendet wird. Die Faser besteht aus zwei verschiedenen Glassorten. Das Glas im Kern ist optisch dichter. Licht, das sich im Kern befindet, kann daher nicht in den Mantel treten, der aus optisch dünnerem Glas besteht. Solche Glasfasern können gebogen werden und daher Licht leicht um Ecken leiten.

schnelle Internetzugang, denn der extrem hohe Datenfluss zwischen modernen Computern ist nur durch Lichtwellen zu erreichen. Früher musste man, um Daten zu übertragen, verschiedene Orte auf der Erde mit Stromkabeln verbinden. Der Haken daran ist, dass über solche Kabel nur relativ geringe Datenmengen übertragen werden können. Wären die Computer noch immer durch normale Kupferkabel miteinander verbunden, würde das Herunterladen der heute üblichen großen Dateien eine Ewigkeit dauern.

Die Idee der Glasfasertechnik ist einfach: Statt elektrischem Strom nutzt man Licht als Träger der Information, die von einem Computer zum anderen geschickt wird. Dass Glasfasern sehr viel besser sind als Stromkabel, hat einen einfachen Grund. Er hängt mit einer wichtigen Eigenschaft des Lichtes zusammen, nämlich der Tatsache, dass es schwingt. Licht ist eine Schwingung elektrischer und magnetischer Felder, die sich durch Glas, Luft und sonstige Stoffe fortpflanzt. Es gibt elektromagnetische Felder, die sehr langsam schwingen, und andere, die sehr schnell schwingen. Die Frequenz der Schwingung besagt, wie oft das Feld innerhalb einer Sekunde hin- und herschwingt. Im Grunde verhält es sich mit der Schwingung des Lichtes nicht anders als mit der Schwingung einer Schaukel: Genau wie ein Kind auf einer Schaukel, so schwingt auch das elektromagnetische Feld hin und her.

Man kann auch ein anderes Bild heranziehen, etwa das von Wellen, die sich auf einem Teich oder einem See ausbreiten. Wenn man einen Stein hineinwirft, breiten sich von der Stelle, wo der Stein auftrifft, kleine Wellen aus (Abbildung 2). An diesen Wellen können wir zwei charakteristische Bewegungen beobachten, die grundsätzlich auf alle Wellen zutreffen. Erstens sehen wir, dass die Welle sich auf dem Wasser auf und ab bewegt. Die Häufigkeit, mit der ein bestimmter Punkt der Welle in einer Sekunde auf und ab schwingt, ist die Frequenz der Welle. Zum Beispiel schwingt eine Welle, deren Frequenz fünf Hertz beträgt, fünfmal in der Sekunde auf und ab. Zweitens sehen wir, dass die Welle sich von der Einschlagstelle des Steins nach außen fortpflanzt und in Form von Bergen und Tälern über den Teich eilt. Der Abstand zwischen zwei benachbarten Bergen ist die Wellenlänge. Bei dieser Wellenbewegung wird aber kein Wasser über den Teich transportiert. Man kann sie vielmehr so verstehen, dass Wassermoleküle durch ihre Bewegung ihre Nachbarn zum Mitma-

Abbildung 2 Wellenausbreitung in einem Teich.

chen anregen. Die Wellenbewegung kann daher als eine gegenseitige Anregung von Teilen der Wasseroberfläche verstanden werden.

Ähnlich verhält es sich mit einer elektromagnetischen Welle, die sich beispielsweise von einer Funkantenne aus nach außen fortpflanzt. Es gibt eine Folge von elektrischen und magnetischen Feldern, die sich von der Antenne her nach außen ausbreiten, genau wie die Wellen auf dem Teich (Abbildung 3).

Obwohl die Wasserwelle kein Wasser über den Teich transportiert – und die elektromagnetische Welle auch keinen Strom –, kann man diese Wellen dazu nutzen, um Nachrichten zu verschicken oder allgemein Information zu übertragen. Dies geschieht dadurch, dass man die Welle auf irgendeine Weise verändert. Dabei wird die Information den ausgehenden Wellen durch eine Änderung der Schwingung aufgeprägt. Generell kann die Schwingung auf zweierlei Weise geändert werden: Entweder ändert man die Frequenz – *wie oft* die Welle auf der Teichoberfläche auf und ab geht – oder die Amplitude der Schwingung – *wie weit* die Oberfläche sich in einer Schwingungsperiode auf und ab bewegt.

Man kann diese Konzepte leicht spielerisch nachprüfen, indem man die Hand in einer gefüllten Badewanne ganz leicht und langsam auf und ab bewegt. Es entstehen kleine Wellen, die sich ausbreiten. Nun kann man die Hand häufiger schwingen lassen, also die Frequenz erhöhen, ohne etwas daran zu ändern, wie weit sie sich auf und ab bewegt. Dabei bleibt die Höhe der Wellen ungefähr gleich, aber sie schwingen schneller. Ein Empfänger der Wellen kann auf diese Weise eine Nachricht erhalten, wenn wir uns zuvor mit ihm darüber verständigt haben, was die Frequenzänderung bedeutet; er kann sie dann korrekt deuten. Eine höhere Frequenz könnte beispielsweise eine Warnung vor einer Gefahr bedeuten.

Umgekehrt kann man die Höhe, über die sich die Hand auf und ab bewegt, vergrößern, dabei aber die Frequenz unverändert lassen. Nun werden die Wellen tiefer – auch dies eine Veränderung, die ein ferner Beobachter erkennen kann. Tatsächlich werden beide Verfahren, Information in einer Welle zu verschlüsseln, bei elektromagnetischen Wellen benutzt. Das erste wird als Frequenzmodulation bezeichnet und bei der UKW- und Fernsehübertragung benutzt, das zweite als Amplitudenmodulation; es kommt bei der Funkübertragung im Frequenzbereich der Lang-, Mittel- und Kurzwellen zum Einsatz.

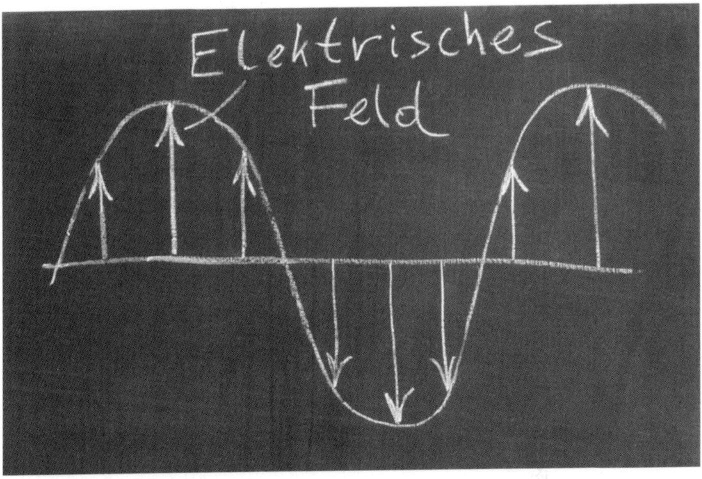

Abbildung 3 Licht ist eine elektromagnetische Welle, die sich im freien Raum ausbreitet. Im Bild sieht man eine Momentaufnahme des elektrischen Feldes. Die Länge jedes Pfeils gibt an, wie groß die Stärke des elektrischen Feldes an der jeweiligen Stelle ist. An einer gegebenen Stelle schwingt das elektromagnetische Feld auf und ab. Gleichzeitig breitet sich eine Welle, ähnlich der Wasserwelle im Raum, aus, etwa im Bild von links nach rechts. Mit dem elektrischen Feld verbunden ist ein magnetisches Feld, das im Bild nicht gezeichnet ist. Es steht rechtwinkelig auf das elektrische.

Ein wichtiger Punkt ist, dass die Informationsmenge, die eine Welle befördern kann, von ihrer Frequenz abhängt. Und zwar kann eine Welle umso mehr Information übertragen, je höher ihre Frequenz ist. Genau deshalb ist Licht ein so geeigneter Informationsträger. Die typische Schwingungsfrequenz von Licht beträgt fast 10^{15} Hertz. Das sind eine Million Milliarden Schwingungen pro Sekunde. Demgegenüber kann ein Stromdraht in der Regel nur Frequenzen übertragen, die etwa eine Milliarde Schwingungen pro Sekunde nicht übersteigen, und das über nicht zu lange Strecken. Das ist immer noch viel, aber doch eine Million Mal weniger als die Frequenz des Lichtes! Moderne Computer sind daher heute durch Glasfaserkabel verbunden, und nur auf den letzten paar Kilometern bis zum privaten Anwender werden noch Telefondrähte aus Kupfer verwendet.

Rupert benutzt bei seinem Experiment ein Glasfaserkabel, um eines seiner verschränkten Photonen von dem Labor auf der Donauinsel unter dem Fluss hindurch in die Stadt zu transportieren. Mit unseren Blicken folgen wir der Faser in den Tunnel. Da fragt Rupert: »Möchtet ihr sehen, wo es hingeht?« Das möchten wir sehr gern, und damit beginnt unser kleiner Ausflug in den Untergrund von Wien.

Wir betreten zunächst eine Röhre mit einem Durchmesser von etwa vier Metern, die steil abwärts führt. Unter uns verlaufen zwei Rohrleitungen von rund einem Meter Durchmesser, die, wie uns Rupert erklärt, das Abwasser befördern. Auf unser Wohlbehagen wirkt sich das nicht sonderlich aus, weil sie dicht versiegelt sind, auch wenn es ein bisschen seltsam riecht. Man kann bequem aufrecht gehen, aber viel Platz ist nicht. Rechts und links verlaufen Kabeltrassen. In einem dieser Kabel befindet sich unsere kleine optische Faser.

Einer von uns bemerkt: »Genau wie im ›Dritten Mann‹« und erinnert damit an einen der größten Filme aller Zeiten, der im Wien der Nachkriegszeit spielt; zu den großartigsten Szenen gehören wilde Verfolgungsjagden in der Kanalisation der Stadt. Jeden Augenblick rechnen wir damit, dass Orson Welles um die Ecke kommt, und wir haben das von Anton Karas auf der Zither gespielte Harry-Lime-Thema im Ohr.

Als wir nach einiger Zeit an den tiefsten Punkt unserer Wanderung kommen, erklärt uns Rupert, direkt über uns befinde sich der Fluss. Man kann sich kaum der Vorstellung erwehren, was passieren würde, wenn irgendwo ein Riss auftreten und das Wasser der Donau sich über uns ergießen sollte. In welche Richtung würden wir dann laufen? Doch zum Glück passiert nichts, und wir setzen unseren Weg fort, der jetzt leicht ansteigt. Nach einer Zeit, die sich scheinbar endlos dehnt, landen wir wieder in einem kleinen Raum, und als wir uns umschauen, bemerken wir, dass wir nicht nur den Fluss unterquert haben, sondern auch einen kleinen Uferpark, eine Bahnlinie und eine breite Straße.

In diesem Raum tritt die Glasfaser aus ihrer Kunststoffhülle aus und mündet in einen Aufbau, der dem auf der Insel ähnelt, nur dass er viel kleiner ist. Auch hier finden wir einen Computer, einige optische Teile wie Spiegel und Prismen und jede Menge Elektronik. An dieser Stelle, erklärt Rupert, wird das teleportierte Photon gemessen, und vor allem wird geprüft, ob alle seine Eigenschaften und Merkmale teleportiert wurden. Eines der Kabel, die zu Ruperts kleinem Tisch führen, verläuft weiter nach oben und endet auf dem Dach des Gebäudes, in dem wir uns befinden. Rupert erklärt uns stolz, dies sei der klassische Kanal, der Alice mit Bob verbinde. Es ist eine ganz normale Funkverbindung. Das bringt uns ein bisschen durcheinander: wozu dieser klassische Kanal? Was meinte Rupert, als er von verschränkten Photonen sprach? Was ist Teleportation?

Bevor wir diesen Fragen nachgehen, steigen wir auf das Dach des Gebäudes und werden mit einer großartigen Aussicht belohnt. Auf dem anderen Ufer liegt das Gebäude, in dem sich Alice befindet. Dazwischen fließt der Fluss recht schnell dahin. Langsam und stetig ziehen Schiffe vorüber. Ein paar Enten und zwei Schwäne genießen das ziemlich saubere Wasser. Neben unserem Gebäude steht eine kleine Pagode, die von der Wiener Buddhistengemeinde errichtet wurde. Sogleich wenden unsere Gedanken sich philosophischen Fragen zu wie denen, was das alles bedeuten mag, welche Rolle wir im Universum spielen, was wir tun, wenn wir die Welt beobachten, und was das Quant mit alldem zu tun hat.

Nach Westen hin erblicken wir die Hügel des Wienerwalds, die eigentlich die östlichen Ausläufer der Alpen sind, und nach Osten hin den Rand der großen ungarischen Tiefebene. Die Geschichte kommt uns in den Sinn. Wir erinnern uns daran, dass die Türken, von Osten kommend, zweimal vergeblich versuchten, Wien einzunehmen. Wir können uns vorstellen, dass eine gelungene Einnahme der Stadt den Lauf der Geschichte verändert hätte. Dann denken wir darüber nach, dass die Art der Fragen, die wir stellen, die ganz tiefen Fragen, bei denen es um den Sinn unseres Daseins geht, von unserer Kultur – der buddhistischen, der islamischen, der christlichen – abhängen könnte. Es wird kalt an diesem 1. Januar, und wir erlauben uns, allmählich wieder in das moderne Wien zurückzukehren.

Eine kurze Geschichte des Reisens

Zu Wasser und zu Lande

Wenn wir »Teleportation« hören, denken wir gleich an die ideale Art des Reisens. Man verschwindet am Ausgangsort und taucht sofort am Zielort wieder auf. Das wäre die schnellste Möglichkeit des Reisens. Wir sehen uns daher kurz an, wie Menschen gelernt haben, immer schneller immer größere Strecken zurückzulegen. Allerdings sei gewarnt: Teleportation als Reisemittel ist nach wie vor reine Science-Fiction.

Seit jeher erfüllt der Wunsch nach Ortsveränderung die Menschen. Über die längste Zeit der Menschheitsgeschichte mussten sie sich dazu der eigenen Muskelkraft bedienen, sei es, dass sie Strecken zu Fuß zurücklegten, sei es, dass sie Flüsse, Seen oder gar schmale Meerengen durchschwammen. Das ist zwar eine sehr langsame Art der Fortbewegung, aber auf diese Weise haben die Menschen, die ihren Ursprung in Afrika haben, sich über diesen ganzen Kontinent und weiter nach Europa und Asien ausgebreitet. Auch die ersten Amerikaner kamen zu Fuß über die damals bestehende Landbrücke zwischen Sibirien und Alaska.

Zu den größten Umwälzungen kam es, als die Menschen entdeckten, dass man nicht unbedingt die eigene Muskelkraft braucht, um schwimmend oder gehend vorwärts zu kommen. Sie fanden heraus, dass sie, statt selbst zu laufen, ein Pferd für sich laufen lassen konnten und dass sie, statt selbst zu schwimmen, ein Floß oder Boot bauen konnten. Auf einmal waren die Menschen in der Lage, in derselben Zeit sehr viel größere Strecken zurückzulegen. Sie reisten erheblich schneller, und mit Booten konnten sie sogar Ozeane überqueren, was ihnen schwimmend nie gelungen wäre.

Die Entdeckung des Reitens zwischen 3000 und 2000 v. Chr. in Asien war in vielerlei Hinsicht bedeutsam. Ein berühmtes Beispiel ist die Invasion Ägyptens um das Jahr 1650 v. Chr. durch die Hyksos, einen wilden Stamm aus Asien. Die Ägypter hatten eine der ersten hoch entwickelten Zivilisationen auf Erden, mit einem gottähnlichen Herrscher, dem Pharao, und einem differenzierten Gesellschaftssystem sowie einer Verwaltung, deren Effizienz es ihnen erlaubte, die gewaltigen Pyramiden zu bauen, die zu ihrer Zeit eine ähnliche technische und organisatorische Leistung waren wie das Apolloprogramm, das den Menschen im 20. Jahrhundert erstmals auf den Mond brachte. Doch sie hatten nur ein Landverkehrsmittel: die eigenen Füße. Daher kamen sie nicht sehr schnell voran, obgleich sie große Heere hatten. Da ihre Feinde, die Hyksos, sich zu Pferde sehr viel schneller bewegen konnten, mussten sich die Ägypter geschlagen geben. Ihr Reich wurde von den Hyksos erobert, und sie brauchten rund hundert Jahre, um sie wieder loszuwerden.

Auch der Bootsbau eröffnete den Menschen neue Horizonte. So wären die Entdeckung und Besiedlung Polynesiens und Neuseelands ohne Boote unmöglich gewesen. Dies gilt ebenso in neuerer Zeit für die Entdeckung Amerikas durch die Europäer.

Die Strecke, die der Mensch innerhalb einer gegebenen Zeit zurücklegen konnte, war immer durch die verwendete Technik begrenzt. Hinweise auf die natürliche Grenze der Strecke, die in einem Tag mit Pferden als Transportmittel zu bewältigen war, findet man bis heute. Wenn zum Beispiel die Kaiser ihr Reich von Wien aus bereisten, waren sie stets mit großem Gefolge zu Pferd unterwegs. Da sie ungern nachts reisten, mussten Unterkünfte errichtet werden, die genau eine Tagesreise voneinander entfernt waren. Eine der berühmtesten Tagesetappen ist das schöne Kloster Melk am Ufer der Donau, rund achtzig Kilometer stromaufwärts von Wien gelegen. Hier pflegte zum Beispiel Kaiserin Maria Theresia nach einer Tagesreise von Wien Rast zu machen, wenn sie Richtung Westen reiste. Heute ist Kloster Melk über die Autobahn, die von Wien nach Deutschland führt, in weniger als einer Stunde zu erreichen (Bild 4).

Zum nächsten großen Schritt in der Verbesserung der Reise- und Transportwege kam es durch die Entdeckung, dass man außer der Muskelkraft noch andere Energiequellen nutzen kann. Die Dampfmaschine durchbrach nicht nur die bis dahin durch die Pferdestärke vorgegebene Kraftgrenze, sondern machte auch deutlich, dass die unbefestigten Schotterstraßen von damals für schnelle Reisen nicht geeignet waren. Ursprünglich war die Dampfmaschine als Energiequelle für den Antrieb ortsfester Maschinen wie Mühlen entwickelt worden. Doch als man sie auf Räder setzte, musste man schnelle und ebene Eisenbahnlinien bauen – eine Entwicklung, die ihren bisherigen Höhepunkt in dem superschnellen japanischen »Geschosszug« Shinkansen oder im französischen TGV fand, der mit 515,3 Stundenkilometern im Jahr 1990 den Weltrekord aufstellte.

Aber die Dampfmaschine hatte einen großen Nachteil: Sie ist zwangsläufig sehr schwer und daher nicht geeignet für den Antrieb eines einzelnen Wagens. Der Individualverkehr war deshalb noch eine Zeit lang auf Pferde angewiesen, während die Massenbeförderung auf wichtigen Strecken bereits mit Dampfmaschinen betrieben wurde. Den Durchbruch brachte hier die Entwicklung von Verbrennungsmotoren mit Flüssigtreibstoff, also Benzin- und Dieselmotoren. Und wie schon bei der Dampfmaschine auf Schienen wurde es durch die Entwicklung von schnelleren Wagen mit Benzinmotoren notwendig, ebenere und weniger kurvenreiche Straßen zu bauen, die es den Automobilen erlaubten, schneller zu fahren als die bisherigen Pferdewagen. Die Grenze der Geschwindigkeit, mit der man individuell auf Straßen reisen kann, wird heute nicht mehr von technischen Möglichkeiten der Motorkraft bestimmt, sondern von Sicherheitsüberlegungen. Die Gesellschaft ist nicht bereit, überall beliebige Geschwindigkeiten zuzulassen, weil das mit einer hohen Zahl von Verkehrsopfern verbunden wäre. Gleichwohl ist die Strecke, die man heute in einem Tag auf modernen Autobahnen zurücklegen kann, zehn- bis zwanzigmal länger als diejenige, die man seinerzeit mit der Pferdekutsche bewältigen konnte.

Im Seeverkehr vollzog sich eine ähnliche Entwicklung. Offenbar haben Menschen schon sehr früh erkannt, dass man sich nicht nur auf einem Floß einen Fluss hinuntertreiben lassen, sondern ein

Boot auch aktiv mit Muskelkraft antreiben kann. Eine weitere Antriebsmöglichkeit bot hier eine alternative Energiequelle: der Wind, der überall, aber leider nicht zu allen Zeiten weht. Den bedeutendsten Fortschritt brachte die Entdeckung, dass man den Wind sogar nutzen kann, um gegen den Wind zu fahren – eine Tatsache, die nicht unbedingt auf der Hand liegt. Die alten Römer, deren Reich sich über den gesamten Mittelmeerraum erstreckte, und auch viele nach ihnen kannten diese Möglichkeit jedenfalls nicht. Sie mussten immer warten, bis der Wind aus der richtigen Richtung blies. »Erst durch das Kreuzen wurde es möglich, im Zickzackkurs gegen den Wind zu segeln und dadurch unabhängig von der Windrichtung jedes Ziel zu erreichen. Die Entdeckung des Kreuzens geht vermutlich auf die Araber um das Jahr 1000 zurück, wobei es auch Berichte über teilweise weniger effiziente Formen des Kreuzens aus China und Polynesien gibt.«

Dank der Dampfmaschine kam es auch im Schiffsbau zu erheblichen Fortschritten. Der Wind kann vollkommen abflauen, aber ein Dampfschiff kann immer weiterfahren, solange es genügend Kohle an Bord hat.

Einen weiteren bedeutenden Fortschritt brachte auch die Entdeckung, dass man Schiffe bauen kann, die wie ein Wasserskifahrer auf dem Wasser gleiten können. Ähnlich schnell sind auch Schiffe, die von kleinen Tragflächen getragen wird, die gewissermaßen unter Wasser »fliegen«. Solche Tragflügelboote können Geschwindigkeiten von mehr als hundert Stundenkilometern erreichen.

Der Traum vom Fliegen und von der Raumfahrt

Der Traum vom Fliegen ist wohl so alt wie die Menschheit, wenn nicht noch älter. Möglich, dass schon einer unserer vormenschlichen Vorfahren von Baum zu Baum fliegen wollte, und sei es nur, um einem Raubtier zu entgehen, das ihm nachsetzte.

Doch offensichtlich enthält eine der ersten Geschichten – wenn nicht *die* erste überhaupt – von einem fliegenden Menschen, nämlich die Geschichte von Ikarus im antiken Knossos auf Kreta, bereits die Botschaft, dass Menschen das unbehagliche Gefühl hatten, das Fliegen sei nicht ganz das Richtige für sie. Ikarus, dem sein Vater Dädalus Flügel gebaut hatte, mit denen er sich in die Lüfte erheben konnte, wurde vom Schicksal ereilt, als er der Sonne zu nah kam. Durch die Hitze schmolz das Wachs, das die Federn zusammenhielt, und Ikarus stürzte ins Meer.

Wir wissen heute, dass dieses Kunststück von vornherein unmöglich war. Unsere Arme sind viel zu schwach, um Flügeln welcher Art auch immer genügend Kraft zu geben, damit wir vom Boden loskommen. Dass es aber grundsätzlich möglich ist, vom Boden abzuheben, wurde 1977 von Paul MacCready demonstriert, der in einem extrem leichten Flugzeug, dessen Propeller er mit Pedalen antrieb, aus eigener Kraft startete und eine Strecke von 1,8 Kilometern in einer Achterfigur flog.

Ungeachtet dieses *Proof-of-Principle*-Experiments brauchen wir aber dennoch andere Energiequellen zum Fliegen. Interessant ist, dass man für eine bestimmte Strecke pro Person in etwa dieselbe Energiemenge benötigt, ob man nun einen Jumbojet oder ein Auto benützt. In beiden Fällen braucht man eine bestimmte Menge Benzin auf hundert Kilometer, sofern der Jumbo voll besetzt ist und in einem Personenwagen vier Personen mitfahren: nämlich jeweils etwa drei Liter pro Person auf hundert Kilometer. Aus aerodynamischen Gründen ist die Geschwindigkeit von Propellerflugzeugen typischerweise rund fünfhundert Kilometer pro Stunde, während die gängigen Düsenflugzeuge nahezu mit Schallgeschwindigkeit fliegen. Diese liegt je nach Luftdichte und damit nach der Flughöhe des Flugzeugs bei rund tausend Kilometern pro Stunde. Wer jemals einen langen Interkontinentalflug mitgemacht hat, wird diese Geschwindigkeit als zu niedrig empfinden. Überschallflugzeuge können leicht mit zweifacher bis dreifacher Schallgeschwindigkeit fliegen. Es ist einer der großen Skandale der Menschheit, dass fast jedes Land, wie arm es auch sei, Überschallflugzeuge für das Militär besitzt, doch der zivile Überschall-Interkontinentalflug nicht zu einem Massenverkehrsmittel geworden ist.

Wenn man wirklich schnell sein möchte, muss man Raketen benutzen. Und das nicht nur, weil Raketen sehr viel schneller sind als Überschallflugzeuge. Ihr eigentlicher Vorteil liegt darin, dass sie die Atmosphäre verlassen und ins All hinausfliegen können, wo es keine Luft mehr gibt.

Wie kann die Rakete im All fliegen? Ganz einfach: Sie stößt sich von den Abgasen ab, die aus den Düsen ihrer Motoren strömen. Diese Gase kann die Rakete natürlich ebenso gut in Luft wie im luftleeren All ausstoßen.

Um einen Eindruck von den unterschiedlichen Verkehrsgeschwindigkeiten zu geben, haben wir in der Tabelle unten ein paar zusammengestellt.

Selbstverständlich sind also Raketen das Transportmittel der Wahl, wenn man zu anderen Sternen reisen möchte. Eine interessante Frage ist, wie lange die Reise zu anderen Sternen dauern würde. Wir wissen ja noch vom Apolloprogramm, das die ersten Menschen auf den Mond brachte, dass der Flug von der Erde zum Mond vier Tage dauert.

Eine Reise mit dem Raumschiff von der Erde zum Planeten Mars, einem unserer engsten Nachbarn im Sonnensystem, würde ähnlich etwa zweihundertsechzig Tage dauern. Unsere Raumfahrer würden sich in dieser Zeit natürlich ziemlich langweilen, aber das tut nichts zur Sache. Sie könnten die Zeit aber auch positiv nutzen und Experimente durchführen, einschließlich der Quantenteleportation, worauf wir noch eingehen werden.

Schwieriger wird es, wenn wir Planeten erreichen wollen, die

Verkehrsmittel	**Dauer**
Schwimmen und Gehen ohne Unterbrechung	3 Monate
Kombinierter Schiffs- und Landtransport	8 Tage
Propellerflugzeug	20 Stunden
Jumbojet	12 Stunden
Überschallflugzeug	4 Stunden
Interkontinentalrakete	1/2 Stunde

Zeit für die Strecke von Tokio nach New York City

um andere Sterne kreisen. Die allernächsten Sterne, Proxima Centauri und Alpha Centauri, sind immerhin gut vier Lichtjahre von uns entfernt. Ein Lichtjahr ist die Strecke, welche das Licht innerhalb eines Jahres zurücklegt. Sie beträgt rund 10 000 000 000 000 Kilometer, das sind zehn Millionen Millionen Kilometer. Die Raumsonde Pioneer 10 möge als Beispiel dienen. Sie hat bereits unser Sonnensystem verlassen und würde etwa hunderttausend Jahre brauchen, um diese Sterne zu erreichen. Klarerweise würde dies niemand überleben.

Es gibt aber einen anderen Weg, um die Flugzeit erheblich abzukürzen, nämlich denjenigen, den Raketenantrieb den ganzen Flug über brennen zu lassen, sodass das Raumschiff immer schneller würde. Wäre die halbe Reisestrecke erreicht, würde es sich umdrehen und in die dem Flug entgegengesetzte Richtung feuern. Dadurch würde es immer langsamer, bis es den fernen Stern erreicht hätte. Es ist vorstellbar, dass man auf diese Weise im Prinzip beliebig schnell reisen kann, aber auch hier gibt es Grenzen.

Menschen können nicht beliebig hohe Beschleunigungen aushalten. Ist die Beschleunigung zu hoch, können wir uns nicht mehr bewegen, weil wir immer stärker gegen den Boden der Raumschiffkabine gepresst werden. Am besten wäre es, die Beschleunigung während der ganzen Reise so einzustellen, dass wir immer dasselbe Gewicht haben, als wenn wir uns auf der Erde befänden. Diese Beschleunigung bedeutet, dass sich die Geschwindigkeit der Rakete in jeder Sekunde um den Betrag zehn Meter pro Sekunde erhöht oder erniedrigt, je nachdem, in welche Richtung der Antrieb gerichtet ist – in Flugrichtung oder dagegen. Das Raumschiff würde auf diese Weise beschleunigen, bis es die halbe Strecke zu dem Stern zurückgelegt hätte, und dann seinen Antrieb umkehren, sodass er in die seiner Flugrichtung entgegengesetzte Richtung feuern würde. Auf diese Weise würde es abbremsen. Es zeigt sich, dass eine solche Reise »nur« rund vier Jahre dauern würde, je zwei Jahre für die Beschleunigung und das Abbremsen.

Die höchste Geschwindigkeit, die unser Raumschiff dabei erreichen würde, wäre etwa die doppelte Lichtgeschwindigkeit. Da haben wir aber offenbar einen Fehler gemacht. Die Lichtgeschwindigkeit ist nämlich die höchste Geschwindigkeit, mit der sich gemäß Albert Einsteins Relativitätstheorie etwas bewegen und ausbreiten kann. Unser Raumschiff kann offenbar nicht fortwährend beschleunigen. Je mehr wir uns nämlich der Lichtgeschwindigkeit nähern, desto geringer wird die Beschleunigung, sodass wir niemals imstande sein werden, diese Grenze zu erreichen oder gar zu überschreiten – auch dann nicht, wenn unsere Raketen die ganze Zeit feuern würden. Interessanterweise würden die Raumfahrer im Raumschiff trotzdem ständig dieselbe Kraft, die Erdbeschleunigung, erfahren. Aber unser Raumschiff kann nie schneller sein als die Lichtgeschwindigkeit.

Was passiert nun, wenn wir unser Raumschiff so beschleunigen, dass es der Lichtgeschwindigkeit immer näher kommt? Seine Masse nimmt immer mehr zu, sodass seine Beschleunigung auch dann, wenn die Raketen weiterschieben, immer kleiner wird. Letztlich kann die Lichtgeschwindigkeit nie erreicht werden, weil die Masse des Objekts dann unendlich groß würde.

Offenbar wird die Beschleunigung also immer kleiner, je näher wir der Lichtgeschwindigkeit kommen. Aber warum verspürt die Person im Raumschiff dann immer noch dieselbe Kraft wie bei der Erdbeschleunigung? Das liegt daran, dass die Zeit für die Passagiere im Raumschiff umso langsamer vergeht, je schneller die Rakete sich bewegt. Wir müssen uns jetzt fragen, wie lange es dauern würde, den Stern Alpha Centauri zu erreichen, wenn wir die Lichtgeschwindigkeit als Grenzgeschwindigkeit berücksichtigen. Es stellt sich heraus, dass der Stern Alpha Centauri dann nach einer Reisezeit von etwa sechs Jahren erreicht werden könnte.

Es sieht also so aus, dass ein Raumfahrer, der in unserem vorigen Beispiel die Lichtgeschwindigkeitsgrenze nicht kannte und glaubte, Alpha Centauri in vier Jahren zu erreichen, dort, sagen wir, ein Jahr zu bleiben und dann umzukehren, um für die Rückreise wieder vier Jahre zu brauchen, insgesamt also neun Jahre gebraucht hätte. Das wäre relativ annehmbar, wenn der Raumfahrer mit dreißig Jahren startet; bei der Rückkehr wäre er neununddreißig – kein Problem. *Mit* der Lichtgeschwindigkeitsgrenze würde dieselbe Reise dagegen rund dreizehn Jahre dauern; dabei würde die Zeit dem Raumfahrer sicherlich lang werden, und das Risiko einer Erkrankung oder sonstiger Schäden würde bestimmt steigen. Doch zum Glück ist das nicht die ganze Geschichte.

Einsteins Relativitätstheorie besagt nämlich zugleich, dass für den Raumfahrer die Zeit umso langsamer vergeht, je schneller er reist. Wenn der Raumfahrer also der Lichtgeschwindigkeit immer näher kommt, vergeht die Zeit für ihn sehr viel langsamer als für jemanden, der auf der Erde geblieben ist und ihn beobachtet. Tatsächlich verlaufen *alle* zeitabhängigen Prozesse langsamer, sodass nicht nur der Raumfahrer weniger schnell altert, sondern auch alle Uhren langsamer gehen. Der Raumfahrer selbst kann daher, wenn er sich im Raumschiff umschaut, nicht feststellen, dass die Zeit langsamer vergeht. Wenn wir dies berücksichtigen, zeigt sich, dass die Zeit, die er nach seiner eigenen Uhr braucht, um Alpha Centauri zu erreichen, sich auf etwa dreieinhalb Jahre verkürzt, sodass er die Reise nach seiner eigenen Uhr in der relativ kurzen Zeit von acht Jahren vollenden kann!

Bei seiner Rückkehr wird der Raumfahrer nur um acht Jahre gealtert sein, während die Menschen auf der Erde um dreizehn Jahre gealtert sein werden. Hätte der Raumfahrer einen Zwillingsbruder, so wäre dieser jetzt fünf Jahre älter als er. Dies ist das berühmte Zwillingsparadoxon (Abbildung 4), das Albert Einstein entdeckte, als er im Jahr 1905 seine Relativitätstheorie entwickelte. Tatsächlich würden alle Menschen auf der Erde schneller gealtert sein als unser Raumfahrer, aber die paar Jahre Unterschied spielen im Grunde keine Rolle. Sehr viel interessanter wäre es, wenn der Raumfahrer länger fortbliebe.

Wir könnten uns zum Beispiel fragen, wie weit ein Raumfahrer reisen und noch in seiner Lebenszeit zur Erde zurückkehren kann. Wir nehmen auch wirklich an, dass er sein Raumschiff konstant mit Erdbeschleunigung beschleunigt und nach Erreichen der halben Wegstrecke den Schub umkehrt.

Es stellt sich heraus, dass der Raumfahrer auf diese Weise jeden Stern unserer Milchstraße erreichen könnte. Für die am weitesten entfernten Sterne benötigt er nach seiner eigenen Uhr etwa fünfzig Jahre, während auf der Erde bis zu seiner Rückkehr etwa hun-

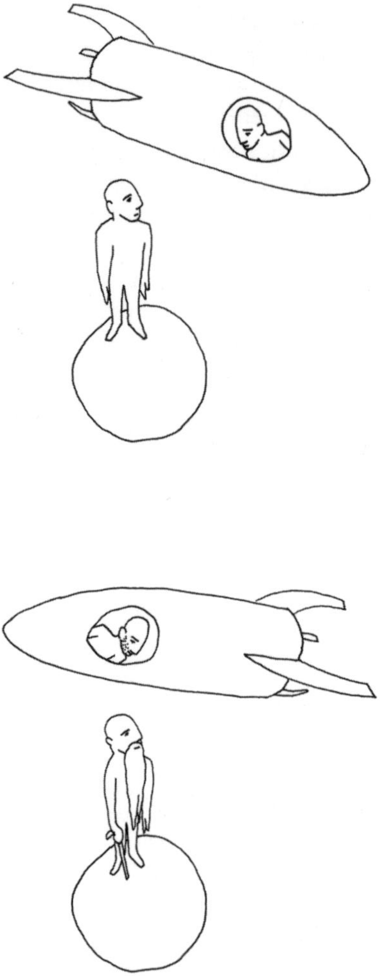

Abbildung 4 Ein Raumfahrer verlässt die Erde und verabschiedet sich von seinem Zwillingsbruder (oben). Wenn der Raumfahrer zurückkehrt, ist er selbst kaum gealtert, während sein Zwillingsbruder ein alter Mann wurde (unten). Dieses Zwillingsparadoxon ist ein Resultat von Einsteins Relativitätstheorie. Es tritt deshalb auf, weil in bewegten Systemen die Zeit langsamer vergeht.

derttausend Jahre vergangen sein werden. Natürlich trifft er niemanden mehr an, den er bei seiner Abreise gekannt hatte, aber er würde sehr, sehr berühmt werden. Es stellt sich heraus, dass man auf diese Weise auch Sterne in unserer Nachbarmilchstraße, in der Andromeda-Galaxie, besuchen könnte.

Was wäre die maximale Entfernung, die ein Raumfahrer tatsächlich zurücklegen kann? Nehmen wir an, er fliegt in einem Alter von zwanzig Jahren ab und kann noch weitere hundert Jahre leben, was durch Fortschritte der Medizin sicher möglich sein wird. Wenn er also hundert Jahre nach seiner Uhr hin und zurück unterwegs wäre, könnte er eine Entfernung von etwa hundertsechzig Milliarden Lichtjahren zurücklegen. Dies entspricht, soweit bekannt, dem Durchmesser des derzeitigen Universums. Bei seiner Rückkehr wären allerdings dreihundertdreißig Milliarden Jahre vergangen. Dann hat es keinen Sinn mehr, überhaupt zurückzukehren. Nach unserem jetzigen Wissen wird zumindest unser Sonnensystem dann nicht mehr existieren, vielleicht auch nicht mehr das Universum.

Der Science-Fiction-Traum Teleportation

Offensichtlich brauchen wir für große Entfernungen ein anderes Fortbewegungsmittel. Wir möchten jederzeit überallhin reisen, ohne Beschränkung hinsichtlich der Entfernung. Ist das möglich, zumindest grundsätzlich? Um uns diesen Wunsch zu erfüllen, haben Science-Fiction-Autoren die Teleportation erfunden. Simsalabim, und man verschwindet an einer Stelle, um – simsalabim – in Sekundenschnelle an anderer Stelle wieder aufzutauchen. Überlegen wir uns einmal, was die Teleportation für uns leisten sollte, ohne hier auf die Frage einzugehen, wie sie eigentlich funktioniert und ob man vernünftigerweise von ihrer technischen Realisierbarkeit ausgehen kann.

Auf irgendeine Weise möchten wir ein Objekt oder gar einen Menschen von einem Ort zum anderen übertragen. Aber was heißt das genau: ein bestimmtes Objekt sein, ein Stück Materie, beispielsweise ein Bleistift oder ein Blatt Papier oder gar ein Mensch? Ein Objekt welcher Art auch immer setzt sich offensichtlich aus etwas zusammen, aus Material dieser oder jener Art. Nehmen wir einen Raumfahrer in weiter Ferne, der unbedingt etwas zu essen braucht. Wir möchten ihm per Teleportation einen knackigen Hamburger zukommen lassen. Was bedeutet es, dass etwas ein Hamburger ist – und nicht ein Turnschuh, ein Stuhl, ein Fußball, eine Brille oder eine Portion Gulasch? In erster Linie kommt es natürlich auf die Zutaten an. Man braucht Rindfleisch, Brot, eine Essiggurke und vielleicht etwas Ketchup. Aber ein Hamburger ist mehr als nur die Zutaten. Man bekommt ja keinen Hamburger, wenn man Rindfleisch, Brot, Gurke und Ketchup in die Küchenmaschine gibt und gründlich vermengt. Die Pampe würde niemand essen wollen. Es kommt also nicht nur auf die Zutaten an, aus denen etwas zusammengesetzt ist, sondern auch auf ihre genaue Anordnung. Das Brötchen soll in zwei Hälften zerteilt sein, auf die untere Hälfte kommt eine Portion Rinderhackfleisch, darauf ein Stück Gurke und etwas Ketchup, und obendrauf dann die andere Brötchenhälfte. Die Information darüber, wie die Zutaten, aus denen der Hamburger besteht, angeordnet sind, ist offenbar ganz wesentlich.

Ein Objekt ist also definiert durch die Zutaten, aus denen es besteht, und durch die Information, wie die Zutaten anzuordnen sind. Es besteht demnach aus Materie und Information oder aus Material und Information. Um also ein Objekt, beispielsweise unseren Hamburger, zu dem fernen Raumfahrer zu teleportieren, benötigen wir zwei Dinge: die Materie, aus der das Objekt besteht, und die Information darüber, wie diese Materie anzuordnen ist. Wir werden sehen, dass die Materie, aus der das Objekt besteht, austauschbar ist. Trotzdem haben wir dann noch immer dasselbe Objekt. Also ist die Information über die Anordnung der Materie das Wesentliche.

Der Stoff, aus dem das Licht ist

Die ersten Teleportationsexperimente wurden mit Licht gemacht. Was ist Licht? Das Licht fasziniert die Menschen seit jeher. Wahrscheinlich haben sie sich schon lange vor der Erfindung der Schrift gefragt, wie es möglich ist, dass wir mittels des Lichtes nahe oder auch weit entfernte Gegenstände wahrnehmen können.

Es gibt jenseits aller Theorie für den Physiker zwei Grundkonzepte, mit denen erklärt werden könnte, wie sich von einer Lichtquelle – sagen wir, der Sonne oder auch einer winzigen Kerze – etwas bis in unsere Augen fortpflanzt, sodass wir den Gegenstand, der das Licht aussendet, wahrnehmen können. Nach dem einen Konzept pflanzt sich das Licht in Form von *Teilchen* fort, genau wie Materiebröckchen. Nach dem anderen Konzept erreicht uns das Licht in Form von *Wellen*.

Die einfachste Analogie zum Teilchenkonzept ist die, dass Licht sich fortpflanzt wie eine Pistolenkugel oder eine kleine Murmel. Das einfachste Beispiel für das Wellenkonzept ist das Bild von Wellen, die sich auf der Wasseroberfläche ausbreiten, etwa im Teich.

Mit der Kugel haben wir etwas Lokalisiertes, das sich fortbewegt. Die Kugel ist an einer bestimmten Stelle, und sie bewegt sich auf einer bestimmten Bahn von der Lichtquelle, von dem Gegenstand, den wir sehen, zu unseren Augen. Außerdem kommen die Kugeln eine nach der anderen; das Bild, das wir mit unseren Augen sehen, entstünde dann dadurch, dass die Lichtquelle, etwa die Sonne, viele winzige Lichtteilchen emittiert, die sich zu uns fortpflanzen. Dabei treffen sie beispielsweise auf den Baum auf der anderen Straßenseite, der einige von ihnen reflektiert und streut. Einige landen schließlich in unseren Augen.

Ganz anders die Welle auf der Oberfläche eines Teiches, die nicht lokalisiert ist. Wer einen Stein in einen stillen Teich wirft, sieht eine Welle, die sich schließlich über die ganze Wasseroberfläche ausbreitet (Abbildung 5). Wellen kommen außerdem nicht stück- oder brockenweise vor, sondern können jede beliebige Größe haben. Man bekommt winzig kleine Wellen, wie sie etwa die Beine eines über den stillen Teich gleitenden Wasserläufers auslösen. Oder man bekommt größere Wellen, erzeugt durch dicke Steine, die wir ins Wasser werfen. Die Wasserwellen sind also von stetiger Größe, während Teilchen unstetig sind.

Es besteht aber ein weiterer, sehr wichtiger Unterschied: Die Wasserwellen brauchen ein Medium, in dem sie sich ausbreiten. Sie sind auf das Wasser angewiesen. Kugeln dagegen können sich auch im leeren Raum ausbreiten. Sie brauchen kein Medium.

Daher die große Frage: Was ist Licht? Welches Konzept gilt hier, das Wellen- oder das Teilchenkonzept? Welche der gerade aufgezählten Merkmale sind tatsächlich Merkmale des Lichtes?

Die Geschichte der Physik ist zu großen Teilen eine Geschichte der Erforschung der Natur des Lichtes. Schon sehr früh haben Wissenschaftler sorgfältig untersucht, welche der Kriterien für Teilchen oder Wellen auf das Licht zutreffen. Im 18. Jahrhundert kam es zu einer großen Auseinandersetzung zwischen den von Isaac Newton angeführten Anhängern des Teilchenbilds und den von Robert Hooke angeführten Verfechtern des Wellenbilds. Damals setzte sich das Teilchenbild durch. Viele sagen, das Gewicht und die Autorität Newtons hätten den Ausschlag dafür gegeben.

Licht als Welle

Im Jahr 1802 führte der englische Arzt Thomas Young ein Experiment durch, das sich als entscheidend für unser Verständnis der Natur des Lichtes erweisen sollte. Es gehört zu den Schlüsselexperimenten in der Geschichte der Naturwissenschaften. Der Versuch an sich ist ganz einfach: Thomas Young schickte lediglich

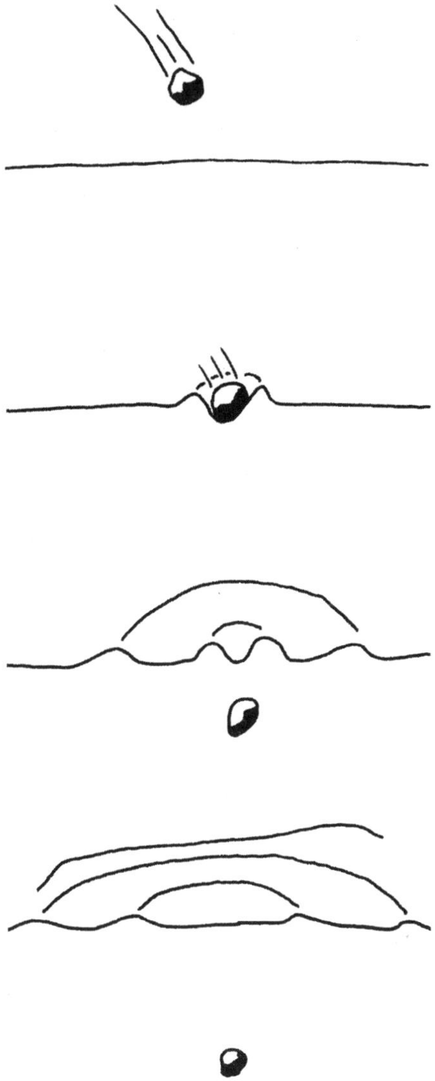

Abbildung 5 Ein Stein löst in einem Teich eine Wasserwelle aus. Die Ausbreitung der Welle geschieht dadurch, dass die Schwingung an einer Stelle eine ähnliche Schwingung in seiner Nachbarschaft anregt.

Licht durch zwei spaltförmige Öffnungen in einem Schirm (Abbildung 6).

Hinter den Spalten beobachtete er helle und dunkle Streifen, Interferenzstreifen, wie die Forscher heute sagen.

Was geschieht, wenn man einen der beiden Spalte abdeckt? Dann sieht man keine Streifen, sondern einen ausgedehnten Lichtfleck. Bedeckt man den anderen Spalt, bekommt man, allerdings leicht verschoben, einen ähnlichen ausgedehnten Lichtfleck. Die beiden Flecken überschneiden sich in einem breiten Bereich. Wenn man schließlich beide Spalte öffnet, würde man erwarten, dass sich das Licht an diesen Stellen addiert, aber das ist nicht der Fall. Im Bereich der Überschneidung beobachtete Young helle und dunkle Streifen, eben die Interferenzstreifen. An den dunklen Stellen kommt gar kein Licht an, wenn beide Spalte offen sind. Wenn aber nur einer von beiden offen ist, gibt es dort Licht. Genaue Messungen zeigen, dass die Lichtmenge an den hellen Streifen größer ist als die Summe der beiden Intensitäten, die man erhalten würde, wenn nur ein Spalt geöffnet ist. Wie kommt das?

Das Wellenbild liefert eine eindeutige Erklärung der Interferenzstreifen. Nehmen wir an, eine Lichtwelle kommt aus einer bestimmten Richtung, sagen wir, sie fällt von links ein. Sie trifft auf die beiden Spalte. Hinter jedem der Spalte entsteht eine neue Welle. Diese beiden Wellen schwingen an bestimmten Stellen im Takt und verstärken sich gegenseitig. So entstehen die hellen Streifen. An anderen Stellen sind sie »aus dem Tritt«: Wo die eine in die eine Richtung schwingt, schwingt die andere in die Gegenrichtung. Dadurch egalisieren sich die beiden Wellen. Das kann man an Wasserwellen beobachten: Wenn zwei Wellen derart zusammentreffen, dass der Berg der einen auf das Tal der anderen trifft, löschen sie sich gegenseitig aus.

Nach dem Experiment von Thomas Young und ähnlichen Arbeiten von Augustin Fresnel bestand kein Zweifel mehr, dass Licht aus Wellen besteht. Doch eine Welle ist auf ein Medium angewiesen, um sich ausbreiten zu können. Jetzt war nur noch zu klären, welches Medium die Lichtwellen für ihre Fortpflanzung benutzen. Rasch wurde deutlich, dass dieses Medium von sehr selt-

Abbildung 6 Das Doppelspaltexperiment nach Thomas Young. Das Licht aus der Lichtquelle links tritt durch zwei Spaltöffnungen und wird auf einem Beobachtungsschirm aufgefangen. Sind beide Spalte offen (oben), sieht man helle und dunkle Streifen, die Interferenzstreifen. An den dunklen Stellen löschen sich die Lichtwellen, die durch die beiden Spalte kommen, gegenseitig aus, an den hellen Streifen verstärken sie sich. Ist dagegen nur einer der beiden Spalte offen (darunter), erhält man einen relativ breiten Lichtfleck ohne Streifen. Das Streifenbild oben ist offenbar nicht nur die Summe der beiden Bilder darunter. Durch die Wellennatur des Lichts kommt es entlang der dunklen Streifen zu Auslöschung und entlang der hellen Streifen zu Verstärkung.

samer Beschaffenheit sein muss. Es muss im Grunde alles durchdringen, was Licht durchscheinen lässt, vor allem Luft, Glas und andere transparente Medien. Es darf aber Objekte, die sich in ihm bewegen, nicht behindern, beispielsweise die Planeten, die die Sonne umkreisen. Das Medium ist nicht wahrnehmbar. Dennoch muss es alles durchdringen, überall sein.

Man gab diesem rätselhaften Medium den Namen *lichttragender Äther*. Schon die Tatsache, dass man die Idee des lichttragenden Äthers auch nur in Erwägung zog, zeigt uns, wie vorurteilslos Physiker sind. Sie sind ohne weiteres bereit, den gesunden Menschenverstand fahren zu lassen, der, wenn es um die Erklärung der Natur geht, von Physikern oft als vorurteilsbeladen wahrgenommen wird. Natürlich machten Physiker sich alsbald daran, Experimente zu ersinnen, die ihnen helfen würden, diesen Äther oder zumindest seine Auswirkungen auf die Fortpflanzung von Licht dingfest zu machen.

Ob es diesen Äther gibt oder nicht, lässt sich einfach auf folgende Weise überprüfen: Da sich Licht im Äther nach allen Richtungen mit gleicher Geschwindigkeit fortpflanzt, muss sich für einen Beobachter, der sich durch den Äther bewegt, die Lichtgeschwindigkeit unterschiedlich darstellen. Licht, das auf ihn zukommt, erscheint ihm schneller. Licht, in dessen Richtung er sich bewegt, erscheint ihm langsamer. Dies ist genauso, wie die Geschwindigkeit eines Hundes, der einem Auto nachläuft, vom Fahrersitz aus geringer erscheint. Wenn ein Hund dagegen auf ein fahrendes Auto zuläuft, scheint er relativ zum Auto viel schneller zu sein.

Es war der Physiker Albert Abraham Michelson, der 1881 ein entsprechendes Experiment durchführte, um die Existenz des Äthers nachzuweisen. Der Versuch war eine beeindruckende Leistung in Sachen Präzisionsmessung. Michelson wollte zeigen, dass sich aus der Bewegung der Erde um die Sonne ein Unterschied in der Lichtgeschwindigkeit ergibt. Die Erde bewegt sich mit einer Geschwindigkeit von rund dreißig Kilometern pro Sekunde um die Sonne. Die Lichtgeschwindigkeit beträgt rund dreihunderttausend Kilometer pro Sekunde. Was Michelson suchte, war daher eine Geschwindigkeitsänderung in der Größenordnung von dreißig zu dreihunderttausend, also einem Zehntausendstel der Lichtgeschwindigkeit. Er plante sein Experiment sehr sorgfältig daraufhin, diese Veränderung feststellen zu können.

Das Ergebnis war jedoch umwerfend, sowohl für ihn selbst als auch für die damalige Physikergemeinde: Michelson konnte keine Auswirkung der Bewegung der Erde relativ zum Äther feststellen. Bei jeder Messung war die Lichtgeschwindigkeit dieselbe, gleichgültig, ob er in der Richtung der Erdbewegung oder in der entgegengesetzten Richtung maß. Die Physiker mussten die Idee des Äthers schließlich aufgeben und akzeptieren, dass Licht sich ohne ein Medium fortpflanzt.

Nach heutiger Auffassung besteht Licht also aus elektrischen und magnetischen Feldern, die auf kein Medium angewiesen sind. Nebenbei sei vermerkt, dass Michelsons Experiment eine wesentliche Rolle auch für Einstein spielte, als er seine Relativitätstheorie entwickelte: Der Relativitätstheorie zufolge ist die Lichtgeschwindigkeit immer dieselbe, gleichgültig, wie schnell die Lichtquelle oder der Beobachter sich bewegen.

Wir befinden uns hier immer noch im Bereich der Wellen. Wir haben über den Doppelspaltversuch gesprochen, der *den* Beweis für die Wellennatur des Lichtes darstellt. Dann befassten wir uns mit dem Medium, in dem diese Welle sich ausbreitet, und kamen zu dem Schluss, dass es kein solches Medium gibt. Schließlich stießen wir noch auf eine sehr merkwürdige Eigenschaft, nämlich die, dass Licht sich mit gleicher Geschwindigkeit ausbreitet, unabhängig davon, ob der Beobachter oder die Quelle sich bewegt.

Licht als Teilchen

Dann kam Albert Einstein und veröffentlichte 1905 eine Reihe von Aufsätzen, welche die Physik auf eine völlig neue Basis stellten; in einem dieser Aufsätze trug er seine Relativitätstheorie vor. Hier geht es uns aber um den ersten Aufsatz: Es ist seine einzige

Arbeit, die Einstein selbst in einem Brief an seinen Freund Conrad Habicht als »sehr revolutionär« bezeichnet hat. Darin sprach Einstein plötzlich davon, dass Licht aus Teilchen besteht.

Diesen Lichtteilchen, auch Lichtquanten genannt, gab der amerikanische Chemiker Gilbert Newton Lewis 1926 den Namen *Photonen*. Doch wie konnte angesichts all der damals vorliegenden Beweise für die Wellennatur des Lichtes, von denen der Doppelspaltversuch nur einer war, Albert Einstein, dieser junge, erst sechsundzwanzig Jahre alte »technische Experte dritter Klasse« am Schweizer Patentamt in Bern es wagen, die Idee vorzutragen, dass Licht aus Teilchen bestehen könnte, was der herrschenden Vorstellung diametral widersprach? Um Einsteins Überlegungen zu folgen, müssen wir zunächst etwas darüber wissen, wie Physiker Ordnung und Unordnung beschreiben.

Schäferhunde und Einsteins Lichtteilchen

Alljährlich versucht man in vielen Ländern in zahlreichen Wettbewerben, den besten Schäferhund zu ermitteln. Dabei müssen die Hunde eine Schafherde zusammentreiben und geschlossen an eine bestimmte Stelle bringen, beispielsweise (Abbildung 7) in eine Ecke eines Feldes. Aus der Sicht des Physikers erhöht der Schäferhund dadurch die Ordnung des Systems. Vorher waren die Schafe vielleicht über das ganze Feld verstreut, besonders, wenn sie sich sicher fühlten und kein Feind in der Nähe war. Der Schäferhund muss etwas in seinen Genen haben, das ihm sagt, was er zu tun hat, um sie alle zusammenzutreiben. Bei den Hütehundwettbewerben gewinnt derjenige Hund, der es am schnellsten schafft, alle Schafe in geordneter Weise zu der Stelle zu bringen, die der Schäfer ihm angibt.

Ganz ähnlich verhält es sich mit den Sachen, die sich auf einem Schreibtisch stapeln: mit den Büchern, Papieren und Broschüren, die sich über die ganze Schreibtischplatte verteilen. Die meisten Schreibtische machen nach einiger Zeit den Eindruck, völlig überhäuft zu sein; hier liegt ein Papier, dort eine Zeitung, auf der Zeitung ein Buch, in einer anderen Ecke wieder ein Papier und so weiter und so fort…

So wie der Schäferhund alle Schafe in eine Ecke des Feldes treibt, so kann man auch die Ordnung auf dem Schreibtisch erhöhen, indem man einfach Stapel bildet, sagen wir drei Stapel: einen für die Notizen, einen für die Zeitungen und Zeitschriften und einen für die Bücher. Alles liegt plötzlich an einer bestimmten Stelle, und die übrige Schreibtischfläche ist frei. Aber wenn man nicht aufpasst, wird sich das Zeug nach einiger Zeit wieder über den ganzen

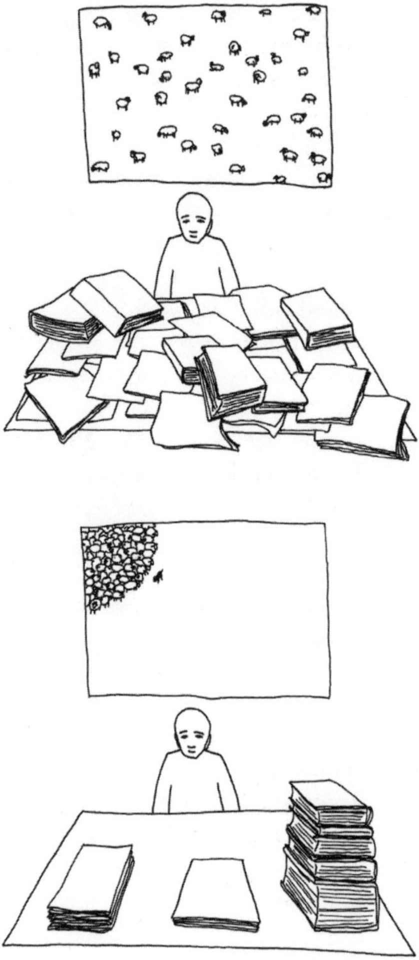

Abbildung 7 Die Herstellung von Ordnung (unten) aus Unordnung (oben) erfordert immer einen Aufwand. Seien es die Schafe auf einem Feld, die von einem Schäferhund zusammengetrieben werden, oder das Durcheinander auf einem Schreibtisch. Systeme streben im Allgemeinen von selbst den Zustand größerer Unordnung an.

Schreibtisch ausbreiten. In beiden Fällen, bei den Schafen und beim Schreibtisch, beobachten wir eine natürliche Tendenz, dass sich die Dinge – Schafe oder Papier – gleichmäßig über den vorhandenen Raum verteilen, und wir sehen ebenso, dass es einer besonderen Anstrengung bedarf, sie wieder zusammenzutragen. Wenn die Dinge schließlich zusammengetragen sind, liegt eine höhere Ordnung vor, als wenn sie gleichmäßig verteilt sind.

Genauso verhält sich auch ein Gas in einem Behälter. Angenommen, wir haben ein Gefäß (Abbildung 8), das durch eine Wand in zwei Teile geteilt ist; in der Wand befindet sich eine Öffnung, die geschlossen oder offen sein kann. Wir beginnen mit der Situation, in der sich alle Atome bei geschlossenem Ventil in nur einer Hälfte befinden, während die andere Hälfte leer ist, sodass in ihr ein Vakuum herrscht. Jetzt machen wir den Schieber auf. Es ist klar, was passiert: Das Gas breitet sich gleichmäßig über das ganze Gefäß aus.

Nehmen wir nun das Gegenteil an: Anfangs füllt das Gas beide Seiten aus. Wird es jemals vorkommen, dass alle Atome aus eigenem Antrieb in die eine Hälfte wandern und die andere Hälfte zum Vakuum wird? Augenscheinlich nicht. Aber warum nicht? Grundsätzlich ist ein solches Verhalten ja nicht verboten. Und tatsächlich erkennen wir bei genauem Hinschauen, dass die Atome in beiden Richtungen durch die Öffnung wandern, einige von rechts nach links, andere von links nach rechts. Durch blanken Zufall könnte es passieren, dass irgendwann alle Atome auf einer Seite versammelt sind und keines auf der anderen Seite ist. Aber das ist offenbar sehr unwahrscheinlich.

Ebenso unwahrscheinlich ist es, dass alle Atome in einem Behälter sich in einer Ecke versammeln und der Rest des Behälters leer ist. Grundsätzlich ist das natürlich nicht verboten, denn jedes Molekül bewegt sich auf seiner eigenen Zickzackbahn, und es könnte einfach passieren, dass alle irgendwann in einer Ecke landen. Aber es ist extrem unwahrscheinlich. Das Gegenteil passiert dagegen offenbar leicht: Wenn sich alle Atome in einer Ecke befinden und wir sie frei fliegen lassen, werden sie augenblicklich den vorhandenen Raum gleichmäßig ausfüllen.

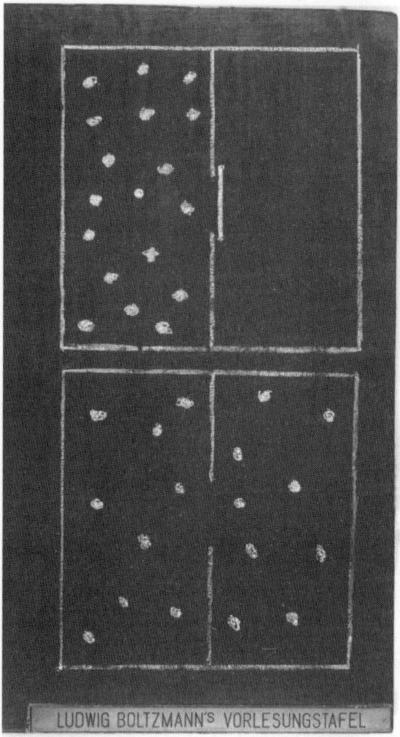

Abbildung 8 Gas, das sich auf einer Seite des Behälters befindet (oben) breitet sich gleichmäßig auf beide Seiten aus, wenn der Schieber geöffnet wird (unten). Der umgekehrte Vorgang, dass sich alle Moleküle eines Gases von selbst auf eine der beiden Seiten bewegen, wird nie beobachtet. Dies ist viel unwahrscheinlicher. Albert Einstein stellte fest, dass sich Licht ebenso verhält, und begründete darauf seine Idee der Lichtteilchen. Der Zusammenhang zwischen Wahrscheinlichkeit und Ordnung stammt von Ludwig Boltzmann, auf dessen Tafel alle Skizzen dieses Buchs gezeichnet wurden.

Dies bringt uns zu der Tatsache, dass das Universum eine Tendenz zu wachsender Unordnung hat. Wenn alle Atome in einer Ecke versammelt sind, bedeutet das einen hochgradig geordneten Zustand, während es ein weniger geordneter Zustand ist, wenn alle Atome das vorhandene Volumen ausfüllen. Es besteht offenbar ein klarer Zusammenhang zwischen Wahrscheinlichkeit und Ordnung. Je geordneter ein Zustand ist, desto unwahrscheinlicher ist er. Man denke nur noch einmal an den Schreibtisch: Es ist sehr unwahrscheinlich, dass alle Papiere sich von allein auf einem Stapel in einer Ecke der Schreibtischplatte versammeln werden. Auch der Zustand, dass alle Atome in einer Ecke des Behälters versammelt sind, ist sehr viel unwahrscheinlicher, als dass sie gleichmäßig verteilt sind.

Physiker beschreiben Ordnung gern mit dem Begriff der Entropie. Entropie ist ein Maß für Unordnung: Je größer die Entropie, desto ungeordneter ist ein Zustand und desto größer ist seine Wahrscheinlichkeit. In dem Fall, dass Gas ein Volumen ausfüllt, nimmt die Entropie mit dem Volumen zu. Das ist leicht zu verstehen, denn wenn sich alle Atome in einem kleineren Volumen befinden, ist das so, als würden alle sich in einer Ecke versammeln, was sehr unwahrscheinlich ist. Da alles wahrscheinlicheren Zuständen zustrebt, nimmt die Entropie des Universums ständig zu.

Der junge Albert Einstein machte im Jahr 1905 eine sehr wichtige Entdeckung. Er studierte die Entropie eines Gases, das ein bestimmtes Volumen ausfüllt, und verglich sie mit der Entropie von Licht, welches dasselbe Volumen ausfüllt. Was Einstein entdeckte, war eine sehr bemerkenswerte Übereinstimmung. Er las dafür wissenschaftliche Artikel, die seit Jahren vorlagen, und verglich sie miteinander; eigentlich hätte also jeder darauf kommen können. Einstein fand jedoch heraus, dass die Entropie von Strahlung im Allgemeinen und von Licht im Besonderen, das ein bestimmtes Volumen ausfüllt, der Entropie eines Gases, welches dasselbe Volumen ausfüllt, sehr ähnlich ist. Er entdeckte nämlich, dass der von dem deutschen Physiker Wilhelm Wien hergeleitete mathematische Ausdruck für die Entropie einer Strahlung, die ein bestimmtes Volumen ausfüllt, nach demselben Gesetz mit dem Volumen variiert wie der mathematische Ausdruck, den zuvor der österreichische Physiker Ludwig Boltzmann für ein Gas hergeleitet hatte, das einen Behälter ausfüllt.

Angesichts dieser Analogie stellte Einstein eine sehr kühne Vermutung an. Er wusste, dass der Ausdruck für die Entropie eines Gases, das ein Volumen ausfüllt, leicht zu erklären ist mit der Bewegung der einzelnen Moleküle und dass es sehr unwahrscheinlich ist, dass sie am Ende nur einen Teil des vorhandenen Raumes einnehmen. Wegen der Analogie der beiden mathematischen Ausdrücke für Licht und für Teilchen nahm Einstein an, dass daher Licht ebenfalls aus Teilchen bestehe, die sich genauso bewegen wie die Moleküle und sich ebenfalls nicht gern in einer Ecke versammeln, wenn ihnen ein größeres Volumen zur Verfügung steht.

Einstein war sehr vorsichtig und bezeichnete seine Idee als einen »heuristischen Gesichtspunkt«, so auch der Titel seines Aufsatzes *Über einen die Erzeugung und Verwandlung des Lichtes betreffenden heuristischen Gesichtspunkt.* Von Heuristik sprechen wir, wenn es um eine Idee geht, die uns hilft, etwas herauszufinden, eine Vermutung zu formulieren, einen Eindruck von einem Sachverhalt zu bekommen. Es bedeutet nicht zwangsläufig, dass wir von der Realität sprechen. Möglicherweise wollte Einstein bei den Anhängern der Wellentheorie des Lichtes nicht allzu sehr Anstoß erregen. Doch in seinem Aufsatz von 1905 nimmt Einstein kein Blatt vor den Mund. Er versteht die Lichtteilchen buchstäblich als lokalisierte Punkte, die sich im Raum bewegen, genau wie Moleküle oder Atome.

Einstein begnügte sich nicht bloß mit dieser kühnen Vermutung. Er überlegte, wo sich aus dem Bild, dass Licht einfach aus Teilchen besteht, noch interessante Folgerungen ergeben würden. Wenn seine Erklärung zutraf, würde sie auch ein Phänomen zu erklären helfen, das von den Physikern damals nicht verstanden wurde: den fotoelektrischen Effekt (Abbildung 9).

Das Phänomen des fotoelektrischen Effekts ist leicht zu erklären: Der deutsche Physiker Wilhelm Hallwachs hatte 1887 entdeckt, dass etwas Interessantes passiert, wenn man eine Metallplatte mit Licht bestrahlt. Das Licht kann nämlich aus dem Metall Elektronen freischlagen, die als elektrischer Strom leicht messbar

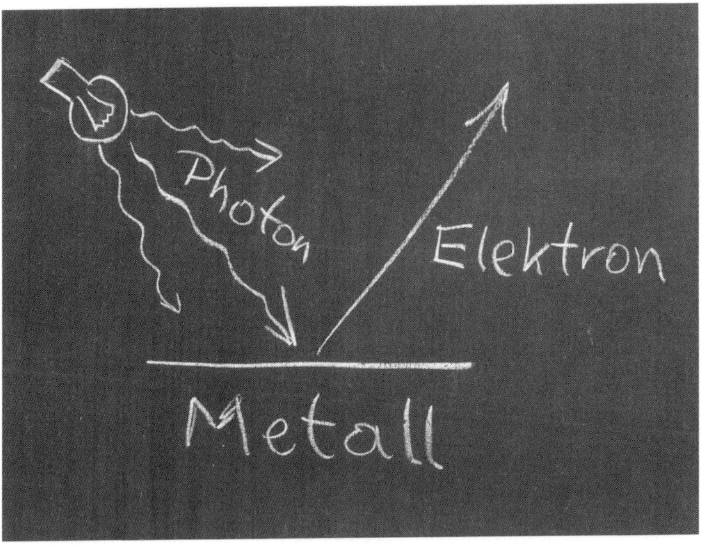

Abbildung 9 Licht, das auf eine Metalloberfläche trifft, kann dort einzelne Elektronen auslösen. Dies ist der fotoelektrische Effekt. Er wurde von Einstein dadurch erklärt, dass einzelne Lichtteilchen, einzelne Photonen, Elektronen aus der Oberfläche herausschlagen können.

sind. Man hatte versucht, diesen Effekt mit Hilfe des Wellenbilds des Lichtes zu erklären, das Modell, das damals allgemein anerkannt war. Aber damit kam man bei den Beobachtungen der Experimentatoren nicht weit.

Zu den Phänomenen, die das Wellenbild nicht zu erklären vermochte, gehörte die Tatsache, dass augenblicklich Elektronen hervortreten, sobald Licht auf die Metallplatte fällt.

Weshalb ist dies für das Wellenbild ein Problem? Eine Welle ist eine Schwingung, im Falle des Lichtes eine Schwingung eines elektrischen und eines magnetischen Feldes. Das auf eine Metallplatte fallende Licht regt die in der Platte befindlichen Elektronen zu einer Schwingung an. Die Elektronen schwingen anfangs nur ein wenig, aber je mehr Licht sie aufnehmen, desto stärker werden die Schwingungen, bis die Elektronen sich schließlich aus der Oberfläche lösen und frei sind.

Das ist ganz ähnlich wie bei einem Skateboardfahrer, der in einer Halfpipe hin- und herfährt. Durch Pushen mit den Füßen pumpt er immer mehr Energie in die Schwingung hinein, bis er aus der Röhre herausspringen kann. Natürlich dauert es eine Weile, hinreichend viel Energie zu sammeln. Beim fotoelektrischen Effekt ist es daher nicht überraschend, wenn die Elektronen sofort austreten, sobald wir einen starken Lichtstrahl auf die Metalloberfläche richten, denn dadurch können sie in sehr kurzer Zeit in starke Schwingungen versetzt werden. Aber auch bei den Versuchen mit schwachem Licht wurde beobachtet, dass sofort Elektronen auszutreten begannen. Nach dem Wellenbild hätten sie einige Zeit benötigt, um genügend Energie dafür aufzunehmen. Das war nur eines der Probleme des Wellenbilds des Lichtes mit dem fotoelektrischen Effekt; die anderen führen hier zu weit.

Wenn Licht aus Teilchen besteht, gibt es offenbar keine Probleme mehr. Ein einzelnes Lichtteilchen, ein einzelnes Photon, bemerkte Einstein, könnte sofort ein einzelnes Elektron herausschlagen. Damit wäre auf Anhieb erklärt, dass die Elektronen aus der Oberfläche heraustreten, sobald wir einen Lichtstrahl darauf richten, und damit wäre auch erklärt, dass die Menge der austretenden Elektronen genau entsprechend der Lichtmenge steigt. Bei verdoppelter Lichtintensität treffen doppelt so viele Photonen auf die Oberfläche, und doppelt so viele Elektronen werden freigesetzt.

Albert Einstein machte auf der Grundlage dieses Modells noch eine weitere kühne Vorhersage, wie sie von Physikern seit jeher benutzt werden, um ihre Theorien zu beweisen. Die endgültige Bestätigung einer Theorie besteht nämlich nicht nur darin, dass sie im Labor oder in der Natur bereits beobachtete Phänomene zu erklären vermag. Das überzeugendste Argument für eine neue Theorie besteht in der Vorhersage einer Beobachtung, die bisher niemand berechnet hat und die bislang noch nicht gemacht worden ist. Für den fotoelektrischen Effekt sagte Einstein einen Zusammenhang zwischen der Frequenz des Lichtes, das auf die Metallplatte fällt, und der Energie der austretenden Elektronen vorher.

Was Einstein genau überlegte, ist leicht zu erklären: Angenommen, ein Photon trifft mit einer gewissen Energie auf die Metallplatte. Nehmen wir weiter an, es schlägt ein Elektron heraus. Wie schnell wird das Elektron nach dem Austritt aus der Metallplatte sein? Wie groß wird seine Bewegungsenergie sein? Offenbar gibt es viele Möglichkeiten. Es könnte passieren, dass das Photon das Elektron trifft, aber nicht seine gesamte Energie auf es übertragen kann wie eine Billardkugel, die auf eine andere trifft, aber dennoch weiterrollt.

Es könnte aber auch durchaus passieren, dass das Photon seine ganze Energie auf das Elektron überträgt. Dann wird das Elektron sich sehr schnell bewegen. Danach könnte es einen Teil seiner Energie schon innerhalb der Metallplatte verlieren. Es könnte aber auch passieren, dass das Elektron so knapp unter der Oberfläche vom Photon so getroffen wurde, dass es keine Energie mehr verliert, bevor es freikommt. Aber es muss noch aus der Metallplatte heraustreten. Jede Oberfläche übt auf Elektronen eine gewisse Anziehung aus, deren Stärke vom Material der Oberfläche abhängt; auf jeden Fall muss das Elektron zur Überwindung dieser Anziehung eine gewisse Energie aufwenden.

Die Physiker haben einen merkwürdigen Namen für diese Energie, die das Elektron überwinden muss: Sie nennen sie Austrittsarbeit. Es läuft auf Folgendes hinaus: Wenn wir Glück haben und das Photon das Elektron in geeigneter Weise trifft und das Elektron außerdem seine Energie nicht innerhalb des Metalls verliert, dann kommt es heraus mit der ursprünglichen Energie des Photons abzüglich der Austrittsarbeit.

Nun stehen wir vor der Frage, wie groß die ursprüngliche Energie des Photons ist. Hier griff Einstein auf einen Ausdruck zurück, den Max Planck fünf Jahre zuvor entwickelt hatte, wonach die Energie »gequantelt« sei. Sie tritt nur auf in der Form von ganzen Quanten, derart, dass die Energie eines Photons gegeben ist durch seine Frequenz, multipliziert mit einer Konstanten, dem Planck'schen Wirkungsquantum h. Falls Einstein Recht hat, ist der wichtigste Punkt nun, dass die maximale Energie, mit der Elektronen aus einem Metall heraustreten, genau gleich ist dem Produkt aus der Frequenz des Lichts und dem Plank'schen Wirkungsquantum minus der Austrittsarbeit. Diese Vorhersage Einsteins wurde 1916 in einem sehr schönen Experiment von dem amerikanischen Physiker Robert Andrews Millikan bestätigt. Einstein hatte also Recht behalten mit seinen Lichtteilchen. Dafür erhielt er schließlich den Nobelpreis.

Einstein und der Nobelpreis

Die Geschichte des Nobelpreises für Albert Einstein ist recht interessant. Man muss erst mal nominiert werden, um den Preis – in diesem Falle für Physik – zu erhalten. In der Schwedischen Akademie der Wissenschaften trifft ein kleines Komitee eine Vorauswahl. Viele Physiker in der ganzen Welt werden aufgefordert, ihre Kandidaten zu nennen, und aus den Nominierten wählt die Akademie dann den Preisträger oder die Preisträger aus – maximal drei können sich den Preis teilen. Für die endgültige Entscheidung stützt sich die Akademie auf die Gutachten anerkannter Fachleute auf dem jeweiligen Gebiet. Zu Einsteins Zeit waren es hauptsächlich die Mitglieder des Nobelkomitees selbst, die diese fachmännische Begutachtung vornahmen.

Albert Einstein war bereits mehrfach vorgeschlagen worden, erstmals 1910, nur fünf Jahre nach seinem *annus mirabilis*. In jenem Wunderjahr 1905 schrieb Einstein die bereits erwähnten fünf wissenschaftlichen Artikel. In einem trägt er seine Relativitätstheorie vor. In einem weiteren taucht erstmals die berühmteste Gleichung der Physik auf: $E = mc^2$. In einem dritten auf dem Gebiet der Atomphysik gibt er eine sehr gute Abschätzung der Größe von Atomen. Doch der erste Artikel, der im Jahr 1905 erschien, enthielt das Konzept der Photonen.

Fast alle Nominierungen Einsteins bezogen sich auf seine Relativitätstheorie. Das Problem war, dass zwei der Mitglieder des Nobelkomitees die Relativitätstheorie nicht mochten oder sie gar für falsch hielten. Die Tatsache, dass Einstein den Preis nicht erhielt, wurde aber in der wissenschaftlichen Gemeinschaft allmählich als peinlich empfunden. Der Durchbruch kam 1921, als der theoretische Physiker Carl Wilhelm Oseen zum Mitglied der Akademie gewählt wurde und den Grund dafür erkannte, woran es lag, dass Einstein bisher den Nobelpreis nicht erhalten hatte.

Oseen schlug daher vor, Einstein den Preis »für seine Entdeckung des Gesetzes des fotoelektrischen Effekts« zuzuerkennen, im Grunde also für sein Konzept der Lichtteilchen, der Photonen. Oseen konnte das Komitee schließlich überzeugen, und es beschloss 1922, den Nobelpreis des Jahres 1921, der nicht vergeben worden war, Einstein zuzuerkennen »für seine Verdienste um die Theoretische Physik und insbesondere für die Entdeckung des Gesetzes für den fotoelektrischen Effekt«. Interessanterweise gab die Akademie auch eine warnende Erklärung ab, aus der hervorgeht, dass die Mehrheit der Akademiemitglieder noch immer der Meinung war, es bestehe eine gewisse Gefahr, dass die Relativitätstheorie sich als falsch erweisen könnte.

Albert Einstein bekam also seinen Nobelpreis, und damit war die Peinlichkeit für die wissenschaftliche Gemeinschaft, aber auch für die Nobelstiftung ausgeräumt. Angeblich soll Einstein, als er von der Entscheidung erfuhr, gesagt haben: »Ich bin sehr froh – unter anderem auch deswegen, weil nicht mehr die vorwurfsvolle Frage an mich gerichtet werden kann: ›Warum kriegen Sie den Nobelpreis nicht?‹«

Eine noch immer offene Frage ist, warum Einstein nicht später auch für die Relativitätstheorie mit dem Nobelpreis bedacht wurde. Er hat bis 1955 gelebt, und es ist durchaus schon vorgekommen, dass Leute zweimal mit dem Preis ausgezeichnet wurden. John Bardeen erhielt sogar zweimal den Preis für Physik. Es kann aber sehr gut sein, dass Einstein nicht noch einmal nominiert worden ist.

Ein Konflikt

Wir haben oben die beiden Möglichkeiten erörtert, Licht zu erklären, entweder als Teilchen oder als Wellen. Wir haben gesehen, dass es zwei Experimente gibt, die jeweils eines der beiden Bilder zu bestätigen scheinen. Youngs Experiment entnehmen wir, dass Licht ein Wellenphänomen ist, und der fotoelektrische Effekt bestätigt anscheinend, dass Licht aus Teilchen besteht. Hier besteht offenkundig ein Konflikt. Teilchen und Wellen – das sind zwei grundverschiedene Konzepte. Was sollen wir glauben?

Einstein war sich dieses Konflikts offenbar bewusst, und er erwähnt in seinem Artikel etwas in diesem Sinne. Das war wohl der Grund, warum er sein Bild »revolutionär« nannte. Er musste im Grunde alle experimentellen Beweise, die für das Wellenkonzept sprechen, beiseite schieben. Was sollen wir davon halten? Woraus besteht denn nun Licht, aus Teilchen oder Wellen? Ehe wir diese Frage aus heutiger Sicht beantworten, wollen wir zunächst Youngs Experiment aus der Sicht eines Befürworters des Teilchenkonzepts untersuchen.

Albert Einstein war klar, dass Interferenzerscheinungen mit seinem Teilchenkonzept des Lichtes nur schwer in Einklang zu bringen sind. Betrachten wir noch einmal das Doppelspalt-Interferenzphänomen. Mit dem Wellenbild ließen sich die dunklen und hellen Streifen auf dem Beobachtungsschirm einfach erklären. Wenn eine Welle durch beide Spalte geht, pflanzen sich die entstehenden Teilwellen bis zum Beobachtungsschirm fort. An manchen Stellen löschen sie sich gegenseitig aus, und es entstehen dunkle Streifen, an anderen Stellen verstärken sie einander, und es entstehen helle Streifen. Lässt sich dieses Phänomen auch dann erklären, wenn wir annehmen, dass nicht Wellen, sondern Teilchen durch die Spalte gehen? Der Widerspruch ist deutlich: Eine Welle kann einen größeren Bereich ausfüllen, sie kann durch beide Spalte treten. Ein Teilchen kann offenbar nur durch den einen oder anderen Spalt gehen.

Wir müssen uns also jetzt das Experiment nochmals genau überlegen.

Alice, Bob und der Doppelspalt

Wir lernen nun zwei Studenten, Alice und Bob, kennen, die an ihrem Physikinstitut einen Laborkurs machen. Zu den Experimenten, die sie durchzuführen haben, gehört der Doppelspaltversuch mit einzelnen Photonen. Für dieses Experiment steht ihnen jetzt ein ganzer Tag zur Verfügung. Am Morgen erläutert Laborassistent John die einzelnen Teile des Geräts: »Da ist zunächst eine Metallplatte mit zwei engen Schlitzen. Dann gibt es einen Beobachtungsschirm. Außerdem gibt es eine Lichtquelle: ein kleiner Laser, ähnlich wie ein Laserpointer, wie man ihn zum Erläutern von Präsentationen benutzt. Das Licht aus dem Laser ist direkt sichtbar.

Das Licht des Lasers«, erklärt John, »könnt ihr so stark abschwächen, dass man es selbst dann nicht sieht, wenn es direkt auf die Augen gerichtet ist. Mit diesem Knopf hier lässt sich die Zahl der erzeugten Photonen regulieren.«

John erläutert ihnen auch einen kleinen schwarzen Kasten, in den durch eine Spaltöffnung an der Vorderseite Licht, Photonen, eintreten kann.

»Mit diesem Schieber hier könnt ihr den Spalt öffnen oder schließen, je nachdem, ob ihr Licht durchlassen wollt oder nicht«, erklärt John.

»Was macht dieser Kasten?«, fragt Bob.

»Das«, antwortet John, »ist der Detektorkasten. Der Detektor zählt die ankommenden Photonen. Er ist mit einem kleinen Lautsprecher verbunden, und sobald ein Photon ankommt, klickt es im Lautsprecher. Er ist außerdem mit einem Computer verbunden, der die Photonen registriert und zählt. Hier könnt ihr den Zeitraum einstellen, über den der Detektor Photonen zählt.«

»Wie funktioniert dieser Photonendetektor?«, will Alice wissen.

»Ganz einfach. Er beruht auf dem fotoelektrischen Effekt, den Albert Einstein so schön erklärte, als er das Photonenkonzept erfand. Der Detektor funktioniert genauso, wie Einstein es erläutert hat. Wenn ein Photon auf ein Metallteil trifft, eine so genannte Elektrode, schlägt es ein Elektron heraus. Diese Elektrode ist aus einem speziellen Metall, damit das Photon leicht Elektronen herausschlagen kann. Da es extrem schwierig wäre, das einzelne, von einem Photon herausgeschlagene Elektron zu registrieren, benutzt man einen kleinen Trick und verwendet einen so genannten Photoelektronenvervielfacher.«

John legt den Photonendetektor in Alice' ausgestreckte Hand. »Nach der ersten Elektrode kommt noch eine, dann noch eine und noch eine – eine ganze Reihe (Abbildung 10). Zwischen den Elektroden besteht eine Spannung, wobei die zweite gegenüber der ersten positiv ist, die dritte gegenüber der zweiten und so fort. Dadurch wird das Elektron von der zweiten Elektrode angezogen und beschleunigt, es gewinnt also an Geschwindigkeit. Wenn es mit dieser erhöhten Energie auf die zweite Elektrode trifft, schlägt es mehr Elektronen heraus. Diese werden dann von der nächsten Elektrode angezogen und schlagen noch mehr Elektronen heraus. So kommt es schließlich zu einer richtigen Elektronen*lawine*, die leicht als elektrischer Strom messbar ist. Durch Verstärkung wird aus diesem elektrischen Strom ein elektrischer Puls, der das Klicken im Lautsprecher erzeugt. Der Puls wird auch zu diesem Computer hier geschickt, wo er einfach registriert und als Nachweis für das ursprüngliche Photon gezählt wird.«

Als John sich zur Tür wendet, drängt Alice sich an Bob vorbei und verstellt ihm den Weg: »Aber was genau sollen wir jetzt hier machen?«

John scheint amüsiert: »Nun, dies ist ein Laborkurs für Fortgeschrittene. Ihr müsst euch euer Experiment schon selber ausden-

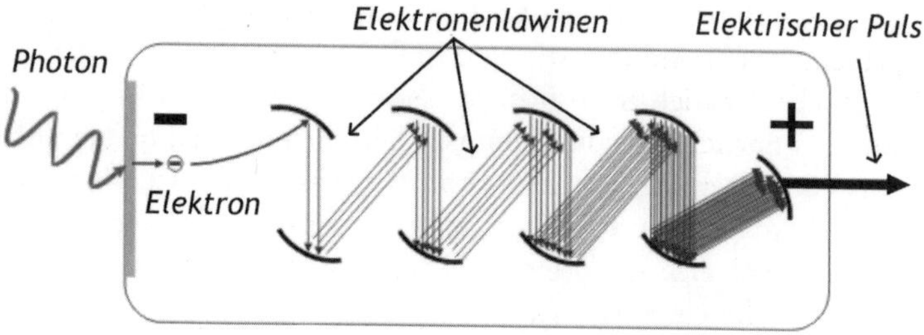

Abbildung 10 Schema eines Photoelektronenvervielfachers, wie er in vielen Experimenten zum Nachweis einzelner Photonen verwendet wird. Ganz wie bei dem von Einstein aufgeklärten Photoeffekt löst ein Photon am Anfang ein einzelnes Elektron aus. Dieses trifft auf die erste Elektrode und schlägt dort weitere Elektronen aus. Diese treffen auf weitere Elektroden, bis zum Schluss eine starke Elektronenlawine entstanden ist. Diese führt zu einem elektrischen Puls, der dann elektronisch weiterverarbeitet werden kann und den Nachweis des einzelnen Photons darstellt.

ken. Vergesst aber nicht, dass ihr die Quanteninterferenz von Photonen untersuchen sollt. Viel Glück!«

Nachdem die Tür sich hinter John geschlossen hat, schaut Alice sich um.

»Erinnerst du dich, dass Professor Quantinger uns bei seiner Einführung in die Physik das Doppelspaltmuster mit Laserlicht gezeigt hat? Wir haben, glaube ich, alles, was wir brauchen: einen Doppelspalt und einen Laser. Ich schlage vor, dass wir erst einmal prüfen, was für ein Interferenzmuster der Laser erzeugt.«

Die beiden richten also die Laserquelle und den Doppelspalt ein, und nachdem sie die Geräte ein bisschen hin und her gerückt haben, können sie auf dem Beobachtungsschirm, einige Meter vom Gerät entfernt, das Interferenzmuster beobachten. Sie schalten den Laser ein. Sofort erscheinen wie erwartet helle und dunkle Streifen (Abbildung 6).

»Das ist sehr schön!«, ruft Bob erregt. »Exakt eine Bestätigung von Youngs Wellenbild des Lichtes. Aber wir könnten hier eigentlich etwas mehr machen. Schauen wir mal, welches Muster entsteht, wenn einer der beiden Spalte verdeckt ist.«

Sie verdecken einen der beiden Spalte mit einem Stück Pappe. Sofort verschwinden die Interferenzstreifen (Abbildung 6). Auf der Wand ist nur noch ein breites Band von homogenem Licht zu sehen. Es erscheint auch, als sie das Stück Pappe vor den anderen Spalt halten.

Alice spricht aus, was beide denken: »Offenbar sehen wir, was Professor Quantinger uns erklärt hat. An den dunklen Stellen löschen sich die Wellen, die von den beiden Quellen kommen, vollständig aus. An den hellen Stellen verstärken sie einander. Ich hätte nicht erwartet, dass das Experiment so einfach ist.«

Sie überlegen, was sie nun tun sollen.

Schließlich schlägt Alice vor: »Einen Teil der Apparatur haben wir noch nicht benutzt, den Kasten mit dem Photonendetektor. Sehen wir uns den Photonendetektor doch einmal etwas näher an.«

Bob spielt eine Zeit lang am Detektorkasten herum, indem er den Schieber an der Vorderseite auf- und zumacht. Ist er auf, dann kommt aus dem Lautsprecher ein stetiges Rauschen. Offenbar wird der Detektor von vielen Photonen getroffen.

»Vielleicht sollten wir das Licht abdrehen«, schlägt Alice vor.

In der nun eintretenden Dunkelheit beruhigt sich das Rauschen zu einem gelegentlichen Knistern. Alice nimmt den Detektor und hält ihn vor die Interferenzstreifen am Schirm. Sie versucht, ihn genau in einem hellen Streifen zu halten – das Rauschen wird lauter und stetiger. Das überrascht sie nicht, und als sie es mit den dunklen Streifen probiert, geht das Rauschen wieder in ein kaum wahrnehmbares schwaches Knistern über. Jeder Klick im Detektor ist ein Photon.

»Lass uns nur zum Spaß etwas ausprobieren«, schlägt Alice vor. »Ich halte es so stabil wie möglich an einer dunklen Stelle, und du öffnest und verdeckst die Spalte.«

Wie erwartet wächst das Rauschen wieder zu voller Lautstärke an, als Bob einen Spalt aufmacht. Jetzt öffnet er auch den zweiten Spalt. Der Lautsprecher wird leise und registriert nur einige vereinzelte Photonen. Was sie gesehen haben, wird ihnen von den Ohren bestätigt: Wenn zwei Spalte offen sind, kommen an diese Stellen weniger Photonen, als wenn ein Spalt verdeckt ist.

Bob wird es langweilig, und er schlägt eine neue Runde vor. »Machen wir den Laserstrahl so schwach, dass nur mehr einzelne Photonen herauskommen.«

Das probieren die beiden gleich aus, aber nichts geschieht. Der Schirm bleibt leer. »Es muss an der Lichtintensität liegen«, vermutet Bob. »Sie ist zu gering, als dass wir mit bloßem Auge etwas sehen könnten.«

»Gut, versuchen wir es mit Photonendetektor.« Alice ist schon bereit. Bob macht alle Lichter im Raum aus. Es ist stockdunkel. Dann schaltet er die Quelle ein, und …

klick — klick — klick —— klick – klick

Ein paarmal pro Sekunde klickt es, für jedes Photon ein Klick. Die Abfolge ist sehr unregelmäßig, aber auf jeden Fall sind Photonen da.

»Ausgezeichnet!«, jubelt Alice. »Ganz toll! Wir haben unsere Einzelphotoneninterferenz.«

Bob ist nicht überzeugt. »Von Interferenz gibt es bisher keine Spur! Wir haben lediglich Photonen. Wie kriegen wir heraus, ob wir Interferenz haben?«, wendet er ein.

»Stimmt, das ist ein Problem«, pflichtet Alice ihm bei. »Wenn es so stockdunkel ist, können wir nichts sehen.«

»Wenn wir unseren Detektor dorthin richten, wo wir einen hellen Streifen erwarten, müsste es häufiger klicken, als wenn er sich in einem dunklen Streifen befindet«, meint Bob.

Bob macht das Licht an und schaut sich unter den Geräten um, die John dagelassen hat.

Er entdeckt etwas Interessantes: »He, hier ist ein Lineartisch! Wir können doch den Detektorkasten draufstellen und exakt hin- und herfahren.«

Alice und Bob arrangieren den Lineartisch so, dass der darauf montierte Detektor Schritt für Schritt durch den Bereich gefahren werden kann, wo sie vorher visuell das Muster gesehen haben.

Gerade als Bob überlegt, was nun zu tun ist, verkündet Alice mit großem Trara: »Kaffeezeit!«

Bei Croissants und Cappuccino machen sie sich Gedanken über die zu erwartenden Ergebnisse.

»Ich bin gespannt«, sagt Bob seufzend, »ob wir so was wie diese Interferenzstreifen beobachten werden.«

»Wieso zweifelst du?«, will Alice wissen.

»Weil wir jeweils nur ein Photon im Apparat haben.«

»Das stimmt. Weil pro Sekunde im Prinzip nur ein Photon kommt, ist der Apparat die meiste Zeit leer, denn die Photonen brauchen weit weniger als eine Millionstelsekunde, um durch den ganzen Apparat zu sausen.«

»Das meine ich«, sagt Bob und nickt. »Die Photonen gehen ja eines nach dem anderen hindurch. Das eine Photon geht vielleicht durch den rechten Spalt, das nächste möglicherweise durch den linken, und so weiter und so fort. Vom Wellenmodell her wissen wir, dass die Interferenzstreifen entstehen, weil Wellen durch beide Spalte gehen. Woher soll nun ein Photon, das durch einen der beiden Spalte geht, wissen, ob der andere Spalt offen ist? Und das muss es wissen, denn wir haben ja bei starkem Licht gesehen, dass es, wenn beide Spalte offen sind, Stellen gibt, wo kein Licht zu sehen ist, also darf dort auch ein einzelnes Photon nicht hin.«

»Das ist sehr interessant«, erwidert Alice, »aber sollten wir nicht trotzdem Interferenzstreifen erwarten? Wir wissen, dass Licht auf jeden Fall aus Teilchen besteht. Die von dir aufgeworfene Frage hätte uns also schon beim intensiven Laserlicht beschäftigen müssen, das durch den Doppelspalt ging. Auch dieses Licht besteht ja aus einzelnen Photonen, und jedes muss entweder durch den oberen oder den unteren Spalt gehen.«

»Stimmt schon«, sagt Bob, »aber es sind so viele Photonen, und wir können eigentlich nicht sicher sein, ob sich jeweils nur ein Photon im Apparat befindet. Ich weiß also im Grunde nicht, was passieren wird.«

Alice seufzt ungeduldig. »Da wir bei starkem Licht Interferenzstreifen gesehen haben, werden wir sie auch bei den einzelnen Photonen sehen. Und darüber, warum sie erscheinen oder nicht, mache ich mir im Moment keine Gedanken. Darüber sollten wir später noch mal reden. Jetzt sollten wir lieber zurückgehen, die Stunde ist fast um.«

Als sie zurückkommen, fahren sie den Detektor ganz langsam durch den Bereich, wo mit dem Laserlicht Interferenzstreifen auftraten. An manchen Stellen hören sie ganz klar die Klicks der Photonen. An anderen nichts.

Es ist klar ersichtlich, dass es Stellungen des auf den Lineartisch montierten Detektors gibt, wo die Zahl der Photonen hoch ist, und andere, wo sie niedrig oder gar null ist.

»Das sind«, räumt Bob ein, »offensichtlich Interferenzstreifen.«

Bei bestimmten Stellungen des Detektors waren besonders viele Photonen gezählt worden, bei anderen Stellungen dagegen keine. Offenbar befanden sich dort, wo viele gezählt worden waren, die hellen Streifen und dort, wo wenige oder keine gezählt worden waren, die dunklen.

Bob wird ungeduldig. »Jetzt haben wir die Quanteninterferenz von einzelnen Photonen nachgewiesen. Wir sollten John sagen, dass wir fertig sind.«

»Noch einen Moment«, hält Alice ihn zurück. »Jetzt interessiert mich die Frage, die du vorhin aufgeworfen hast. Was macht das einzelne Photon? Durch welchen Spalt geht es? Letztlich kann jedes Photon nur durch einen Spalt gehen, entweder den rechten oder den linken, also müsste eine Hälfte der Menge der Photonen durch den rechten und die andere durch den linken Spalt gehen. Ich meine, wir sollten das Experiment noch zweimal durchführen und jedes Mal einen der beiden Spalte verdecken und sehen, was dann geschieht.«

»Das ist aber klar«, wirft Bob ein. »Wenn wir einen Spalt verdecken, ist das so, als wäre da nur ein Spalt, und dann sollte es überhaupt keine Streifen geben, denn das wissen wir ja aus dem Laserexperiment. Aber gut, wie du willst. Machen wir das Experiment. Probieren wir's.«

Sie bringen den Detektor an eine Stelle, wo keine Photonen auftreffen. Dann nehmen sie wieder ihr Stück Pappe und verdecken damit sorgfältig einen Spalt.

Prompt hören sie

klick — klick — klick —— klick – klick

Wenn man einen Spalt zudeckt, erhöht sich offenbar die Zahl der Photonen, die der Detektor an dieser Stelle registriert!

Bob kratzt sich am Kopf. »Was mich wirklich überrascht, sind diese dunklen Streifen, wo die Zahl der Photonen gegen null geht. Wir schicken jeweils ein Photon hindurch, aber jedes einzelne Photon, das hindurchgeht, weiß, dass es auf keinen Fall dort ankommen darf. Diese dunklen Streifen treten aber nur dann auf, wenn beide Spalte offen sind. In diesem Fall weiß also jedes Photon, wo es nicht hingehen darf. Folglich muss jedes Photon wissen, ob beide Spalte offen sind oder nicht.«

»Woher weiß es das? Schnüffelt es etwa herum? Erkundet es alle Möglichkeiten, die es hat, und entscheidet sich dann für eine?«, gibt Alice zurück.

»Hm, ich weiß, dass du eine Hundeliebhaberin bist, aber genau das passiert.« John hat unbemerkt den Raum betreten.

»Du gehst zu weit. Ein Photon kann nicht herumschnüffeln, um herauszufinden, was es tun könnte, und sich dann für das eine oder andere entscheiden«, erklärt Alice aufgebracht.

»Aber genau so«, bekräftigt John, »hat der berühmte amerikanische Physiker Richard Feynman die Quanteninterferenz, das Phänomen, das ihr hier untersucht, tatsächlich erklärt. Ein Quantenteilchen, sagt er, kann irgendwie herausfinden, welche Möglichkeiten ihm offen stehen, und zählt sie zusammen, um am Ende zu entscheiden, wohin es gehen soll.«

»Aber ein einzelnes Photon geht doch durch einen der beiden Spalte, oder?«, will Bob wissen.

»Nein«, widerspricht Alice, »sie müssen durch beide Spalte gehen, wenn beide offen sind, und wenn nur einer offen ist, geht das einzelne Photon durch einen Spalt.«

»Das ist doch Unsinn«, kontert Bob. »Was heißt das denn, dass das Photon durch beide Spalte geht? Schau dich um! Unser Labor hat zwei Türen. Ich ersuche Sie jetzt höflich, Lady Alice, diesen Raum durch beide Türen zu verlassen!«

»Das ist unfair!«, gibt Alice zurück. »Ich bin kein Quantenteilchen. Wäre ich eines, wäre ich dazu sehr wohl in der Lage.«

»Ach«, schießt Bob zurück, »ich dachte, die Quantenmechanik sei allgemein gültig, und folglich müsste sie auch für unsere teure Alice gelten. Stimmt's, John?«

John gluckst und sagt besänftigend: »In einem gewissen Sinne stimmt es schon, aber die vollständige Antwort ist ein wenig komplizierter. Wir werden uns mit dieser Frage noch befassen. Jetzt sollten wir das auf sich beruhen lassen und uns stattdessen überlegen, was es heißt, wenn wir fragen, durch welchen Spalt das Photon geht. Was würden wir darauf antworten?«

»Nichts einfacher als das«, bemerkt Alice ruhig. »Wir würden hinter den rechten oder den linken Spalt einfach einen Photonendetektor stellen. Vielleicht könnten wir Detektoren nehmen, die sehr viel kleiner sein müssten als der, den wir hier benutzen, aber es müsste möglich sein, sie zu bauen. Dann wissen wir daraus, welcher der beiden Detektoren anspricht, durch welchen Spalt das Photon hindurchgegangen ist.«

»Das ist völlig richtig«, stimmt John ihr zu. »Wenn wir ein Experiment durchführen, das uns verrät, welchen Spalt das Teilchen passiert, können wir die Frage nach dem Weg des Teilchens tatsächlich beantworten. Dann verschwinden aber auch die Interferenzstreifen. Seid ihr, Alice und Bob, also in der Lage, die Frage zu beantworten, welchen Weg das, sagen wir, 349. Photon genommen hat, das durch eure Apparatur gegangen ist und registriert wurde?«

»Nein!«, rufen sie wie mit einer Stimme.

»Natürlich«, erwidert John mit süffisantem Lächeln. »Ihr könnt die Frage nicht beantworten, weil ihr das Experiment nicht gemacht habt.«

Jetzt ist das Staunen an Bob. »Es kann doch keine Rolle spielen, ob wir das Experiment machen, das Photon hinter dem Spalt zu registrieren. Es muss durch einen von beiden hindurch, und ob wir es registrieren oder nicht, ist im Grunde unwesentlich. Wir wissen dann lediglich von einem bestimmten Photon, was es gemacht oder nicht gemacht hat. Für das, was das Photon wirklich gemacht hat, ist das ganz unerheblich.«

»Aber genau darum geht es«, erklärt John, »und es ist ein sehr wichtiger Punkt. Ist es von Bedeutung oder nicht, ob wir wissen, was das Photon gemacht hat?«

»Das kann doch wirklich keine Rolle spielen«, meldet sich Alice, »ob ich etwas weiß oder nicht! Schau mal aus dem Fenster! Gerade jetzt kommt die Sonne heraus. Es ist doch ganz und gar unerheblich, ob ich hinschaue oder nicht.«

»Für die Sonne mag das zutreffen«, erklärt John, »aber für unsere Photonen ist es von großer Bedeutung. Um die Frage, welchen Weg das Photon durch den Apparat nimmt, beantworten zu können, musst du dort Detektoren anbringen, und diese Detektoren beeinflussen den Quantenzustand des Photons derart, dass das einzelne Photon sich anders verhält, als wenn du die Detektoren dort nicht angebracht hättest.«

Bob überlegt: »Es geht also eigentlich nicht darum, was ich weiß. Ob ich weiß, welcher Detektor gefeuert hat, ist unwichtig. Es ist offenbar etwas komplizierter. Ich muss nicht nach den Detektoren schauen. Es reicht die Möglichkeit, dass ich, wenn ich nachschauen würde, sagen könnte, was passiert ist. Und diese Möglichkeit besteht, sobald einer der Detektoren das Photon registriert.«

»Richtig«, erwidert John, »der Ausgang des Experiments hängt davon ab, was wir über die Versuchsanordnung insgesamt sagen könnten. Wenn wir überhaupt nicht sagen könnten, welchen Weg das Photon genommen hat, entsteht das Doppelspaltmuster. Aber wenn wir es sagen könnten, weil einer der beiden Detektoren das Photon registriert hat, ist das Interferenzmuster weg, auch dann, wenn wir nicht hinschauen.«

Bob widerspricht: »Das ist doch verrückt! Wieso soll das, was das Photon macht, davon abhängen, ob ich sagen oder nicht sagen kann, welchen Weg es genommen hat? Das Universum existiert seit Milliarden von Jahren, und die Ereignisse im Universum sind abgelaufen, ohne dass jemand davon Notiz genommen hat!«

»Dass die Interferenzstreifen verschwinden, hängt natürlich nicht davon ab, ob du, Alice, oder du, Bob, oder sonst jemand weiß, welchen Weg das Photon genommen hat«, stellt John klar. »Worauf es ankommt, ist mit anderen Worten, die Möglichkeit, etwas zu wissen, das Vorhandensein von Information. Wenn die Information über den Weg oder besser die Möglichkeit, diese Information zu bekommen, gegeben ist, treten die Streifen nicht auf. Die Streifen können nur dann auftreten, wenn diese Möglichkeit nirgendwo im Universum gegeben ist.«

»Merkwürdig, sehr merkwürdig«, sagt Bob kopfschüttelnd. »Aber ich glaube, ich wüsste, wie die Antwort ausfällt, wenn Lady Alice ein Quanteninterferenzexperiment mit sich selbst machen würde.« Er lächelt. »Wenn Alice durch die beiden Türen dort ginge und das Teilchen in einem Doppelspaltversuch wäre, würden wir nur dann Interferenzstreifen sehen, wenn es keine Spur davon gäbe, welche Tür Alice genommen hat, selbst nicht in ihrem eigenen Gedächtnis.«

John gratuliert Bob: »Jetzt hast du's kapiert. Könnten wir mit großen Objekten, so genannten makroskopischen Objekten, Experimente dergestalt durchführen, dass nirgendwo zu erfahren ist, welchen Weg das Objekt nimmt, müssten im Prinzip Interferenzstreifen auftreten, auch wenn es wegen der Zahlen, um die es dabei geht, sehr, sehr schwierig sein würde, sie zu beobachten. Um es einmal kurz zu überschlagen: Könnten wir ein solches Experiment mit einem Menschen und zwei ein bis zwei Meter voneinander entfernten Türen machen, dann entstünden Interferenzstreifen, die so extrem schmal, so extrem fein wären, dass niemand sie aufzulösen vermöchte.«

»Man könnte sich als Beobachter doch sehr weit entfernen«, meint Bob.

»Das ist richtig«, sagt John. »Versetzte man den Beobachtungsschirm bis an die Grenzen des bekannten Universums, würden die Interferenzstreifen von Alice immer noch nur einige Mikrometer auseinander liegen, man könnte sie also nicht sehen.«

»Vielleicht fällt jemandem eines Tages etwas Schlaues dazu ein«, meint Bob achselzuckend.

Die beiden Männer müssen grinsen, als sie Alice zufrieden lächeln sehen. »Da brauche ich mir wohl keine Sorgen zu machen. Dazu wird es nicht kommen. Nicht zu meinen Lebzeiten! Das gehört in die Science-Fiction.«

John meint zu Alice gewandt: »Sicher. Aber wer weiß – die Science-Fiction hat in der Vergangenheit schon so manchen wissenschaftlichen Fortschritt beflügelt…«

Was ist Materie?

Wenn wir uns wenigstens spielerisch mit der Frage der Teleportation von Objekten befassen, müssen wir ein wenig tiefer gehen. Wir setzen unser Beispiel mit dem Hamburger fort. Nun, ein Hamburgerbrötchen besteht offensichtlich aus Teig. Und was bedeutet es, wenn etwas aus Teig besteht? Teig besteht hauptsächlich aus Mehl, zu dem wir etwas Wasser, etwas Gewürz und so weiter hinzugeben. Und schließlich muss der fertige Teig bei einer bestimmten Temperatur gebacken werden, damit er eine bestimmte Konsistenz bekommt. Auch hier haben wir also den Stoff, aus dem das Objekt besteht, und die Anordnung, die Information, die sich durch das Backen ändert. Aber was heißt es, aus Mehl zu sein?

Dafür müssen wir uns die Materie genauer anschauen. Wer sich je dafür interessiert hat, woraus sich seine Nahrung zusammensetzt, weiß, dass Mehl hauptsächlich aus Kohlenhydraten besteht. Auf manchen Mehlpackungen kann man es sogar lesen. Was sind Kohlenhydrate? Kohlenhydrate sind komplizierte organische Moleküle. Was sind Moleküle? Moleküle bestehen nach den Regeln der Chemie aus Atomen. Es gibt rund hundert chemisch verschiedene Arten von Atomen, die Elemente. Das leichteste Element ist Wasserstoff.

Das für lebende Substanzen charakteristischste Element ist Kohlenstoff. Kohlenhydrate bestehen also aus Kohlenstoff, Wasserstoff und Sauerstoff, die manchmal sehr komplizierte Verbindungen eingehen. Diese Verbindungen aus einzelnen Elementen sind Moleküle. Es gibt unzählbar viele verschiedene Moleküle, verschiedene mögliche Anordnungen von Atomen.

Offenbar ist unser Hamburger nicht bloß eine Anordnung aus

Rindfleisch und einem Brötchen, sondern diese Bestandteile bestehen ihrerseits aus einzelnen Atomen, von deren Anordnung es abhängt, ob wir ein Brötchen vor uns haben oder etwas anderes.

Atome sind extrem winzige Objekte. Der Durchmesser eines Atoms beträgt etwa 10^{-10} Meter. Das sind 0,000 000 000 1 Meter oder ein zehnmilliardstel Meter. Mit anderen Worten: Wir und alle Objekte unseres Alltagslebens bestehen aus einer Unmenge von Atomen. Unser Hamburger zum Beispiel setzt sich aus rund 10^{25}, das heißt 10 000 000 000 000 000 000 000 000 Atomen verschiedener Art zusammen. Um ein Hamburger zu sein, müssen diese unzähligen Atome auf eine bestimmte Weise angeordnet sein. Wieder gelangen wir zu der Erkenntnis, dass der Hamburger Materie plus Information ist. Nun handelt es sich aber um eine riesige Informationsmenge, die für sämtliche Atome festlegt, wo sie sich relativ zueinander befinden.

Wenn wir nun noch einen Schritt weitergehen, erkennen wir, dass die Atome ihrerseits aus anderen Teilchen zusammengesetzt sind. Ein Atom besteht aus einem Atomkern, der von seinen Elektronen umgeben ist.

Der Atomkern setzt sich seinerseits aus zwei Arten von Teilchen zusammen, den Protonen und den Neutronen. Die Neutronen tragen keine elektrische Ladung. Die Protonen sind positiv und die Elektronen negativ geladen. Nun ziehen entgegengesetzte Ladungen einander an, und deshalb sind Protonen und Elektronen sehr attraktiv füreinander, sehr viel attraktiver, als beispielsweise Alice und Bob jemals füreinander sein könnten. Deshalb umkreisen die Elektronen den Atomkern auf bestimmten Bahnen, ähnlich wie etwa die Planeten, auch unser Planet Erde, auf Bahnen um die Sonne kreisen (tatsächlich ist es wegen der Quantenphysik bei den Elektronen ein wenig komplizierter, aber darauf werden wir später noch eingehen). Es gibt noch einen interessanten Punkt, der ein wenig erörtert werden muss: Wie sich herausstellt, sind die Elektronen sehr leicht. Ein Elektron ist rund zweitausendmal (genau genommen 1836-mal) leichter als ein Proton oder ein Neutron. Es ist also fast die gesamte Masse eines Atoms im Kern konzentriert, um den die Elektronen herumschwirren.

Doch ungeachtet ihres geringen Gewichts sind die Elektronen extrem wichtig, aus zwei Gründen. Erstens wird die Größe des Atoms von der Größe ihrer Bahnen bestimmt, und die hängt wieder von ihrer Masse ab. Je kleiner die Masse, umso größer das Atom. Würden alle Elektronen in den Kern stürzen, wären die Atome extrem klein, und die Materie wäre extrem kompakt, sodass ein Kubikzentimeter die Masse von einer Milliarde Tonnen hätte, wie in Neutronensternen.

Der andere, äußerst wichtige Beitrag der Elektronen besteht darin, dass sie die chemischen Eigenschaften eines Elements bestimmen. Ob ein Atom sich so verhält, wie Kohlenstoff oder Sauerstoff oder Wasserstoff sich verhalten sollte, hängt von der Zahl der Elektronen ab, die den Kern umkreisen. Beim Wasserstoffatom haben wir nur ein Elektron, beim Kohlenstoff sind es sechs Elektronen und beim Sauerstoff acht Elektronen, die den Kern umkreisen, um nur einige Beispiele zu nennen.

Woraus bestehen nun die Elektronen und die Neutronen und Protonen? Es stellt sich heraus, dass Elektronen Elementarteilchen sind. Das heißt, dass sie ihrerseits keine Bestandteile mehr haben. Die Protonen und Neutronen dagegen sind keine Elementarteilchen. Sie bestehen aus Quarks, die nun selbst Elementarteilchen sind. Es gibt verschiedene Arten von Quarks, aber um Neutronen und Protonen zu bilden, benötigen wir nur zwei Arten. Sie heißen Up-Quark und Down-Quark, wobei die Namen Up und Down im Grunde nichts bedeuten. Um ein Proton zu bilden, braucht man zwei Ups und ein Down. Um ein Neutron zu bilden, braucht man ein Up und zwei Downs.

Letztlich kommen wir daher zu dem Schluss, dass wir für unseren Hamburger nur einen Haufen Up-Quarks, einen Haufen Down-Quarks und einige Elektronen brauchen – insgesamt drei verschiedene Arten von Teilchen. Von ihrer Anordnung hängt ab, was wir vor uns haben. Wieder ist es Materie plus Information, woraus sich jedes beliebige Objekt zusammensetzt, und es läuft darauf hinaus, dass die Materie sehr einfach beschaffen ist: Sie hat nur drei verschiedene Bestandteile, Up-Quark, Down-Quark und Elektron.

Dazu kommt noch der Kleber, Photonen und Gluonen, der das Ganze zusammenhält.

Was ist nun wichtiger? Ist es die Materie, oder ist es die Information? Was ist das wirklich Charakteristische an einem bestimmten Objekt? Man muss sich jetzt klar machen, dass alle Elektronen einander gleichen. Alle haben dieselben elementaren Eigenschaften. Ebenso gleichen sich alle Up-Quarks und alle Down-Quarks. Daraus folgt, dass man alle Quarks, aus denen ein Objekt besteht, gegen Quarks von anderswoher austauschen kann – oder alle Elektronen gegen irgendwelche anderen Elektronen. Das würde sich nicht im Geringsten auswirken. Aus dem Hamburger würde keine Tasse Kaffee.

Der Austausch von Materie vollzieht sich auf einer anderen Ebene in allen lebenden Systemen: Unser Körper tauscht ständig die Atome und Moleküle, aus denen wir bestehen, gegen andere Atome und Moleküle aus. Dieser andauernde Erneuerungsprozess ist eines der Merkmale des Lebens. Offenbar verändert es mich nicht im Geringsten, wenn ich morgens aufwache und einige meiner Atome ausgetauscht worden sind, solange die neuen Atome noch genauso oder hinreichend ähnlich angeordnet sind, wie es die alten waren. Diese Art der Anordnung ist einfach die Information, die mein Körper oder die ein beliebiges Objekt darstellt.

Offensichtlich ist die Information darüber, wie die Quarks und Elektronen angeordnet sein müssen, um die Atome zu bilden, und wie die Atome angeordnet sein müssen, um den Hamburger zu bilden, wichtiger als die Materie, aus der sich unser Objekt zusammensetzt. Die Materie ist immer dieselbe. Es hängt daher nur von der Information ab, was wir vor uns haben. Die Information sagt uns, wie all die einzelnen Bausteine relativ zueinander organisiert sind. Daher kommen wir zu einer wichtigen Schlussfolgerung:

Information ist der fundamentale Baustein des Universums.

Quantenunschärfe: nur Sache unserer Unwissenheit – oder sind die Dinge wirklich so?

Wir haben für die Bewegung der Elektronen um den Atomkern das Modell der Bewegung der Planeten um die Sonne erwähnt. Durch die Quantenphysik ist das aber in Wirklichkeit etwas komplizierter. Das hängt mit der Heisenberg'schen Unschärfebeziehung zusammen, die von Werner Heisenberg im Jahr 1927 entdeckt worden war. Diese Unschärfebeziehung besagt, dass wir nie von irgendeinem Objekt sowohl den Ort als auch den Impuls gleichzeitig beliebig genau kennen können. Da der Impuls das Produkt aus Masse des Objekts mal seiner Geschwindigkeit ist, heißt dies, dass wir nie gleichzeitig den Ort eines Objekts kennen können und seine Geschwindigkeit. Anders ausgedrückt, wo ein Objekt ist und wie schnell es fliegt, kann nicht beides exakt bestimmt sein.

Nach Heisenberg spricht man von der Ungenauigkeit des Ortes als Ortsunschärfe und von der Ungenauigkeit des Impulses als Impulsunschärfe. Die Heisenberg'sche Unschärfebeziehung besagt nun, dass das Produkt aus Ortsunschärfe und Impulsunschärfe einen bestimmten Betrag nicht unterschreiten kann. Dieser Betrag ist gegeben durch das von Max Planck entdeckte Wirkungsquantum, das allerdings sehr klein ist.

Die Heisenberg'sche Unschärfebeziehung hat unmittelbare Folgen für das Verständnis der Atome. Betrachten wir zunächst das Modell, in dem das Atom aus einem Kern und ihn umschwirrenden Elektronen besteht. Es ist rund 10^{-10} Meter groß. Unter den Elektronen dieses Atoms wollen wir nun eines herausgreifen

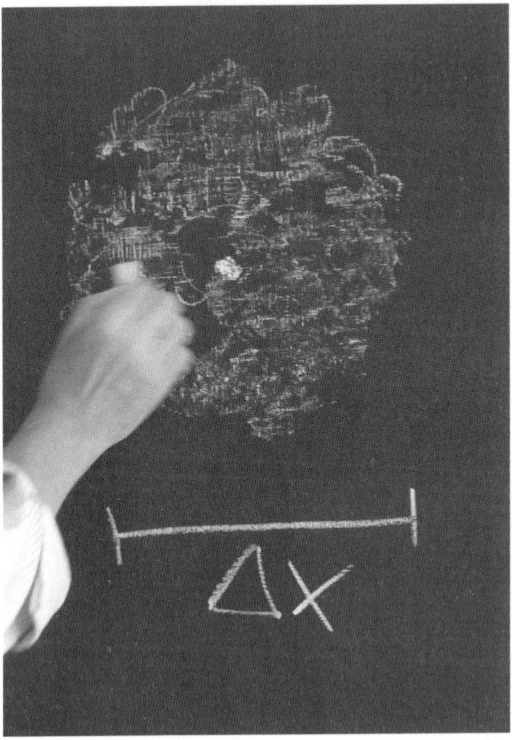

Abbildung 11 Ein Atom besteht aus dem Atomkern und den ihn umschwirrenden Elektronen. Von einem einzelnen Elektron weiß man nicht, wo es sich befindet, sondern es hat eine Ortsunschärfe Δx, die im Allgemeinen durch die Größe des Atoms gegeben ist. Es ist aber nicht so, dass man nicht weiß, wo sich das Elektron befindet, sondern das Elektron befindet sich an keinem wohl definierten Ort, ehe es gemessen wird.

und näher betrachten. Unser Wissen beschränkt sich auf die Tatsache, dass das Elektron sich irgendwo in diesem winzigen Volumen aufhalten muss (Abbildung 11). Wir kennen also den Ort des Elektrons nicht genau. Seine Ortsunschärfe beträgt demnach etwa 10^{-10} Meter.

Wenn das die Ortsunschärfe ist, was folgt daraus für die Unschärfe des Impulses oder, was gleichbedeutend ist, für die Unschärfe der Geschwindigkeit des Elektrons? Eine einfache Berechnung mit Hilfe der Heisenberg'schen Unschärfebeziehung sagt uns, dass die Geschwindigkeit unseres Elektrons sogar sehr unscharf ist. Die Unschärfe beträgt mindestens etwa tausend Kilometer pro Sekunde – und das ist nur die Unschärfe der Geschwindigkeit, wenn wir wissen, dass das Elektron sich in dem Atom aufhält. Dies bedeutet, dass das Elektron nicht in Ruhe sein kann, denn die Unschärfe seiner Geschwindigkeit ist ja so groß. Es wird sich also im Atom zumindest mit Geschwindigkeiten in der Größenordnung von einigen tausend Kilometern pro Sekunde bewegen.

Doch halt! Bringen wir jetzt nicht zwei Dinge durcheinander? Unser Argument lautete ja, dass wir Ort und Impuls nicht gleichzeitig kennen können. Es könnte aber dennoch der Fall sein, dass das Elektron zu jedem Zeitpunkt an einem bestimmten Ort ist, auch wenn dieser uns unbekannt ist, und dass es eine Geschwindigkeit hat, die genau in dem Moment, da es eine von uns gewählte Stelle passiert, exakt messbar ist. Es könnte also sehr wohl der Fall sein, dass sich das Elektron jederzeit an einem bestimmten Ort befindet und sich mit einer wohl definierten Geschwindigkeit bewegt, nur kennen wir sie einfach nicht. Die Heisenberg'sche Unschärfebeziehung würde dann lediglich bedeuten, dass wir nicht beide gleichzeitig kennen können. Der Grund dafür wäre, dass die Messung eines der beiden, etwa des Orts, das Elektron so stört, dass seine Geschwindigkeit sich ändert, und zwar deshalb, weil die Ortsmessung dem Elektron einen Stoß gibt.

Ehe wir die soeben aufgeworfene Frage genauer prüfen, wollen wir noch kurz erörtern, was diese Unschärfe für Autos nach sich ziehen würde, denn man könnte tatsächlich versucht sein, sich vorzustellen, dass die Heisenberg'sche Unschärfebeziehung auch für Kraftfahrzeuge gilt und sich erheblich auf sie auswirkt. Dann könnte es zu dem folgenden Dialog kommen (Abbildung 12):

Die Quantenausrede

Polizist (hält ein Auto an, weil es zu schnell fährt):
Sie sind laut Radarmessung mit sechzig Stundenkilometern gefahren. Das ist zu schnell. Wissen Sie, welche Geschwindigkeit hier erlaubt ist?

Fahrer: Ja, fünfzig Stundenkilometer, wie überall in der Stadt.

Polizist: Warum haben Sie dann die Höchstgeschwindigkeit überschritten? Haben Sie nicht gemerkt, dass Sie zu schnell waren?

Fahrer: Dass ich zu schnell gewesen sein soll, ist mir völlig neu.

Polizist: Schauen Sie nicht auf Ihren Tachometer? Den müssen Sie im Auge behalten.

Fahrer: Es ist zwecklos, den Tachometer im Auge zu behalten.

Polizist: Wieso denn? Sie *müssen* sich an die Höchstgeschwindigkeit halten!

Fahrer: Ich habe den Tachometer abmontiert.

Polizist: Machen Sie keine Witze! Das ist verboten. Sie haben an einem Gerät herumgepfuscht, das für Ihre Verkehrssicherheit wichtig ist. Ich könnte Ihr Fahrzeug augenblicklich stilllegen lassen, bis der Tachometer wieder angeschlossen ist.

Fahrer: Tun Sie es bitte nicht. Ich hatte einen sehr guten Grund, den Tachometer abzustellen.

Polizist: Soso, einen guten Grund... Vielleicht haben Sie bloß keine Lust, sich um das Gesetz zu scheren!

Fahrer: Nein. Kürzlich habe ich ein sehr gutes allgemein verständliches Buch über Quantenphysik gelesen, und was da drin steht, ist wirklich unglaublich.

Polizist: Ja, gewiss. Und dem Buch haben Sie dann wohl entnommen, dass Sie den Tachometer abstellen sollen.

Fahrer: So direkt nun wieder nicht, aber da war dieser Heisenberg...

Polizist: Ach, der mit der Unschärfebeziehung?

Fahrer: Ja, der, natürlich! Er sagt, wir könnten nicht zugleich den Ort und den Impuls des Fahrzeugs kennen. Anders ausgedrückt: Ich kann nicht

Abbildung 12 »Ich habe den Tachometer abmontiert.«

gleichzeitig wissen, wo ich bin und wie schnell ich bin. Nun ist es für mich aber sehr wichtig zu wissen, wo ich bin, und daher habe ich beschlossen, den Tachometer abzumontieren.

Polizist: Das Abstellen des Tachometers hat doch nur zur Folge, dass Sie nicht wissen, wie schnell Sie fahren. Das Auto fährt trotzdem mit einer bestimmten Geschwindigkeit, wie ich gerade festgestellt habe!

Fahrer: Ich habe dem Buch entnommen, dass wir Objekten keine Eigenschaften zuschreiben sollen, bevor sie gemessen werden, und wenn niemand misst, wie schnell das Auto fährt, geht das doch in Ordnung.

Polizist: Aber ich habe nun einmal gemessen, und laut Messung sind Sie mit sechzig Stundenkilometern gefahren.

Fahrer: Sie haben sicher Recht. Sie haben beobachtet, dass ich mit sechzig Stundenkilometern gefahren bin, aber das heißt nicht, dass ich so schnell gefahren bin, *bevor* Sie mich beobachtet haben. Es bedeutet lediglich, dass eine gewisse Wahrscheinlichkeit dafür bestanden hat, mich beim Fahren mit dieser Geschwindigkeit zu beobachten.

Polizist: Versuchen Sie nicht, mich auf den Arm zu nehmen! Wollen Sie etwa behaupten, es sei mein Fehler, dass ich festgestellt habe, dass Sie so schnell gefahren sind? Das könnte Sie teuer zu stehen kommen. Besser, Sie zahlen Ihr Bußgeld und fahren weiter!

Fahrer (leise vor sich hin murmelnd):
Typisch Polizei. Statt zuzugeben, dass sie logisch den Kürzeren gezogen haben, kehren sie den allmächtigen Gesetzeshüter heraus. (Laut) Gut, ich zahle ja, aber ob ich den Tachometer wieder anschließe, muss ich mir noch überlegen.

Polizist: Haben Sie mal Zahlen in die Formel eingesetzt? Haben Sie jemals berechnet, was die Heisenberg'sche Unschärfebeziehung für Ihr Auto bedeutet?

Fahrer: Nein, aber soweit ich weiß, gilt sie für alles.

Polizist: Okay. Ich belege Sie mit einem Bußgeld wegen der Geschwindigkeitsübertretung. Dass Sie den Tachometer abgestellt haben, lasse ich diesmal ungestraft durchgehen, wenn Sie mir versprechen, dass Sie zu klären versuchen, was die Heisenberg'sche Unschärfebeziehung für Ihr Auto bedeutet.

Was also hat die Heisenberg'sche Unschärfebeziehung wirklich für ein Auto zu bedeuten? Angenommen, Sie möchten den Ort eines Autos, das rund eine Tonne wiegt, bis auf einen Millimeter genau kennen. Die Ortsunschärfe beträgt also einen Millimeter. Aus der Heisenberg'schen Unschärfebeziehung ergibt sich daraus rechnerisch eine Geschwindigkeitsunschärfe des Autos in der Größenordnung von nur 10^{-34} Metern pro Sekunde. Der Polizist, der eine Geschwindigkeit von sechzig Stundenkilometern gemessen hat, machte also einen winzigen Fehler. Und den kann man getrost vernachlässigen. Nach Heisenberg darf die Unschärfe der Geschwindigkeit nicht kleiner sein als das Planck'sche Wirkungsquantum, geteilt durch das Produkt aus der Ortsunschärfe und der Masse des Objekts. Dadurch wird, weil die Masse des Autos so groß ist, die Unschärfe der Geschwindigkeit so gering. Bei kleinen Objekten mit sehr geringer Masse wie einem Elektron ist dieser Effekt jedoch keineswegs zu vernachlässigen.

Gehen wir nun zurück zu unserer Diskussion, was die Heisenberg'sche Unschärfebeziehung eigentlich bedeutet. Die nächstliegende Annahme scheint zu sein, dass sie einfach ein Ausdruck der Tatsache ist, dass wir außerstande sind, an Teilchen, die zu jedem Zeitpunkt sowohl ihren bestimmten Ort als auch ihre bestimmte Geschwindigkeit haben, beides gleichzeitig zu messen. Den soeben erörterten Standpunkt nennt man oft den Standpunkt des Realismus. Einer der prominentesten Anhänger dieser »realistischen« Auffassung war Albert Einstein. Aus dieser Sicht ist die Heisenberg'sche Unschärfebeziehung nur ein Ausdruck der Grenzen dessen, was wir messen können. Philosophisch ausgedrückt ist demnach die Unschärfe also ein erkenntnistheoretisches Problem. Die Erkenntnistheorie ist jener Teil der Philosophie, der sich mit der Frage befasst, was wir wissen können und wie wir das, was wir wissen, wissen können.

Die andere philosophische Auffassung besteht in der Annahme, dass es bei der Unschärfebeziehung nicht nur darum geht, was wir wissen können, sondern dass sie eine Aussage über die Natur der Dinge ist. Aus dieser Sicht ist die Heisenberg'sche Unschärfebeziehung eine Aussage darüber, wie die Dinge sind und welche Merkmale sie haben. Aus dieser Sicht hat das Elektron gar keinen Ort, der besser definiert sein kann, als die Ortsunschärfe uns angibt. Es befindet sich also gar nicht an einem bestimmten Ort. Und die Impulsunschärfe besagt dann, dass es gar keine wohl definierte Geschwindigkeit hat.

Die Unschärfebeziehung ist dann eine Aussage über das, was existiert. Der Philosoph würde sagen, sie sei eine ontologische Aussage. Die ontologische Auffassung wurde von dem dänischen Physiker Niels Bohr vertreten. Sie ist die Auffassung, der heute die große Mehrheit der Physiker anhängt, wenn man mit ihnen Fragen der Interpretation der Quantenphysik diskutiert. In ihrem Alltagsverständnis sind die meisten Physiker jedoch de facto Realisten, wohl primär aus praktischen Gründen. Der amerikanische Physiker und Philosoph Abner Shimony hat deshalb einmal mit einem Augenzwinkern gemeint, dass viele Physiker eigentlich schizophren sind, je nachdem, ob man mit ihnen über fundamentale Fragen oder über praktische Probleme spricht.

Was bedeutet es, wenn wir annehmen, die Unschärfebeziehung sei nicht nur eine Grenze dessen, was wir wissen können, sondern eine Grenze dessen, wie die Dinge sind? Es bedeutet einfach, dass ein Elektron niemals sowohl einen wohl definierten Ort als auch gleichzeitig eine wohl definierte Geschwindigkeit *hat*. Das Elektron *ist* nicht an einem bestimmten Ort und bewegt sich nicht mit einer bestimmten Geschwindigkeit durch diesen Ort. Das Elektron ist gewissermaßen an mehreren Orten gleichzeitig und trägt viele Geschwindigkeiten zugleich. Doch wie kann das sein? Wie können wir das verstehen? Wie kann ein Elektron sich gleichzeitig mit mehreren Geschwindigkeiten bewegen? Würde daraus, dass das Elektron sich sowohl mit hoher als auch mit niedriger Geschwindigkeit bewegt, nicht folgen, dass es auseinander bricht? Würde es nicht heißen, dass etwas vorn und etwas hinten ist, sodass sich das Elektron irgendwie über einen großen Raum verteilt? So ist es nun wirklich nicht, aber etwas in dieser Art ist tatsächlich der Fall.

Wie können wir die Unschärfe beispielsweise des Impulses, also der Geschwindigkeit des Elektrons, so erklären, dass wir behaupten könnten, das Elektron trage wirklich mehrere Geschwindigkeiten zugleich? Das ist offenkundig unmöglich, solange wir an der Vorstellung festhalten, das Elektron sei ein Punkt, der sich bewegt. Wir müssen zu einer anderen Vorstellung übergehen. Diese Vorstellung vermittelte uns der französische Physiker Louis de Broglie, der die Wellennatur der Materie einführte. De Broglie zufolge hat jedes Teilchen, das sich mit einer bestimmten Geschwindigkeit bewegt, auch eine mit ihm verbundene Welle, deren Wellenlänge der Geschwindigkeit entspricht. Je größer die Geschwindigkeit, desto kleiner die Wellenlänge. Wenn wir diese Beschreibung akzeptieren, wird es für uns einfach, einem Elektron mehrere Geschwindigkeiten gleichzeitig zuzuschreiben.

Wir müssen nur die Brücke über die Wellenlänge benutzen und einem Elektron eine Reihe von Wellen mit unterschiedlicher Wellenlänge zuordnen. Solche Wellen lassen sich einfach addieren. Und dann zeigt sich, dass die Unschärfe des Impulses, also die Unschärfe der Geschwindigkeit, lediglich von uns verlangt, dass Wellen sich innerhalb eines bestimmten Wellenlängenbereichs überlagern. Daraus ergibt sich ein Wellenpaket (Abbildung 13). Es stellt sich heraus, dass sich, wenn man die Wellen innerhalb eines bestimmten Wellenlängenbereichs richtig addiert, ein lokalisiertes Wellenpaket ergibt. Das bedeutet, dass die einzelnen Wellen, die sich über einen sehr großen Bereich verteilen können, gegenseitig auslöschen und nur ein kleiner Bereich übrig bleibt. Die Vorstellung ist dann, dass das kleine Wellenpaket dem Teilchen entspricht.

Wir müssen uns nun fragen, ob das Teilchen ein Punkt ist oder ob es ausgedehnt ist. Experimente zeigen: Das Elektron ist ein Punkt, der kleiner ist als die Größe des Wellenpakets – was bedeutet dann unser Bild?

Die Interpretation ist ganz einfach: Das Wellenpaket ist kein Objekt, das sich wie ein Auto oder ein Tennisball umherbewegt. Die einzige Funktion des Wellenpakets besteht darin, uns die Wahrscheinlichkeit anzugeben, das Teilchen irgendwo zu finden. Weit draußen, wo das Wellenpaket gleich null ist, ist das Teilchen nicht zu finden. Die entsprechende Wahrscheinlichkeit ist daher

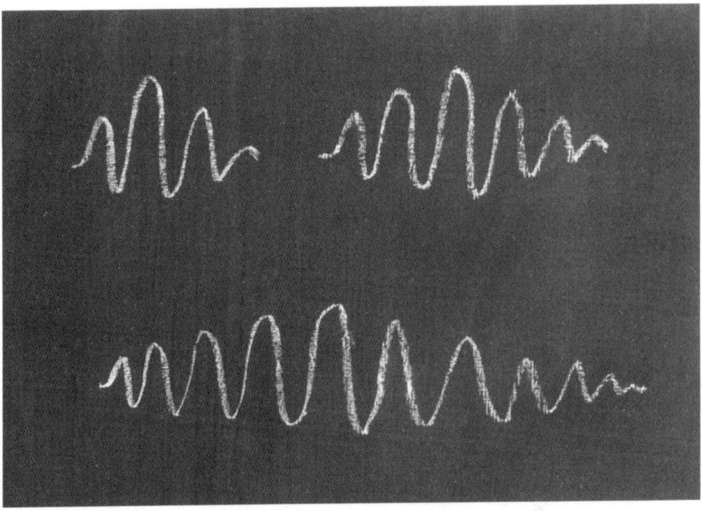

Abbildung 13 Verschiedene Wellenpakete, die durch Überlagerung mehrerer Einzelwellen zusammenkommen. Kurze Wellenpakete bedeuten eine kleine Ortsunschärfe, aber damit eine große Impulsunschärfe. Lange Wellenpakete bedeuten eine große Ortsunschärfe, da man nicht genau weiß, wo die Welle ist. Der Impuls der entsprechenden Teilchen ist aber genauer festgelegt.

gleich null. Im Zentrum des Wellenpakets, beim Maximum, haben wir die größte Wahrscheinlichkeit, es zu finden. Das Wellenpaketbild impliziert, dass wir nicht sicher sein können, wo das Teilchen zu finden ist. Tatsächlich können wir es überall innerhalb des Wellenpakets finden. Es ist reiner Zufall, wo genau wir innerhalb des Wellenpakets das Teilchen finden.

Wir gelangen dann sofort zu einer interessanten Folgerung: Es zeigt sich, dass das Wellenpaket umso kürzer sein kann, je mehr Wellen verschiedener Wellenlänge wir addieren. Die Ausdehnung des Wellenpakets ist einfach ein Ausdruck der Unschärfe des Ortes des Teilchens, weil es irgendwo innerhalb des Wellenpakets gefunden werden könnte. Vor der Beobachtung hat es sich jedoch nicht an dem Ort befunden, an dem es dann gefunden wurde. Es gab eben nur eine Wahrscheinlichkeit dafür. Je kleiner das Wellenpaket ist, desto besser ist folglich der Ort definiert, an dem wir das Teilchen finden können. Das ist die Wellendeutung der Unschärfebeziehung.

Experimentell lässt sich sogar zeigen, dass das Bild des Wellenpakets richtig ist. Wellenpakete wurden aus unterschiedlichen Anteilen verschiedener Wellen zusammengesetzt, und man fand, dass man bei sehr schmalen Wellenpaketen, das heißt solchen mit guter Ortsdefinition oder kleiner Ortsunschärfe, viele Wellenlängen addieren muss, also wegen der de-Broglie-Beziehung viele unterschiedliche Impulse. Umgekehrt wird bei der Wahl eines sehr schmalen Impulsbandes die Ortsunschärfe sehr groß. Das lässt sich sogar für einzelne Elektronen sagen, weil man ein Elektron bei einem gegebenen Wellenpaket niemals außerhalb des vom Wellenpaket angegebenen Bereichs findet.

Hier sind wir bei einem sehr wichtigen Punkt angelangt, der immer wieder betont werden muss: Wir müssen jedem einzelnen Elektron ein Wellenpaket zuordnen. Das Elektron trägt daher nicht einen bestimmten Impuls, also eine wohl definierte Geschwindigkeit, und es ist nicht an einem wohl definierten Ort lokalisiert. Das Wellenpaket drückt sowohl die Unschärfe der Geschwindigkeit als auch die Unschärfe des Ortes aus. Wenn wir uns entscheiden, den Ort zu messen, werden wir das Elektron irgendwo innerhalb des Wellenpakets finden. Die Unschärfe des Ortes des Elektrons ist plötzlich sehr viel kleiner geworden. Das Elektron, sagen die Physiker, ist durch die Messung lokalisiert worden. Das Experiment hat also nicht einen Ort ergeben, an dem sich das Elektron vor der Messung befand. Durch diese Messung hat das Elektron aber auch eine viel größere Impulsunschärfe erhalten, eine viel größere Unschärfe in seiner Geschwindigkeit. Alles, was wir vorher hatten, war das Wellenpaket, das lediglich vorschreibt, wo das Elektron mit welcher Wahrscheinlichkeit gefunden werden könnte, mehr nicht.

In gleicher Weise besteht das Wellenpaket aus einer Reihe verschiedener Wellen, die jeweils einer bestimmten Geschwindigkeit entsprechen. Wenn wir eine Messung der Geschwindigkeit des Teilchens vornehmen, wird sich eine bestimmte Geschwindigkeit ergeben. Aber auch diese war vorher nicht definiert. Durch diese Messung erhält das Elektron nun eine viel größere Ortsunschärfe.

Die Heisenberg'sche Unschärfebeziehung besagt also, dass die beiden Größen Ort und Impuls auf sehr enge Weise miteinander in Beziehung stehen. Je genauer die eine festgelegt ist, desto ungenauer wird die andere Größe. Und dies ist eine intrinsische Eigenschaft von allen physikalischen Systemen, nicht nur von Elektronen. Man kann also wählen, ob man eines von beiden genau weiß, oder genauer ausgedrückt, ob man ein physikalisches System, etwa ein Teilchen, so präpariert, dass eines von beiden genau festgelegt ist. Dann ist das andere sehr unscharf. Im Extremfall, falls sich ein Teilchen exakt an einem Punkt befindet, wäre sein Impuls unendlich unscharf. Ebenso, wenn der Impuls, also die Geschwindigkeit, eines Teilchens ganz genau festgelegt ist, wäre sein Ort unscharf. Es könnte sich überall im Universum befinden. Genau genommen sind aber beide Extrempunkte prinzipiell nicht möglich. Ein Teilchen kann nie einen absolut exakten Ort besitzen, noch kann es eine absolut festgelegte Geschwindigkeit haben.

Diese Eigenschaft von zwei einander als präzise ausschließenden Größen nennt man Komplementarität. Diese ist eine fundamentale Eigenschaft aller physikalischen Systeme, und es gilt für alle Größen oder Eigenschaften, die man messen kann. Das heißt, für jede physikalische Größe gibt es zumindest eine andere in der Weise, dass sie durch eine Heisenberg'sche Unschärferelation miteinander verbunden sind. Der dänische Physiker Niels Bohr hat erkannt, dass diese Komplementarität physikalischer Größen eine sehr fundamentale Eigenschaft unserer Welt ist. Sie ist nicht nur eine Grenze dafür, was wir wissen können, sondern auch dafür, welche Eigenschaften ein System überhaupt besitzen kann.

Der wesentliche Punkt also ist, dass die Unschärfe eine Aussage über die Natur der Dinge ist und nicht nur darüber, was wir von der Welt wissen können.

Laut Heisenbergs Unschärfebeziehung ist Teleportation unmöglich

Wir haben soeben den Begriff der Komplementarität kennen gelernt: Es sind zwei Größen gegeben, und der Beobachter kann wählen, über welche er genau informiert werden möchte, indem er das entsprechende Messgerät wählt. Mit dieser Entscheidung ist die genaue Kenntnis der anderen, komplementären Größe ausgeschlossen.

Betrachten wir noch einmal, was wir über die Messung eines Elektrons gelernt haben. Wir haben gelernt, dass wir bei einer Messung seines Ortes ein gewisses Messergebnis bekommen. Dieses Ergebnis sagt uns, dass das Elektron beispielsweise hier ist und nicht dort. Wir haben ferner gelernt, dass diese Antwort im Allgemeinen zufallsbedingt ist. Das Elektron hat, bevor es gemessen wird, keinen wohl definierten Ort. Es könnte überall innerhalb seines Wellenpakets gefunden werden.

Das ist aber nicht alles. Es gibt eine wichtige Ausnahme, bei der wir das Ergebnis einer Ortsmessung sehr genau voraussagen können: Wenn wir direkt nacheinander zwei Messungen des Ortes vornehmen, ist es nur logisch, wenn das Ergebnis der ersten Messung sich auf eine zweite, unmittelbar danach vorgenommene Ortsmessung auswirken würde. Wenn der Ort des Elektrons überhaupt eine Bedeutung im üblichen Sinne haben soll, sollte das Ergebnis der zweiten, unmittelbar nach der ersten vorgenommenen Messung de facto mit dem ersten Ergebnis identisch sein. Sonst müssten wir annehmen, dass Elektronen sich vollkommen regellos bewegen.

Dass dies zutrifft, haben Experimente mit aufeinander folgenden Messungen gezeigt. Wenn wir unmittelbar nach einer ersten

Messung eine weitere vornehmen und genau dasselbe Merkmal messen, erhalten wir dasselbe Ergebnis. Dies ist eine zentrale Eigenschaft aller Messungen in der Physik.

Allgemeiner ausgedrückt: Wenn wir den Zustand des Elektrons kennen – wenn wir etwa wissen, dass es einen gewissen Impuls hat –, dann können wir das Ergebnis eines unmittelbar anschließenden Experiments, bei dem dasselbe Merkmal – der uns bereits bekannte Impuls – gemessen wird, voraussagen.

Quantenphysiker sprechen in ihrem Fachjargon vom *Zustand* des Elektrons. Und wenn ein Quantenphysiker vom Zustand des Elektrons spricht, dann meint er damit eine Liste der Wahrscheinlichkeiten aller möglichen künftigen Messergebnisse. Der Zustand könnte ein Zustand sein, in dem das Elektron einen relativen wohl definierten Ort oder einen relativen wohl definierten Impuls hat. Allgemein wird es sich um einen Zustand mit einer gewissen Ortsunschärfe und einer gewissen Impulsunschärfe handeln.

Nehmen wir nun an, wir wollten den Quantenzustand eines Elektrons teleportieren. Wie gehen wir dabei vor?

In der Science-Fiction wurde folgendes Verfahren vorgeschlagen: Der erste Schritt besteht darin, das Original zu messen, um durch Messung alle seine Merkmale zu bestimmen. Die erhaltene Information wird dann zur Empfangsstation geschickt. Man muss also den Zustand aller Teilchen, aus denen das Objekt besteht, messen. Wir müssen also bei jedem Elektron so vorgehen, dass wir alle in ihm enthaltenen Informationen herausholen und diese dann zum Empfänger schicken, der nach den Instruktionen, die durch die erhaltenen Informationen gegeben sind, das Original rekonstruiert.

Doch halt! Was müssen wir jetzt messen? Im Allgemeinen kennen wir den Zustand des Elektrons nicht. Grundsätzlich können wir den Zustand eines Elektrons, das wir teleportieren möchten, nicht kennen, denn um den Zustand in Erfahrung zu bringen, müssten wir eine Messung an dem Elektron vornehmen. Wie wir vorher gesehen haben, ändert jede Messung den Zustand unseres Elektrons. Dabei wird der größte Teil der ursprünglichen Informationen unwiderruflich zerstört.

Wir kommen also nicht an folgender wichtiger Schlussfolgerung vorbei:

Keine Messung kann einen unbekannten Zustand eines einzelnen Systems bestimmen.

Das Verfahren, das in der Science-Fiction für die Teleportation ins Auge gefasst wird, kann daher nie funktionieren. Wegen der Heisenberg'schen Unschärfebeziehung wird es unmöglich, den Zustand eines individuellen Systems zu ermitteln. Sie verwehrt es uns, durch Beobachtung alle in einem Individuum enthaltenen Informationen zu bestimmen. Anders, als die Science-Fiction-Autoren es sich ausmalen, ist es uns nicht möglich, bei der Teleportation damit zu beginnen, dass wir alle Merkmale des Originals oder alle im Original enthaltenen Informationen messen.

Diese Schlussfolgerung sagt uns nicht nur, dass die landläufige Vorstellung von der Teleportation nicht funktioniert, sondern geht weit darüber hinaus. Sie zieht eine Grenze von fundamentaler Bedeutung: Sie setzt dem Ausmaß, in dem wir die Welt, das Universum erkennen können, eine Grenze.

Nehmen wir ein wenig Abstand und betrachten wir das gesamte Gebiet der Wissenschaft. Schauen wir uns an, was all die Millionen von Wissenschaftlern in aller Welt tun. Sie möchten etwas *wissen*. Sie möchten etwas über das Universum erfahren, sie möchten etwas über die Gesetze der Natur erfahren, sie möchten etwas über individuelle Merkmale von Systemen erfahren, und sie möchten *erklären*. Die moderne Wissenschaft ist in den letzten Jahrhunderten stets dem Programm gefolgt, immer genauer, immer detaillierter hinzuschauen.

Durch immer genaueres Hineinspähen in die Natur der Materie haben Menschen erstaunliche Dinge herausgefunden. Sie haben herausgefunden, dass Atome die Bausteine der Materie sind. Sie haben herausgefunden, dass die Atome ihrerseits aus Teilchen bestehen – Elektronen, Protonen und Neutronen. Und sie haben herausgefunden, dass einige von diesen sich wiederum aus weiteren, noch kleineren Teilchen, den Quarks, zusammensetzen. Durch das Messen von Systemen haben Menschen gelernt, alle Merkmale eines Objekts immer genauer zu bestimmen.

Dieses Programm gelangt durch die Quantenmechanik auf einen Schlag an sein Ende. Plötzlich stellen wir fest, dass es eine fundamentale Grenze gibt, dass wir sämtliche Informationen, die ein Elektron vollständig charakterisieren, niemals erlangen können. Da die Quantenmechanik allgemein gültig ist, können wir niemals sämtliche Informationen bestimmen, die ein x-beliebiges Objekt vollständig beschreiben. Die von Heisenberg eingeführten Unschärfen können bei allen Objekten, denen wir im Alltag begegnen, vernachlässigt werden, wie es sich in unserem Beispiel zeigte, in dem ein Polizist ein zu schnell fahrendes Auto anhielt. Aber sie sind da, und eines Tages wird die Wissenschaft auch bei Experimenten mit makroskopischen Objekten, bei Objekten, die wir mit bloßem Auge sehen können, auf die von der Heisenberg'schen Unschärfe gezogenen Grenzen stoßen.

Es war nicht zu vermeiden, dass die Macher der Serie *Star Trek* irgendwann von den Grenzen erfuhren, die durch die Heisenberg'sche Unschärfebeziehung gezogen werden – wahrscheinlich von einem ihrer zahlreichen Fans aus der Wissenschaftsgemeinde. Alle *Star-Trek*-Fans wissen, wie sie sich behalfen: Sie führten den »Heisenberg-Kompensator« ein, ein Gerät, das Abhilfe für das Problem schafft, das durch die Heisenberg'sche Unschärfebeziehung aufgeworfen wird. Dass ein solcher Kompensator nicht möglich ist, weiß der Leser dieses Buches bereits, denn die Heisenberg'sche Unschärfebeziehung wurzelt in dem fundamentaleren Phänomen der Komplementarität. Die Mechanismen, auf denen der Heisenberg-Kompensator beruht, mussten daher im Dunkeln bleiben. Wie gerüchteweise aus Hollywood verlautet, wurde Michael Okuda, der technische Berater der *Star-Trek*-Serie, auf einer Pressekonferenz gefragt: »Wie funktioniert der Heisenberg-Kompensator?« Er soll darauf geantwortet haben: »Danke, ausgezeichnet.«

Wenn wir dem, was wir bisher gelernt haben, glauben können, macht die Quantenphysik den Träumen von der Teleportation ein Ende. Der Leser könnte daher fragen, warum wir dann ein ganzes Buch schreiben über Teleportation, ihre Grundlagen und Folgen.

Die Antwort ist einigermaßen überraschend, aber so neu wiederum nicht: In der Medizin wissen wir spätestens seit den Tagen des mittelalterlichen Doktors Paracelsus, dass etwas Böses oder Schlechtes, wenn es nur anders genutzt wird, tatsächlich heilsam wirken kann. Das lässt sich auf unsere Situation übertragen; die Quantenmechanik selbst kommt uns zu Hilfe.

Betrachten wir genauer, was wirklich aus der Heisenberg'schen Unschärfebeziehung folgt: Der wichtigste Schluss lautet, dass es unmöglich ist, alle in einem System enthaltenen Informationen durch Messung zu bestimmen.

Aber was wollen wir mit der Teleportation eigentlich erreichen? Uns ist eigentlich gar nicht daran gelegen, sämtliche in einem System enthaltenen Informationen zu bestimmen. Es würde uns schon genügen, wenn die Teleportation einfach die Information, die ein System charakterisiert, zum Empfänger überträgt. Der springende Punkt ist, dass wir diese Information nicht zu bestimmen brauchen. Wir brauchen sie nicht einmal zu kennen. Sie muss bloß übertragen werden.

Wir brauchen lediglich so etwas wie einen Kanal, einen Tunnel, durch den die Information von A nach B gelangen könnte, ohne gemessen zu werden. Und genau das erweist sich als möglich. Den Kanal liefert die Quantenmechanik selbst durch die Verschränkung, jenes Phänomen, das Einstein »spukhaft« nannte. Am Ende stellt sich heraus, dass es die Quantenverschränkung ist, welche die Quantenteleportation möglich macht.

Rettung kommt von der Quantenverschränkung

Wir haben eben erfahren, dass die Heisenberg'sche Unschärfebeziehung allen Versuchen, den Quantenzustand eines Teilchens, etwa eines Elektrons, vollständig zu bestimmen, ein Ende setzt. Um es kurz zu wiederholen: Wir müssen entscheiden, was wir messen wollen, beispielsweise den Ort oder den Impuls, und wenn wir dann eines von beiden messen, bekommen wir die entsprechende Antwort, die uns im Allgemeinen nicht einmal sagt, dass das Teilchen diese Eigenschaft *vor* der Beobachtung hatte. Außerdem hat sich der Zustand des Teilchens durch die Beobachtung sehr verändert.

Es liegt also offenbar an der Quantenphysik, dass aus der Teleportation nichts werden konnte. Wenn es überhaupt eine Lösung gab, konnte sie folglich nur von der Quantenmechanik selber kommen, und so war es auch. Überlegen wir noch einmal genau, was wir aus der Diskussion über die Heisenberg'sche Unschärfebeziehung gelernt haben: Es ist unmöglich, den Zustand eines Systems durch Messung zu bestimmen, und somit ist es unmöglich, alle in einem System enthaltenen Informationen zu bestimmen, um sie anschließend einem Empfänger zu schicken. Was aber, wenn es möglich wäre, die Informationen von einem System auf ein anderes zu übertragen, ohne eine Messung vorzunehmen, ohne die Eigenschaften dieses individuellen Systems zu messen? Dieses Verfahren unterläge offenbar nicht den Beschränkungen durch die Heisenberg'sche Unschärfebeziehung.

Eine solche quantenmechanische Lösung wurde im Jahr 1993 tatsächlich von einer internationalen Arbeitsgemeinschaft sechs theoretischer Physiker gefunden; es waren Charles Bennett von

IBM, Gilles Brassard, Claude Crépeau und Richard Jozsa von der Universität Montreal, Asher Peres vom Technion, dem israelischen Institut für Technologie in Haifa, und William K. Wootters vom College of St. Mary (Bild 5). Wir haben es hier mit einem bemerkenswerten Beispiel internationaler Zusammenarbeit zu tun. Solche Arbeitsgemeinschaften hat es schon früher gegeben, doch wurden sie durch die Erfindung des Internet ausgesprochen erleichtert. Hatte man ehedem Briefe schreiben und eine Weile auf die Antworten warten müssen, so wird heute dank des Internet alles ganz einfach: Leute, die über die ganze Welt verstreut sind, arbeiten zusammen, diskutieren ihre Ideen, machen neue Vorschläge und verfassen gemeinsam eine wissenschaftliche Arbeit, und das alles sehr viel schneller als früher. Die Arbeit von Bennett, Brassard, Crépeau, Jozsa, Peres und Wootters hat den Titel *Teleporting an Unknown Quantum State via Dual Classical and Einstein-Podolsky-Rosen Channels.*

Dass im Titel einer physikalischen Abhandlung das Wort »Teleportation« vorkam, war sehr ungewöhnlich, galt die Teleportation doch als ein Element der Science-Fiction und als ein etwas zweifelhaftes Thema. Doch anscheinend gab es keinen besseren Namen für die interessante theoretische Entdeckung, die die sechs Wissenschaftler gemacht hatten, und es war tatsächlich ein sehr passender Name. Um die Teleportation zu verwirklichen, schlagen die Autoren vor, zwei Übertragungskanäle zu benutzen, einen klassischen und einen Einstein-Podolsky-Rosen-Kanal, also einen Quantenkanal. Wenden wir uns nun der Frage zu, was dies bedeutet.

Klassische Kanäle der Informationsübertragung werden in der Kommunikation überall benutzt. Wann immer Information von A nach B übertragen wird – nennen wir die beiden Stellen Alice und Bob –, braucht man einen Kanal, der die beiden miteinander verbindet, zum Beispiel eine Telefonleitung. Durch diesen Kanal wandert dann die Information von Alice zu Bob und von Bob zu Alice. Bei modernen Telefonen ist die Information digital. Sie besteht aus einer Folge von Bits, die entweder null oder eins sind. Auf der Senderseite (Alice) wird das gesprochene Wort in einen Strom von Bitfolgen umgewandelt, der zum Empfänger (Bob) geschickt wird, wo die Bitfolgen wieder in Schall umgewandelt werden.

Die Information wird am einen Ende des klassischen Kanals eingespeist und kommt am anderen Ende wieder heraus. Sie muss also von Anfang an da sein, und sie muss wohl definiert sein, sonst hätte man ein Rauschen im Kanal. Außerdem kann man genau verfolgen, wie die Information durch die Leitung wandert – zumindest prinzipiell ist das möglich, denn die Information befindet sich zu jedem gegebenen Zeitpunkt an einem bestimmten Ort. Nach dem, was wir über die Heisenberg'sche Beschränkung wissen, würde ein solcher Kanal für eine Teleportation nicht ausreichen, da es nicht möglich ist, die gesamte in einem System enthaltene Information zu gewinnen oder zu bestimmen und sie dann über einen klassischen Kanal von Alice zu Bob zu schicken.

Der Quantenkanal ist etwas ganz anderes. Er benutzt diese sehr sonderbare Erscheinung der Quantenmechanik: die Verschränkung. Albert Einstein entdeckte im Jahr 1935 zusammen mit den jüngeren Kollegen Boris Podolsky und Nathan Rosen, dass zwei Teilchen, zwei Systeme, aufgrund der Quantenmechanik sehr eng miteinander verbunden sein können. Diese Verbindung, von Erwin Schrödinger im selben Jahr »Verschränkung« genannt, ist viel stärker als jede Verbindung in einem klassischen System, viel stärker auch als jede Verbindung zwischen beliebigen Alltagsobjekten. Was Verschränkung ist, sei an einer kleinen Science-Fiction-Geschichte erläutert.

Verschränkte Quantenwürfel

Wir befinden uns in der fernen Zukunft, sagen wir im Jahr 2100. Ein Freund hat Ihnen als Geburtstagsgeschenk etwas Nettes aus dem Geschenkartikelladen im Quantenmuseum mitgebracht. Es handelt sich um einen »Quantenverschränkungsgenerator«. Laut Gebrauchsanweisung muss man nur auf einen Knopf drücken, und schon spuckt die Maschine ein Paar Würfel aus (Abbildung 14).

Sie drücken also auf den Knopf und hören zwei Würfel herunterfallen,

Abbildung 14 Eine Science-Fiction-Würfelmaschine erzeugt Paare von verschränkten Würfeln (oben). Diese Würfel zeigen keine Augenzahl, ehe sie beobachtet werden. Bei der Beobachtung nehmen sie aber beide die gleiche Augenzahl an. Dies ist die quantenmechanische Verschränkung, die Albert Einstein als »spukhafte Fernwirkung« bezeichnete.

jeden in einen eigenen kleinen Becher. Sie nehmen die Becher heraus, die beide einen Deckel haben, sodass Sie die Würfel nicht sehen können. Ihr Freund erklärt Ihnen, die Becher seien geschlossen, damit Sie nicht ihren Quantenzustand stören. Er ermuntert Sie hineinzuschauen. Sie machen den ersten Becher auf. Der Würfel zeigt drei Augen – ⚂. Sie schauen in den zweiten Becher – ebenfalls ⚂.

»So ein Zufall.«, sagt Ihr Freund mit einem Schmunzeln. »Sie zeigen beide dieselbe Augenzahl.«

Das beeindruckt Sie indessen nicht. Sie wissen, dass so etwas durchaus vorkommt. »Wenn du einen Würfel wirfst, und er zeigt beispielsweise ⚂, dann weißt du, dass auch der andere Würfel in einem von sechs Fällen, also mit einer Wahrscheinlichkeit von eins zu sechs, ⚂ zeigen wird«, sagen Sie.

»Schon gut«, sagt Ihr Freund, »aber leg die Würfel noch mal in die Maschine.«

Sie legen also die Würfel zurück, stellen die Becher hinein und drücken erneut auf den Knopf. Jetzt haben Sie, als Sie den ersten aufmachen, ⚄. Der andere Würfel zeigt ebenfalls ⚄. Nun ist Ihr Interesse geweckt, und Sie wiederholen die Prozedur. Sie bekommen ⚀ und ⚀. Sie wiederholen das Spiel und erhalten ⚅ und ⚅. Nach zwanzig Versuchen geben Sie es auf – die Würfel stimmen jedes Mal überein. Sie werden von der Ahnung beschlichen, dass es gezinkte Würfel sind, von der Maschine jedes Mal irgendwie präpariert. Misstrauisch geworden, nehmen Sie die Würfel, die beim letzten Wurf beide ⚃ gezeigt haben, und werfen den ersten noch einmal. Jetzt zeigt er ⚂. Sie werfen den zweiten – er zeigt ⚀. Sie würfeln weiter und bekommen die übliche zufällige Zahlenfolge. Die Würfel können also nicht präpariert sein.

Ihr Freund hat Ihnen grinsend zugeschaut. »Siehst du, hier ist die Quantenverschränkung am Werk. Jeder der beiden Würfel ist unverfälscht. Er zeigt dir zufällig eine der sechs Zahlen. Gibst du aber beide gleichzeitig in die Maschine, dann kommen beide mit der gleichen Augenzahl raus.«

Jetzt sind auch Ihre Kinder aufmerksam geworden. »Ich will doch mal sehen, was herauskommt, wenn ich den einen Becher in der Küche aufmache!«, sagt Ihre Tochter. Als sie zurückkommt, gibt sie an, ⚂ bekommen zu haben. Sie machen Ihren Becher auf und haben auch ⚂. Ihre Kinder laufen mit einem Becher in alle Zimmer und sogar in den Garten. Aber so weit sie auch laufen und wo immer sie in den Becher schauen, ihr Würfel zeigt stets dieselbe Zahl wie der Ihre.

Klarerweise gibt es solche verschränkten Quantenwürfel noch nicht. Es ist aber in vielen Experimenten schon gezeigt worden, dass Paare von Teilchen wie etwa Photonen, Elektronen, Protonen, Atomen oder gar Atomwolken diese merkwürdige Verschränkung besitzen.

Natürlich ist es bei solchen Teilchenpaaren nicht die Augenzahl, wie bei Würfeln, aber es können sehr viele Eigenschaften verschränkt sein. Bei Photonen, den Lichtteilchen, kann es etwa die Polarisation sein in der Weise, dass man sich ein Paar von Photonen erzeugt, die die gleiche Polarisation besitzen, wenn sie beobachtet werden, aber vor der Beobachtung unpolarisiert sind. Es muss auch nicht so sein, dass beide Teilchen dieselbe Eigenschaft besitzen, wenn sie beobachtet werden. Es muss nur eine Eigenschaft an dem einen ganz eindeutig gemeinsam mit einer Eigenschaft des anderen Teilchens auftreten. Eine Möglichkeit ist zum Beispiel, dass die Energie zweier Teilchen verschränkt ist. Dies ist am häufigsten in der Weise, dass die Summe der Energien beider Teilchen festliegt, etwa weil sie mit einer bestimmten Gesamtenergie erzeugt wurden. Bei der Messung der Energie nimmt nun eines der beiden Teilchen eine gewisse Energie an, und dies ist rein zufällig. Das andere der beiden Teilchen, ganz egal, wie weit es entfernt ist, wird jedoch dann die entsprechende Energie annehmen, sodass beide Teilchen zusammen die vorgegebene Gesamtenergie besitzen.

Nun zurück zu der erwähnten Abhandlung über die Teleportation. Darin schlagen die sechs Physiker vor, ein Paar verschränkter Teilchen als Quantenkanal zu benutzen (Abbildung 15). Es geht hier natürlich nur um die Teleportation einzelner Teilchen, nicht von Menschen, und genau genommen um die Teleportation eines Quantenzustands. Wieder begegnen wir den Spielern Alice und Bob. Alice hat ein Teilchen in einem Quantenzustand, der ihr im Allgemeinen nicht bekannt ist, und sie möchte, dass Bob ein Teilchen in exakt diesem Zustand erhält. Wir wissen schon, dass

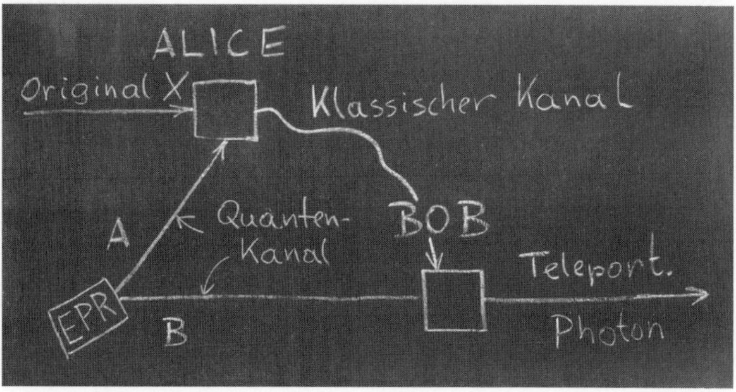

Abbildung 15 Prinzip der Quantenteleportation. Alice teleportiert den Zustand des Originales X zu Bob. Dies geschieht mit Hilfe zweier Informationskanäle, des Quantenkanals und des klassischen Kanals. Der Quantenkanal besteht aus einem verschränkten Paar an Teilchen, A und B, die in einer EPR-Quelle erzeugt werden. Alice erhält das verschränkte Teilchen A und Bob das Teilchen B. Alice führt nun eine so genannte Bellmessung gemeinsam am Original X und an ihrem Teilchen A durch. Dies ist eine Messung dergestalt, dass A und X miteinander verschränkt werden. Durch diese Verschränkung verliert X seine individuellen Eigenschaften. Diese werden zu Bobs Teilchen B übertragen. Allerdings können bei der Verschränkungsmessung vier verschiedene Resultate auftreten, Bobs Teilchen B wird dementsprechend vier verschiedene Zustände annehmen. Alice sendet Bob über den klassischen Kanal die Information, welches der vier Resultate sie erhalten hat. Dadurch kann Bob sein Photon auf einfache Weise so ändern, dass es den Zustand hat, den das Original X ursprünglich hatte. Damit ist die Teleportation abgeschlossen.

es nichts nützt, ihr Teilchen zu messen und Bob das Ergebnis mitzuteilen, weil die Messung den Zustand des Originals verändert.

Alice und Bob erwarten, dass sie irgendwann ein Teilchen teleportieren möchten. Deshalb erzeugen sie Paare, »Zwillinge« verschränkter Teilchen. Von den Teilchen jedes Paares bekommt Alice den einen und Bob den anderen Zwilling. Beide bewahren ihr Zwillingsteilchen isoliert von der Umwelt in einem Kasten auf. Sie nummerieren die Teilchen sorgfältig, damit sie wissen, welches Teilchen zu welchem gehört. Sie erzeugen viele solcher Paare, damit sie viele Teilchen teleportieren können. Bob geht auf eine Reise und nimmt seine Zwillinge der verschränkten Teilchen mit. Heute weiß natürlich noch niemand, wie man Teilchen über längere Zeit stabil aufbewahrt oder gar herumtransportiert, ohne sie zu stören, aber das ist wohl nur eine technische Frage; irgendjemand wird schon herausfinden, wie man das macht.

Wichtig ist nun, dass Alice und Bobs Zwillingsteilchen alle paarweise verschränkt sind. Sie sind also durch diese »spukhafte Fernwirkung«, die Einstein nicht mochte, miteinander verbunden, egal, wie weit sie voneinander getrennt sind. Diese Verbindung ist der Quantenkanal.

Der nächste Schritt besteht in Folgendem: Alice hat ein Teilchen, das sie teleportieren möchte – ihr zu teleportierendes Teilchen, nennen wir es Teilchen X – und ihr Zwillingsmitglied A eines verschränkten Paares. Was sie nun macht, ist, die beiden miteinander zu verschränken. Dieser Vorgang ist das Entscheidende und Schwierige. Alice' Messung, die nun Teilchen X und Teilchen A verschränkt, wird *Bellzustandsmessung* genannt, weil man solche verschränkten Zustände zu Ehren des irischen Physikers John Bell (Bild 3) *Bellzustände* nennt. Diese sind entscheidend, weil dadurch der Quantenzustand des Teilchens X auf Bobs Teilchen B übertragen wird. Die weitere Diskussion wird etwas technisch, aber wir kommen auf diese Punkte später wieder zurück.

Was bedeutet nun diese neue Verschränkung von X und A? Sie bedeutet zuerst mal, dass das Originalteilchen X seine ganz persönlichen Eigenschaften verliert. Es gibt verschiedene Arten von Verschränkung, aber die einfachste, über die wir hier sprechen, ist so, dass die beiden Teilchen, die jetzt miteinander verschränkt werden, sich im Fall einer Messung als identisch herausstellen werden. Die Eigenschaften des Originals X gehen in einem gewissen Sinne verloren. Sie wurde auf B übertragen. Nachdem sie verschränkt wurden, besitzen sowohl das Original als auch Alice' Zwillingsteilchen A keinerlei eigene Merkmale mehr.

Dieses Verfahren der Verschränkung zweier Teilchen ist sehr schwer zu verstehen, weil es für Menschen ausgesprochen schwierig, wenn nicht unmöglich ist, sich Objekte vorzustellen, die keine eigenen Merkmale haben. Aber das ist der springende Punkt bei der Verschränkung: Keines der miteinander verschränkten Teilchen hat besondere, ganz persönliche Eigenschaften, aber sollten sie doch gemessen werden, stellen sie sich als identisch heraus.

Genau das ist ja das Eigenartige an der Verschränkung, dass die Messung, die Beobachtung, an einem der beiden Teilchen die beobachtete Eigenschaft erst erzeugt. Sie war vorher nicht da. Es gibt auch keinerlei Erklärung, warum gerade das eine und nicht das andere Resultat bei der Messung erhalten wird. Es herrscht hier der reine Zufall. Das Überraschende ist, dass das andere Teilchen, ganz egal, wie weit es weg ist, nun genau die gleiche Eigenschaft besitzen wird. Das ist *Einsteins Spuk*.

Was bedeutet es nun für Bobs Zwillingsteilchen B, wenn Alice ihre Verschränkung vornimmt? Es verwandelt sich tatsächlich in ein Teilchen, das mit Alice' Original X identisch ist! Das zeigt eine einfache Überlegung, zu der wir nur simple Logik benötigen. Ursprünglich waren die beiden Zwillingsteilchen, Alice' Teilchen A und Bobs Teilchen B, miteinander verschränkt. Das bedeutet, dass sie sich, falls sie beobachtet werden, als identisch herausstellen werden, aber sie haben ihre ganz persönlichen Eigenschaften nicht, bevor sie beobachtet werden.

Durch Alice' Verschränkungsverfahren werden das Originalteilchen X und ihr Zwillingsteilchen A identisch, wiederum in dem Sinne, dass sie keine ganz persönlichen Eigenschaften haben, sich aber, sollten sie beobachtet werden, als identisch herausstellen. Der Sachverhalt, dass zwei Teilchen identisch sind, wenn sie beobachtet werden, trifft also erstens auf Alice' Original X und ihr Zwillingsteilchen A und zweitens auf Alice' Teilchen A und Bobs entsprechendes Zwillingsteilchen B zu. Aus »X gleich A« und »A gleich B« folgt »X gleich B«. Folglich hat Bobs Zwillingsteilchen B die Eigenschaften, die das Original X ursprünglich besaß. Alle Merkmale des Originalteilchens wurden zu Bob hinüberteleportiert, und sein Zwillingsteilchen erweist sich als identisch mit Alice' Originalteilchen. Sein Zwilling wird zum teleportierten Teilchen. Außerdem verliert Alice' Original all seine besonderen Merkmale, weil es verschränkt wurde.

Wir müssen unsere Überlegungen noch um einen wichtigen Punkt erweitern. Alice macht ja eine Messung an dem Originalteilchen X und an ihrem Zwillingsteilchen A. Durch diese Messung werden die beiden miteinander verschränkt. In der Quantenmechanik bedeutet »Messung« immer eine gewisse Zufälligkeit, ein unkontrollierbares Merkmal. Es ist wie bei dem Elektron, bei dem der Ort, an dem wir es antrafen, zufällig ist. Hier ist die Art und Weise, wie die beiden Teilchen verschränkt werden, zufällig. Man erinnere sich an das Beispiel mit den beiden Würfeln. Die Verschränkung, die wir diskutiert haben, war so, dass die Würfel stets dasselbe zeigen, zum Beispiel ⚂ – ⚂. Die Verschränkung könnte aber auch derart sein, dass die Summe der Augen, die sie zeigen, stets sieben ist. Mögliche verschränkte Zustände wären in diesem Fall ⚀ – ⚅ oder ⚁ – ⚄ oder ⚂ – ⚃. Das sind zwei ganz verschiedene Arten von Verschränkung, und man kann sich durchaus vorstellen, dass unser zukünftiger Quantenverschränkungsgenerator, unsere Würfelverschränkungsmaschine, einen kleinen Schalter hat, an dem wir einstellen können, welche dieser beiden Arten von Verschränkung die Maschine hervorzaubern soll.

In dem Teleportationsvorschlag betrachteten unsere sechs Physiker quantenmechanische Zweizustandssysteme. Das sind Systeme, die in einem gegebenen Experiment nur zwei mögliche Zustände einnehmen können. Ein Beispiel wären Lichtteilchen, Photonen, die nur zwei Farben haben könnten, Rot oder Blau. In einer solchen Situation lässt sich anhand der Quantenmechanik zeigen, dass es vier verschiedene Arten verschränkter Zustände gibt. Auf die detaillierten Gründe soll hier nicht eingegangen werden. Um zu einem allgemeinen Verständnis der Situation zu gelangen, muss es genügen, dies als Tatsache zu akzeptieren.

Für das vorgesehene Teleportationsexperiment von Alice und Bob bedeutet das, dass Alice' Verschränkungsverfahren zu vier verschiedenen verschränkten Zuständen für das Originalteilchen X und das Zwillingsteilchen A führen kann. Welche der vier Verschränkungen für ein bestimmtes Paar auftritt, ist rein zufällig. Wichtig ist nun, dass je nach dem Ergebnis von Alice' Verschränkungsverfahren Bobs Zwillingsteilchen in einem von vier verschiedenen Zuständen landet, die alle auf einzigartige Weise mit dem Original verwandt sind. Aber nur in einem der vier Fälle ist es mit dem Original auf Anhieb identisch. In den übrigen drei Fällen muss Bob an seinem Teilchen eine kleine Modifikation vornehmen, je nach dem von Alice erzielten Ergebnis. Und dazu dient der klassische Kanal. Zweck des klassischen Kanals ist es, Bob darüber zu informieren, welches der vier Ergebnisse Alice erreicht hat, damit er an seinem Teilchen die entsprechende Modifikation vornehmen kann, sodass das Original herauskommt. Dies beinhaltet aber keinerlei Information über den Ausgangszustand des Originals X.

Der Quantenkanal und der klassische Kanal schaffen gemeinsam die Möglichkeit, die Eigenschaften des Originals an Bob zu übermitteln, ohne dass – und hier kommen wir wieder auf das Heisenberg-Problem zurück – die Merkmale des Originals durch dieses Vorgehen in irgendeiner Weise gemessen oder bestimmt werden. Es besteht daher kein Widerspruch zum Heisenberg-Argument. Die Heisenberg'sche Unschärfebeziehung wird sozusagen umgangen. Nach der durchgeführten Teleportation wissen weder Alice noch Bob irgendetwas über den Zustand des Originals X oder Bobs Teilchen B. Und sie brauchen das auch nicht zu wissen. Alles, was sie wissen müssen, ist, dass die Teleportation geklappt hat.

Es muss nochmals darauf hingewiesen werden, dass Alice keinen Einfluss darauf hat, welcher der vier verschränkten Zustände in ihrer Bellzustandsmessung in Erscheinung tritt. Wie sich zeigt, kommen alle vier Möglichkeiten in einem Viertel aller Bellzustandsmessungen vor, also mit derselben Wahrscheinlichkeit von fünfundzwanzig Prozent. Das werden wir später noch im Detail diskutieren.

Die experimentelle Prüfung des Verfahrens besteht nun darin, einen wohl bekannten Zustand in Alice' Apparat zu schicken. Das kann am besten durch einen Dritten geschehen, zum Beispiel durch Viktor, der Alice ein Teilchen in einem nur ihm bekannten Zustand übergibt. Wenn die Teleportation durchgeführt wurde, übergibt Bob nun sein Teilchen wieder an Viktor. Dieser prüft dann, ob es tatsächlich in genau dem Zustand ist, den das Original hatte, als er es Alice übergab. Auf diese Weise erhält man eine unabhängige Bestätigung, ob die Teleportation funktioniert (Abbildungen 16 und 17).

Bei Experimenten benutzte man zunächst die Polarisation von Photonen. Mittlerweile wurden auch Experimente mit anderen Eigenschaften durchgeführt. Ehe wir hier auf Einzelheiten eingehen, sollten wir uns jedoch besser mit den Konzepten der Verschränkung und der Polarisation vertraut machen. Besonders das Konzept der Verschränkung und seine kontraintuitiven Merkmale sind sehr interessant und werden uns noch eine Weile beschäftigen.

Dabei werden wir genauer erfahren, wie die Teleportation funktioniert; auf die experimentellen Überprüfungen und die theoretischen Weiterungen werden wir noch zurückkommen.

Abbildung 16 Alice und Bob möchten demonstrieren, wie gut Teleportation funktioniert. Dazu erzeugen sie sich am Anfang ein verschränktes Paar von Würfeln. Dies bedeutet, dass die Flächen dieser Würfel keine Augenzahl tragen. Viktor hat einen Würfel, der an seiner Oberseite ⚀ zeigt (oben) und übergibt diesen an Alice (unten) mit der Bitte, ihn zu teleportieren.

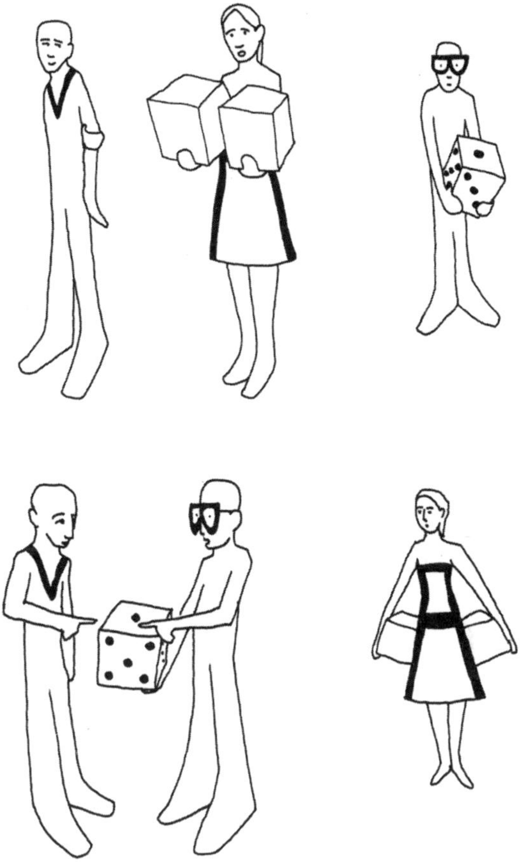

Abbildung 17 Zum Zwecke der Teleportation führt Alice eine Verschränkung des von Viktor erhaltenen Würfels mit ihrem ursprünglich verschränkten durch, wodurch diese keine wohl definierten Augenzahlen mehr zeigen. Dafür zeigt Bobs Würfel ⚀ an seiner Oberseite (oben). Er übergibt diesen Würfel Viktor, um ihm zu beweisen, dass die Teleportation funktioniert hat (unten).

Alice und Bob im Quantenlabor

Der Korridor, der den beiden Studenten endlos vorgekommen war, als sie um die Ecke bogen, ist plötzlich zu Ende. Sie stehen vor einer Tür. Alice zwirbelt aufgeregt ihre blonden Locken, aber dann nimmt sie sich ein Herz und klopft an. Als von drinnen ein freundliches »Herein!« ertönt, öffnet Bob zaghaft die Tür, und sie betreten das Arbeitszimmer von Professor Quantinger. Auf dem Schreibtisch stapeln sich Physikbücher, Kopien von Zeitschriftenartikeln und Versuchsgeräte. Professor Quantinger blickt von seinem Computerbildschirm auf, und sein gedankenverlorenes Stirnrunzeln weicht einem Lächeln. »Alice, Bob, was kann ich für Sie tun? Sind Sie auf die Prüfung am Mittwoch vorbereitet?«

»Ja, schon, aber…«, stottert Alice und errötet. »Wir würden gern – also, Ihre Vorlesung ›Einführung in die Physik‹ ist sehr interessant, aber die Quanten kommen kaum vor, und wir fanden gerade das so spannend. Wir würden gern mehr darüber wissen…«

Bob kommt ihr zu Hilfe: »Gibt es vielleicht zusätzlich zur Lektüreliste noch etwas über Quantenphysik, das wir lesen könnten? Könnten Sie uns ein paar Bücher empfehlen?«

Das freundliche Lächeln von Professor Quantinger geht in ein verschmitztes Lächeln über. »Da fällt mir doch etwas Besseres ein. Hätten Sie nicht Lust, mit einer echten Versuchsanordnung zu arbeiten? Wenn Sie die Quantenphysik verstehen wollen, gibt es nichts Besseres als die praktische Erfahrung.«

Alice und Bob wechseln einen kurzen Blick. »Sie meinen, wie im Laborkurs?«, flüstert Alice. So ein Laborkurs kann sehr frustrierend sein; da sitzt man vor Apparaten, die wirklich zu kompliziert sind, um sie in der kurzen Zeit verstehen zu können, und dann sammelt man ein paar Daten, schreibt seinen Bericht, und das war's. Die beiden hatten bisher nicht immer den Eindruck, wirklich zu verstehen, was dabei ablief.

Der Professor hat ihre Bedenken offenbar verstanden. »Nein, dies ist ein richtiges kleines wissenschaftliches Experiment. John, einer meiner Doktoranden, hat es sich ausgedacht. Er schreibt gerade an seiner Doktorarbeit, und er wird Ihnen sicher helfen können. Er wird die Geräte aufbauen und einstellen, damit sie so funktionieren, wie sie sollen.«

Das klingt nicht schlecht, aber ein bisschen bange ist Alice und Bob doch. Werden sie mit dem wenigen, was sie in Physik bisher gelernt haben, der Aufgabe gewachsen sein? Bob hat schnell seinen Entschluss gefasst, denn der Vorschlag des Professors ist doch ein Kompliment für sie beide. Alice strahlt über die Aussicht, etwas *Reales* zu machen. »Klasse!«, rufen die beiden jungen Leute gleichzeitig aus.

Professor Quantinger, der spürt, dass den beiden bei aller Entschlossenheit zum Erfolg etwas mulmig ist, lehnt sich zurück und erklärt ihnen beruhigend: »Am Anfang aller Wissenschaft steht die Beobachtung. Wir möchten herausfinden, wie die Natur wirklich ist. Wir möchten gern ihre inneren Mechanismen kennen, möchten wissen, was es ist, das alles in Gang hält, das dafür sorgt, dass nicht alles auseinander fällt. Dafür müssen wir aber erst einmal herausfinden, wie die Natur arbeitet. Wir müssen die Phänomene beobachten, müssen beobachten, was die Natur macht. Das ist in allen Wissenschaften dasselbe.

Wenn man nicht beobachtet, was wirklich abläuft, könnte man schwere Fehler machen. Es wird beispielsweise oft erzählt, der große griechische Philosoph Aristoteles habe gemeint, Fliegen hätten acht Beine und müssten daher zu den Spinnen gehören. Wir wissen heute, dass Aristoteles so etwas nie gesagt hat, aber es ist eine schöne Geschichte, mit der die Bedeutung der Beobachtung drastisch unterstrichen werden kann. Die menschliche Vorstellungskraft ist etwas Großartiges. Lange herrschten unter den Menschen allerlei fantastische Vorstellungen darüber, was für Tierarten auf unbekannten Kontinenten existieren könnten, beispielsweise in Afrika. Schauen Sie sich einmal alte Abbildungen an – sie sind ganz fantastisch.« Der Professor zeigt Alice und Bob so ein seltsames Bild in einem alten Buch (Abbildung 18).

»Das Schöne ist, dass wir heute, da wir sehr viel mehr Beobachtungen haben und genau wissen, wie die Tiere in Afrika aussehen, feststellen, dass nicht all die Tiere, die Menschen sich ausgedacht haben, existieren, dass die Welt aber dennoch sehr, sehr reich ist und die Natur in vielerlei Hinsicht sogar reicher ist, als der Mensch es erahnen konnte. Nehmen Sie beispielsweise die Tausende von verschiedenen Orchideenarten, die es überall in der Welt gibt. Ich habe da eine kleine Sammlung…« »Die würde ich sehr gern ein anderes Mal sehen!«, ruft Alice aus. Darauf erwidert Professor Quantinger: »Klar! Irgendwann machen wir das.«

Jetzt bemerkt der Professor, dass Alice und Bob ungeduldig darauf warten, wie es mit ihrem eigenen Experiment weitergeht. »Entschuldigung, ich habe mich hinreißen lassen. Sie müssen wissen, dass ich in meiner Freizeit den Reichtum der Natur studiere und Exemplare seltener Pflanzen aus aller Welt sammle. Jetzt also zurück zu unserer Physik. Ich möchte, dass Sie zunächst die Phänomene studieren und sich dann auf das, was da passiert, Ihren eigenen Reim machen.«

»Aber wir haben von der Quantenphysik nicht die geringste Ahnung«, sagt Bob zögernd.

»Das finde ich gerade toll, dass Sie von der Quantenphysik keine tieferen Kenntnisse haben«, erwidert der Professor rasch. »Sie werden sich schon selbst zurechtfinden. Sehr kompliziert wird es nicht sein. Ich gebe Ihnen Gelegenheit, ein ganz einfaches Experiment zu studieren. Sie werden dann herausfinden, wie es möglicherweise funktioniert. Die Versuchsanlage besteht aus drei Geräten.« Der Professor geht an die Tafel und macht eine Skizze (Abbildung 19).

»Dieses Gerät nennen wir die Quelle. Das ›Zeug‹, um das es geht, wird über spezielle Kabel zu zwei Messstationen A und B in zwei Labors geleitet, die sich an entgegengesetzten Enden des Campus befinden. Diese Detektoren werden etwas registrieren, wenn das ›Zeug‹ ankommt, von dem ich Ihnen noch nicht verraten möchte, was es ist.«

Abbildung 18 Menschen haben oft seltsame Vorstellungen von der Wirklichkeit. In alten Büchern findet man manchmal eigenartige Bilder von Tieren, die nie existiert haben. Die Natur ist aber trotzdem viel reicher.

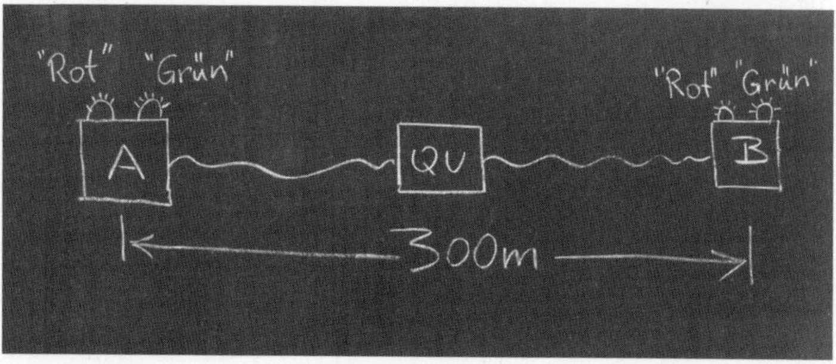

Abbildung 19 Grundaufbau des Experiments der Studenten Alice und Bob. Eine Quelle sendet »Zeug« zu zwei Messstationen, A in Alice' Laboratorium und B in Bobs Laboratorium. Die beiden Messstationen sind etwa dreihundert Meter voneinander entfernt. An jeder befindet sich ein Lämpchen, rot oder grün, das je nach Resultat aufleuchtet.

»Aber wie können wir herausfinden, woraus dieses ›Zeug‹ besteht und wie es sich verhält?«, fragt Alice. »Können wir in die Quelle hineinschauen, um zu sehen, was sie macht, und in die Detektoren?«

»Natürlich«, erwidert der Professor, »Sie können gern in die Quelle und die Detektoren hineinschauen. Aber viel werden Sie nicht sehen, nur die Gerätschaft. Das ›Zeug‹, das da herumfliegt, ist zu winzig, als dass Sie es sehen könnten.«

»Klingt sehr spannend, aber vielleicht schaffen wir's nicht«, meint Bob.

»Keine Bange!«, erwidert der Professor lächelnd. »Sie können eine Menge tun, um herauszubekommen, was dort passiert. An den Messstationen gibt es Schalter, die Sie einstellen können. Wenn der Detektor etwas registriert, leuchtet entweder das rote oder das grüne Lämpchen auf. Alice, Sie könnten das Labor am Flussufer übernehmen, und Sie, Bob, übernehmen das auf der Stadtseite. John wird jeden Morgen dafür sorgen, dass alles wie gewünscht funktioniert, und Sie brauchen nur die Daten zu sammeln, um herauszufinden, was dahinter steckt. Kommen Sie also am Montagmorgen wieder, dann wird John Ihnen die Labors zeigen.«

Als sie am Montagmorgen John in seinem Arbeitszimmer aufsuchen, erklärt er: »Ich habe die Quelle bereits eingerichtet, und ich habe überprüft, ob die Detektoren ordnungsgemäß funktionieren. Ich kann das hier von meinem Computer aus erledigen. Wisst ihr, ich habe das ganze Experiment vor zwei Jahren erdacht, für meine Doktorarbeit, um die Quanten-Nichtlokalität über große Entfernungen zu überprüfen.«

Als er die Quanten-Nichtlokalität erwähnt, leuchten die Augen von Alice und Bob auf. Dass Albert Einstein von einer »spukhaften Fernwirkung« gesprochen hat, haben sie schon gehört. Auch kennen sie Schlagwörter wie das »Einstein-Podolsky-Rosen-Paradoxon« und die »Bell'sche Ungleichung«, und Studenten höherer Semester haben sie sagen hören, dies gehöre zu den interessantesten Themen der modernen Physik, über die man arbeiten kann.

»Dann schauen wir uns doch mal die Geräte an!«, schlägt John vor. Alice entgegnet: »Soviel ich weiß, befindet sich die Quelle im

Keller dieses Gebäudes.« John muss lächeln: »Ihr werdet staunen!« Im Keller angekommen, sehen sie nur eine große schwarze Kiste auf dem Tisch, unter der etliche Kabel hervorkommen, und daneben einen Computer. »Was ist da drin?«, fragt Bob. »Oh«, sagt John, »der Professor hat mir gesagt, dass ihr nicht allzu viel über das Gerät erfahren solltet, sondern selbst herausfinden müsst, was hier passiert. Deshalb habe ich diese schwarze Kiste über die Quelle gestülpt. Aber ich verrate euch«, sagt er mit einem Augenzwinkern, »dass eine Art Laser darin ist und das ›Zeug‹, das sie produziert, in zwei Glasfaserkabel eingespeist wird.« Er deutet auf die Kabel. »Dieses Glasfaserkabel geht zu deinem Labor, Alice, und dieses zu dem von Bob.«

»Was müssen wir am Computer machen, irgendwelche Einstellungen?«, fragt Alice. »Nein, das ist nicht eure Aufgabe. Dafür, dass alles funktioniert, sorge ich schon. Ihr braucht euch über all das keine Gedanken zu machen.«

»Wie langweilig!«, sagt Bob.

Auf jeden Fall werden Alice und er jetzt neugierig. »Wirklich ein seltsames Experiment!«, meint Alice. »Wir kriegen keinerlei Hinweis, was hier vor sich geht, und sollen selbst herausfinden, was aus der schwarzen Kiste kommt? Wie soll das gehen? Das ist doch unlösbar!«

»Um nichts anderes geht es in der Wissenschaft«, sagt John. »Am Anfang weiß man nicht, was los ist. Man muss aufmerksam beobachten, mit dem bisschen Gerät, das man hat, spielen, sich seinen eigenen Reim darauf machen und versuchen herauszubekommen, ob er stimmt.«

»Aber die Wissenschaftler können sich das Ding, das sie untersuchen, ansehen, wenn sie möchten«, sagt Bob.

»Nicht in jedem Fall!«, erwidert John. »Denk nur mal an die Astronomen. Alles, was sie haben, ist etwas Licht oder Strahlung von fernen Sternen und das Gerät hier auf der Erde, das sie bedienen können.«

»Oh, ich verstehe«, erwidert Alice. »Genau das sollen wir auch machen. Wir haben unsere Geräte, mit denen wir spielen können, und wir müssen herausfinden, was von der Quelle hereinkommt.«

»Genau!«, sagt John grinsend.

John fährt mit seiner Erläuterung fort: »Richtig, das ist die Aufgabe, und ich hatte anfangs Zweifel, als mir der Professor von dem Experiment erzählte. Aber jetzt glaube ich, dass ihr beide eine ziemlich große Chance habt herauszubekommen, was da passiert. Jetzt wollen wir mal zu euren Labors gehen, und dort werde ich euch erklären, wie das Gerät zu bedienen ist.«

Draußen hat inzwischen leichter Regen eingesetzt, und daher fragt Alice, ob die Wirkungsweise ihres Geräts vom Wetter abhängen könnte; der Professor hatte ihnen ja gesagt, dass von der Quelle etwas zu den Detektoren geschickt würde, und daher könnte es durchaus passieren, dass dieses Etwas bei schwerem Regen oder Schnee nicht ankommen würde.

»Nein«, antwortet John lächelnd. »Die Quelle und die beiden Detektoren sind über unterirdisch verlegte Glasfaserkabel miteinander verbunden und vom Wetter vollkommen unabhängig. Ansonsten könnte es noch passieren, dass Temperaturänderungen das Experiment irgendwie beeinflussen. Genau das musste ich in meiner Doktorarbeit untersuchen, um sicherzugehen, dass man keine unerwünschten Effekte beobachtet.«

Als sie in Alice' Labor angekommen sind, staunen die beiden, wie einfach es eingerichtet ist. Es gibt lediglich einen Computer und sehr wenige Gerätschaften, die auf dem Tisch stehen: ein paar Linsen, Glasfasern, Spiegel. Mehrere Kabel verbinden den Computer und die Geräte. Das ist alles. »Hier seht ihr das Kabel aus der Wand kommen. Es kommt von der Quelle. In Bobs Labor haben wir eine gleichartige Anordnung. Ihr seht außerdem, dass der Computer mit dem Internet verbunden ist. Dadurch gibt es eine Verständigung mit dem Computer, der die Quelle steuert, und mit dem Computer auf Bobs Seite. Das war für mein Experiment notwendig. Es ist für euer Experiment insofern wichtig, als die drei Computer sich alle paar Minuten miteinander in Verbindung setzen, um sicherzustellen, dass alle Teile des Geräts richtig funktionieren.«

»Und was passiert«, fragt Alice, »wenn sie nicht richtig funktionieren?«

»In dem Fall brauchen wir uns um Ursache oder Reparatur nicht zu kümmern, stimmt's?«, vermutet Bob.

»Stimmt«, antwortet John. »Ihr braucht euch keine Gedanken darüber zu machen, was schief gehen könnte. Ihr werdet später im Studium noch lernen, eure eigenen Experimente aufzubauen und sie im Lauf der Untersuchungen zu korrigieren. Sollte jetzt diesmal etwas tatsächlich nicht richtig funktionieren, können die Computer automatisch kleinere Änderungen vornehmen, damit es wieder klappt. Es kann auch vorkommen, dass etwas völlig aus dem Ruder läuft und von den Computern nicht mehr zu korrigieren ist. In dem Fall bekommt ihr eine Meldung auf dem Bildschirm, oder ihr merkt selber, dass etwas schief gegangen ist. Dann ruft mich einfach an. Ich bin praktisch immer da, weil ich meine Doktorarbeit fertig stellen möchte. Ich kann es sicher wieder richten. Weißt du, wo dein Labor ist, Bob? Es ist genauso eingerichtet. Hier hast du den Schlüssel. Viel Spaß, ihr beiden!«

»Ist das schon alles?«, ruft Alice aus. »Was sollen wir denn jetzt machen? Der Professor hat gesagt, wir könnten Resultate beobachten und Schalter betätigen!«

»Ach, das hab ich total vergessen«, entgegnet John. »Also, ich erkläre euch, wie das Gerät zu bedienen ist. Hier ist ein Schalter. Bei Bob drüben ist genauso einer. Er hat drei Stellungen: Oben, Mitte und Unten (O-M-U). Das sind nur Bezeichnungen, die wir den Schalterstellungen geben. Ihr könnt festlegen, was der Detektor misst, indem ihr den Schalter in eine bestimmte Stellung bringt. Damit werden drei verschiedene Messungen der Eigenschaften des hereinkommenden Zeugs festgelegt, und welche genau das sind, braucht euch, wie gesagt, im Moment nicht zu interessieren. Auf dem Computerbildschirm seht ihr hier außerdem, welche der drei Stellungen ihr gewählt habt. Dann sind hier noch diese zwei Lämpchen, Rot und Grün, die aufleuchten, um das beobachtete Resultat anzuzeigen.«

»Sind wirklich nur zwei Resultate möglich?«, fragt Alice. »Ja«, erwidert John. »Das hereinkommende Zeug kann bei jeder der Stellungen O, M und U von einem von zwei Detektoren registriert werden. Ein Detektor sendet, sobald er etwas registriert, einen elektrischen Impuls aus, den ihr hören könnt.« Er schaltet einen kleinen Lautsprecher ein, der tatsächlich *klick — klick – klick — klick — klick – klick — klick* macht.

»Jeder dieser Klicks entspricht einem Teilchen«, erklärt John. »Der eine Detektor ist zusätzlich mit dem roten, der andere mit dem grünen Lämpchen verbunden. Die Lämpchen wurden eigens für euch eingebaut, damit ihr euch leichter ein Bild von den Resultaten machen könnt. Für das Experiment als solches sind die Detektoren auch mit dem Computer verbunden. Er hält fest, ob sich der Schalter in der Stellung Oben, Mitte oder Unten befindet und welcher der beiden Detektoren, Rot oder Grün, zu welchem Zeitpunkt ein Teilchen registriert. All das könnt ihr auch auf dem Computerbildschirm sehen.« John kratzt sich am Kopf.

»Die Zeit, wann ein Klick auftritt, wird von einer ganz genauen Atomuhr gemessen. Keine Angst – ihr braucht nicht zu wissen, wie eine Atomuhr funktioniert. Diese Atomuhr läuft ständig mit. Sie ist mit dem Computer verbunden und sagt euch genau, wann ein Teilchen im roten oder grünen Detektor registriert wurde. Ihr seht, dass der Schalter gegenwärtig auf M steht und die roten und grünen Lämpchen ziemlich zufällig blinken. Ihr sollt nun herausfinden, was hier passiert. Okay, ich lasse euch jetzt allein. Kennst du den Weg zu deinem Labor, Bob?«

»Klar!«, antwortet Bob und zieht los.

Nachdem John gegangen ist und Bob sich zu seinem Labor am Stadtrand begeben hat, beginnt Alice, mit ihrem Apparat zu spielen. Viel gibt es nicht, womit sie spielen kann: den Schalter mit den drei Stellungen Oben, Mitte und Unten und das rote und das grüne Lämpchen, die das einzelne Ereignis registrieren. Dann ist da noch der Computer, der festhält, wann das Ereignis stattgefunden hat, welche Farbe es hat und welche Schalterstellung gewählt worden ist.

Sie entdeckt darüber hinaus, dass sie auch die Möglichkeit hat, nur zu zählen, wie viele Teilchen bei der jeweiligen Schalterstellung registriert wurden, getrennt für den roten und den grünen Kanal, und dies ebenfalls auf den Bildschirm zu bringen. Ferner hat sie die

Option, das alles in einem übersichtlichen Format auf Papier auszudrucken.

Während sie den Apparat beobachtet, merkt sie, dass das rote und das grüne Lämpchen scheinbar regellos aufleuchten; aber im Schnitt leuchten die beiden Lämpchen etwa einmal pro Sekunde in zufälliger Folge auf. Sie versucht nun herauszufinden, ob das rote und das grüne Lämpchen mit gleicher oder mit unterschiedlicher Häufigkeit blinken. Also stellt sie den Apparat so ein, dass er zweihundert Sekunden lang die Ereignisse im grünen und im roten Kanal zählt. Sie bekommt als Resultat 105-mal Rot und 98-mal Grün.

»Interessant«, denkt sie, »mehr Treffer im Roten. Vielleicht gibt es bei den Teilchen einen kleinen Unterschied: Sie neigen stärker zu Rot als zu Grün.« Sie beschließt, nochmals zweihundert Sekunden lang zu zählen. Dabei kommt sie auf 101 rote und 106 grüne Treffer. »Genau umgekehrt: Jetzt sind es mehr grüne als rote Ereignisse.« Nachdem sie den Vorgang mehrmals wiederholt hat, scheint es, als hätten die Teilchen keine klare Vorliebe. Insgesamt registrierte jeder der beiden Detektoren, der rote und der grüne, innerhalb von zweihundert Sekunden im Durchschnitt etwa hundert Ereignisse, wobei es mal etwas mehr rote, mal etwas mehr grüne gab. Dieses Gesamtresultat erscheint ihr recht uninteressant zu sein. »Vielleicht«, denkt sie, »war es ungünstig, mit der Schalterstellung Mitte anzufangen. Am besten, ich probiere auch die anderen, Oben und Unten, aus.« Sie stellt die Zählzeit erneut auf zweihundert Sekunden ein und beobachtet, wie oft das rote und das grüne Lämpchen diesmal aufleuchten. Sie scheinen weiterhin ziemlich regellos aufzublinken. Im Durchschnitt blinken das rote und das grüne Lämpchen innerhalb der zweihundert Sekunden jeweils hundertmal. Und auch bei den Schalterstellungen Oben und Unten gibt es mal etwas mehr grüne, mal etwas mehr rote Ereignisse.

Alice findet, dass das ganze Experiment eigentlich total langweilig ist. Die beiden Lämpchen flackern vor sich hin und zeigen im Schnitt ein Ereignis pro Sekunde an, aber eine Struktur ist nicht zu erkennen. Auch ändert sich nichts an der Zahl der roten oder grünen Treffer, wenn die Schalterstellung geändert wird. Sie zieht daraus den Schluss, dass mit dem Experiment etwas nicht stimmen kann. Es war offenbar ein Computerfehler. Auch das Aufleuchten der Lämpchen scheint ganz und gar zufällig zu sein, und daraus kann man nichts entnehmen. Ohnehin muss sie jetzt in die Physikvorlesung von Professor Quantinger. Als sie in den Hörsaal kommt, beginnt Professor Quantinger eben mit seiner Vorlesung. Heute ist das Thema »Polarisation des Lichtes« dran.

Professor Quantinger über die Polarisation des Lichtes

»Sie wissen inzwischen etwas über die Frequenz und die Wellenlänge des Lichtes. Frequenz und Wellenlänge hängen direkt miteinander zusammen und bestimmen die Farbe des Lichtes. Daneben gibt es noch eine weitere Eigenschaft, die Polarisation, die wir jetzt experimentell untersuchen wollen. Hier habe ich eine Lichtquelle, eine einfache Glühlampe, und hier habe ich zwei Polarisatoren, zwei Kunststofffolien.« Das Gemurmel der Studenten, das zu Beginn der Vorlesung noch herrschte, ebbt sofort ab, als sie sehen, dass der Professor ein Experiment zeigen wird.

»Schaut man durch diese Polarisatoren«, und Professor Quantinger hält sich eine Folie vor sein Auge, »so bemerkt man, dass etwas weniger Licht durchkommt, demnach wird ein Teil von dem Polarisator absorbiert; es könnte aber auch eine einfache graue Kunststofffolie sein, die dasselbe bewirkt. Stellen wir die beiden Polarisatoren also hintereinander auf, und betrachten wir das durchkommende Licht. Die durchkommende Lichtmenge hängt nun von der relativen Orientierung ab. Wird der zweite Polarisator relativ zum ersten verdreht (Abbildung 20), so verändert sich die Intensität von null, wenn nichts durchkommt, bis sehr viel, je nachdem, wie der zweite Polarisator gedreht wird. Sind die beiden Polarisatoren parallel ausgerichtet, dann sehen wir, dass die gesamte Intensität, die durch den ersten Polarisator hindurchgegangen ist, auch vom zweiten durchgelassen wird.« Der Professor zeigt auf den Schirm, auf dem die Studenten einen Lichtfleck sehen. Es ist das Licht, das durch die Polarisatoren getreten ist. Seine Helligkeit ändert sich je nach der Orientierung des zweiten Polarisators.

»Das erklärt sich einfach damit, dass Licht polarisiert ist. Man

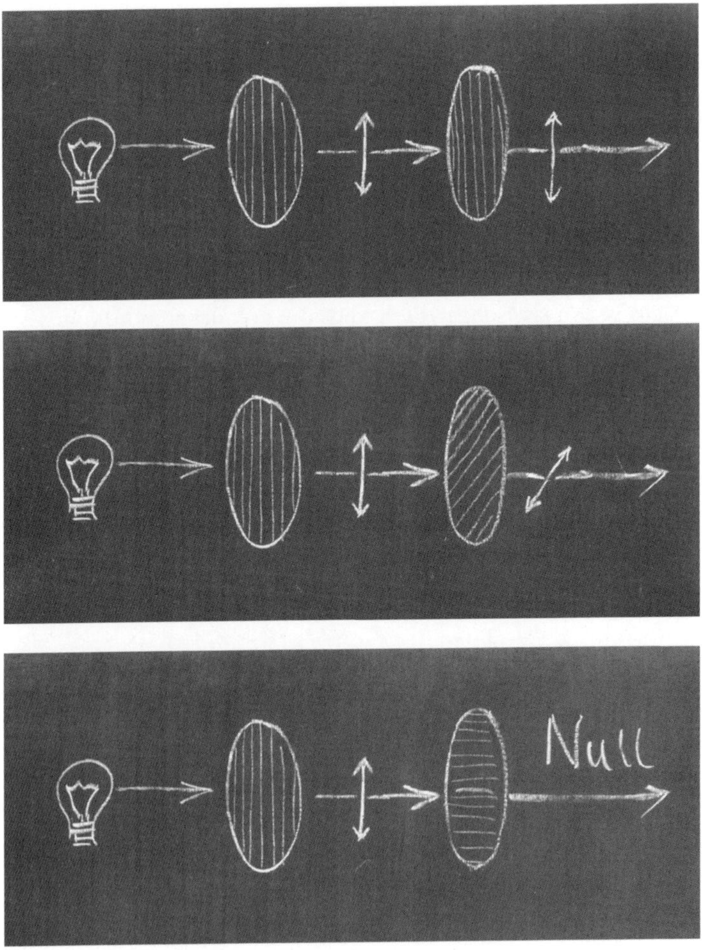

Abbildung 20 Licht einer Lampe tritt durch einen Polarisator, der nur vertikal polarisiertes Licht durchlässt, das entlang des gezeigten Doppelpfeils auf- und abschwingt. Ist ein zweiter Polarisator parallel zum ersten angeordnet, so geht alles Licht durch (oben). Ist er rechtwinklig verdreht, geht nichts durch (unten). Nimmt er einen Winkel zwischen beiden Stellungen ein, geht ein Teil durch (Mitte). Das Licht danach ist in der neuen Richtung polarisiert und hat jede Information verloren über die Richtung, entlang der es vorher polarisiert war.

kann polarisiertes Licht, wie wir schon gesehen haben, als schwingende elektrische und magnetische Felder verstehen. Das Konzept des elektrischen Feldes wurde erfunden, um die Bewegung elektrischer Ladungen zu beschreiben. Gleiche Ladungen, also Ladungen, die beide positiv oder negativ sind, stoßen einander ab; unterschiedliche Ladungen ziehen sich an. Wie kann eine Ladung über eine Entfernung auf eine andere einwirken? Ganz einfach: Die Ladung erzeugt ein elektrisches Feld im Raum, das von der anderen Ladung erfahren wird. Diese andere Ladung wird abgestoßen, wenn sie das gleiche Vorzeichen, positiv oder negativ, wie die erste Ladung hat. Sie wird angezogen, wenn sie ein verschiedenes Vorzeichen besitzt.

Betrachten wir der Einfachheit halber nur das elektrische Feld des Lichtes. Das Licht, das aus dem ersten Polarisator herauskommt, schwingt nur in einer Richtung. Diese Richtung wird von der Orientierung des Polarisators bestimmt.« Der Professor zeichnet eine Skizze auf die Tafel (Abbildung 20).

»Ursprünglich ist das von der Lampe kommende Licht eine Mischung aller möglichen verschiedenen Polarisationen, doch der Polarisator lässt nur elektrische Felder mit einer bestimmten Orientierung durch. Wird nun der zweite Polarisator eingeführt und ist er parallel zum ersten ausgerichtet, so lässt er das gesamte Licht, das durch den ersten gegangen ist, ebenfalls durch. Wenn wir jetzt den zweiten Polarisator um 90 Grad verdrehen, wird das vom ersten kommende Licht nicht mehr durchgelassen, weil es nicht die richtige Schwingungsrichtung hat.« Der Professor gestikuliert heftig mit seinen Armen, um die verschiedenen Schwingungsrichtungen des Lichtes zu verdeutlichen.

»Wenn wir nun schließlich dem zweiten Polarisator gegenüber dem ersten eine schräge Ausrichtung geben, geht ein Teil des Lichtes durch. Bei sorgfältiger Messung stellen wir fest, dass genau die Hälfte des Lichtes durchkommt, wenn der zweite Polarisator gegenüber dem ersten um 45 Grad verdreht ist. 45 Grad ist exakt die Hälfte zwischen 0 Grad und 90 Grad, zwischen einer parallelen und einer dazu rechtwinkligen Ausrichtung. Wer nun naiv erwartet, die durchkommende Energie sei dem Winkel proportional, täuscht sich.«

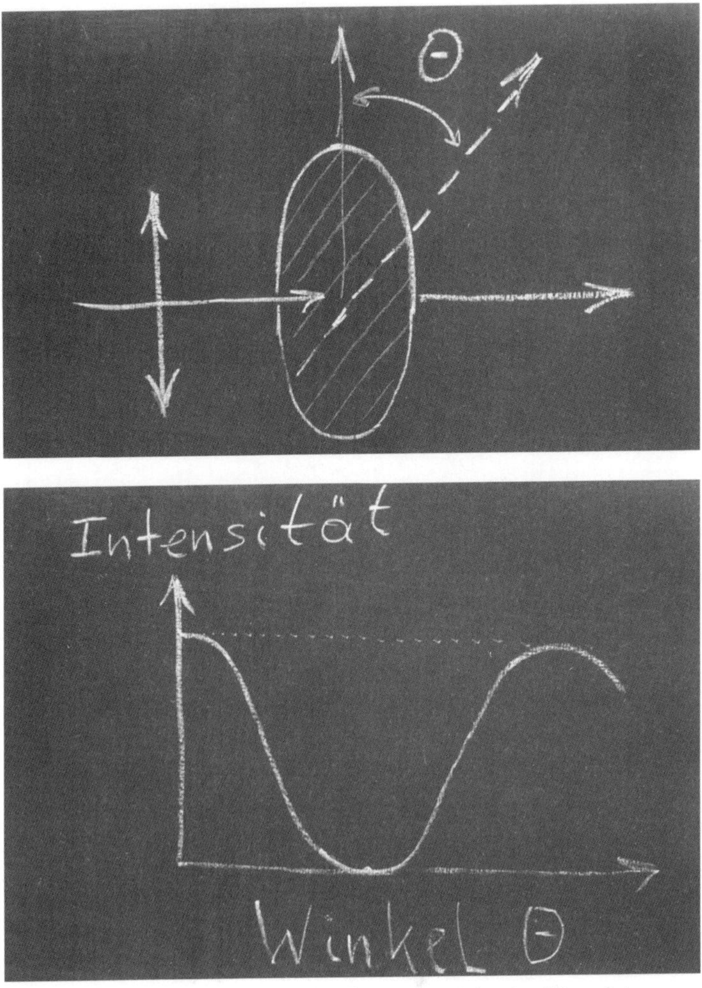

Abbildung 21 Licht, das vertikal polarisiert ist (oben), trifft auf einen um den Winkel Theta (Θ) verdrehten Polarisator. Für den Winkel Theta gleich 0 Grad kommt alles Licht durch. Wird der Winkel Theta allmählich erhöht, kommt immer weniger durch, bis bei 90 Grad nichts mehr durchtritt. Die Intensität nimmt wieder zu, wenn der Winkel weiter erhöht wird. Dies ist unten dargestellt als die Kurve der durchgelassenen Intensität als Funktion des Winkels. Das ist das Malus'sche Gesetz.

Der Professor hebt seinen Zeigefinger. »Es stellt sich nämlich heraus, dass bei der Hälfte von 45 Grad, also bei 22,5 Grad, nicht drei Viertel des Lichtes durchkommen, sondern sogar 92 Prozent. Drei Viertel des Lichtes kommen bei 30 Grad durch und bei 60 Grad nur mehr ein Viertel. Die Menge der durchkommenden Energie ändert sich also in Abhängigkeit vom relativen Winkel mit dem Quadrat des Kosinus dieses Winkels. Dies ist das Gesetz von Malus, benannt nach seinem Entdecker, dem französischen Physiker Étienne Louis Malus, der von 1775 bis 1812 lebte.« Mit diesen Worten zeichnet der Professor die Sinuskurve an die Tafel, die das Malus'sche Gesetz darstellt (Abbildung 21).

»Greifen wir Licht irgendeiner Polarisierungsrichtung heraus, etwa entlang 45 Grad (Abbildung 22) und überlegen uns, was mit diesem Licht passiert, wenn es auf einen – sagen wir – vertikal orientierten Polarisator trifft. Dann lässt sich das elektrische Feld in zwei Komponenten zerlegen, eine parallele und eine zur Polarisatorachse rechtwinklige, orthogonale. Die zur Achse des Polarisators parallele Komponente wird durchgelassen, während die orthogonale Komponente absorbiert wird, sodass im gezeichneten Fall genau die Hälfte der Energie der Lampe durch den ersten Polarisator hindurchgeht.« Der Professor zeichnet dazu eine Skizze an die Tafel.

»Bisher haben wir Polarisatoren betrachtet, die nur eine Polarisation durchlassen, während die andere von dem Material, aus dem der Polarisator besteht, absorbiert wird. Bei manchen Experimenten möchte man über beide Polarisationen verfügen, und das erreicht man mit einem so genannten polarisierenden Strahlteiler, auf Englisch *Polarizing Beam Splitter* (PBS). Der PBS sieht aus wie ein Würfel aus Glas, besteht aber genau genommen aus zwei zusammengeklebten Keilen.« Der Professor hält einen solchen Würfel in die Höhe. »Diese Keile sind aus einem speziellen Kristallmaterial, in dem sich die beiden Polarisationen des Lichtes unterschiedlich schnell fortpflanzen. Wie man aus dem Bild (Abbildung 23) ersehen kann, wird die eine Polarisation durchgelassen und die andere abgelenkt. Auf diese Weise teilt man den ankommenden Lichtstrahl in zwei Strahlen, die rechtwinklig zueinander polarisiert sind.

Abbildung 22 Zerlegung einer unter 45 Grad orientierten Polarisation des Lichtes. Diese Polarisation kann in zwei Anteile, zwei Komponenten, zerlegt werden. Die eine ist horizontal (H) polarisiert und die andere vertikal (V).

Bei den bislang erörterten Polarisationen schwingt ein elektrisches Feld längs einer Linie auf und ab. Deshalb spricht man von linearer Polarisation, und die Orientierung der Achse, längs derer das Feld schwingt, ist ein Charakteristikum der jeweiligen Polarisation.

Um die Sache mit der Polarisation des Lichtes und den elektrischen Feldern zu vervollständigen: Es gibt außer der linearen Polarisation noch andere, kompliziertere Formen. Die wichtigste ist die zirkulare Polarisation, bei der das elektrische Feld nicht auf und ab schwingt, sondern wie auf einer Spirale kreist. Je nachdem, ob sich die Spirale nach rechts oder nach links dreht«, zeigt der Professor mit seinen Armen, »wird die zirkulare Polarisation als rechtshändig oder linkshändig bezeichnet.«

Polarisation einzelner Lichtquanten

»Jetzt haben wir die Polarisation einer Lichtwelle verstehen gelernt. Was Sie sich hier wirklich merken sollten, ist, dass man durch Überlagerung verschiedener Polarisationen neue erzeugen beziehungsweise jede beliebige Polarisation in andere zerlegen kann. Der Grund dafür ist ganz einfach. Licht ist in Wirklichkeit ein sich ausbreitendes elektromagnetisches Feld, und verschiedene Felder kann man miteinander überlagern. Jetzt wird es aber wirklich interessant«, hebt der Professor seine Stimme, offenbar ist er vom Folgenden wirklich begeistert, »Licht besteht ja aus Quanten, aus unteilbaren Lichtteilchen, auch Photonen genannt. Wir werden jetzt die Polarisation der Photonen aus quantenphysikalischer Sicht diskutieren und dabei einige der wichtigsten Grundprinzipien der Quantenphysik kennen lernen.« Nach diesen Worten ist es im Hörsaal mucksmäuschenstill geworden. Es ist das erste Mal, dass die Studenten in der Einführungsvorlesung zur Physik etwas von Quanten lernen. Sie wissen alle, dass das irgendetwas sehr Interessantes sein muss, von dem sie immer glaubten, dass man jede Menge Mathematik beherrschen muss, um es zu verstehen. Dass

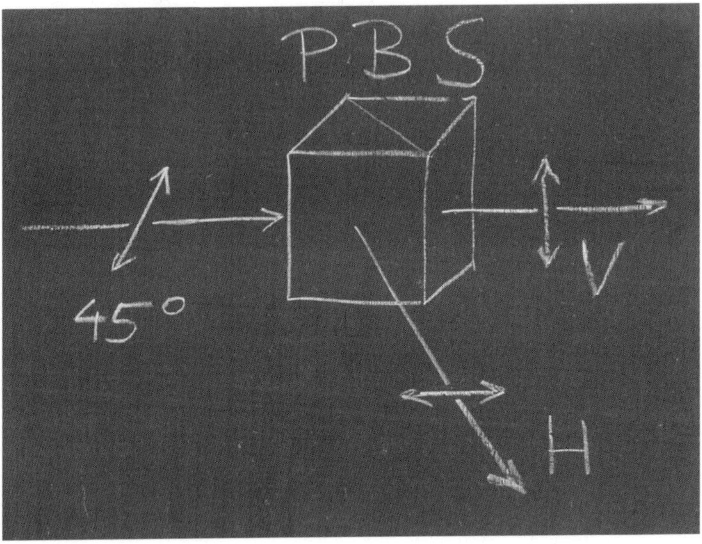

Abbildung 23 Ein polarisierender Strahlteiler PBS zerteilt eine beliebige Polarisation, zum Beispiel 45 Grad, wie in der Abbildung gezeigt, in die zwei Komponenten horizontal und vertikal.

der Professor jetzt in der Einführungsvorlesung über Quanten spricht, überrascht die Studenten umso mehr.

»Unsere Lichtstrahlen kann man sich als aus vielen Lichtquanten, vielen Photonen zusammengesetzt vorstellen. Was wir anfangs gefunden haben«, der Professor zeigt auf seine erste Skizze, die noch an der Tafel ist (Abbildung 20), »bedeutet dann im Photonbild ganz etwas Einfaches: Sind die beiden Polarisatoren parallel, gehen sämtliche Photonen, die durch den ersten Polarisator kommen, auch durch den zweiten. Dazwischen sind die Photonen in der durch den ersten Polarisator gegebenen Richtung polarisiert. Dies bedeutet, dass offenbar jedes einzelne Photon eine Polarisation tragen kann, ein äußerst wichtiges Ergebnis. Sind die Polarisatoren daher senkrecht zueinander ausgerichtet, werden alle Photonen, die durch den ersten Polarisator gehen, vom zweiten absorbiert.

Das Verständnis dessen, was sich auf der Quantenebene abspielt, dürfte bis hierher keine begrifflichen Schwierigkeiten machen.« Der Professor macht eine kleine Pause.

»Das quantenphysikalisch Neue kommt dann herein, wenn wir uns den Fall überlegen, wo die beiden Polarisatoren weder parallel zueinander noch rechtwinklig orientiert sind, sondern irgendwie schief. Betrachten wir den einfachen Fall, wo der zweite Polarisator gegenüber dem ersten um 45 Grad verdreht ist. Wir haben experimentell beobachtet, dass dann genau die Hälfte des Lichtes durch den Polarisator durchkommt. Und wir haben das durch die Zerlegung des Lichtes in seine Komponenten verstehen gelernt. Was heißt das aber jetzt für das Quantenbild?« Der Professor blickt fragend in die Runde. Er erwartet aber offenbar keine Antwort, sondern fährt gleich fort. »Quanten sind ja unteilbar. Dies bedeutet, dass in diesem Fall die Hälfte der Photonen durch den Polarisator durchtritt und die andere Hälfte im Polarisator absorbiert wird. Das Ganze ist also offenbar sehr einfach«, blickt der Professor verschmitzt in die Runde.

»Betrachten wir nun aber ein einzelnes Lichtteilchen, ein einzelnes Photon, nachdem es den ersten Polarisator verlassen hat. Wir wissen, dass es parallel zu dessen Achse polarisiert ist, zu der Achse, die durch die Orientierung des Polarisators gegeben ist.

Ist der zweite Polarisator parallel zum ersten orientiert, wird es durchgehen, ist er rechtwinklig dazu orientiert, wird es absorbiert. Doch was wird das Photon tun, wenn der Polarisator unter einem schiefen Winkel orientiert ist, beispielsweise eben unter 45 Grad? Was wird dann mit dem Photon geschehen? Der Professor macht eine Skizze (Abbildung 24) mit einem großen Fragezeichen an die Tafel. Unsere bisherigen Überlegungen gelten hier offenbar nicht mehr. Hätten wir einen intensiven Lichtstrahl, dann würde die Hälfte der Energie durchgehen, und die andere Hälfte würde bei dieser Orientierung absorbiert werden. Jetzt haben wir jedoch ein einzelnes Photon, ein einzelnes Quant, und Quanten lassen sich eben nicht teilen. Es ist daher ausgeschlossen, dass ein halbes Photon durchgeht und ein halbes Photon absorbiert wird.«

»Es gibt demnach nur zwei Möglichkeiten: Entweder geht das Photon durch, oder es wird absorbiert.

Wenn jedes Photon eine Chance von fünfzig Prozent hat durchzukommen, dann wird, wenn man viele Photonen hat, die Hälfte von ihnen durchkommen, und die andere Hälfte wird absorbiert werden. Wir können nun fragen, wovon es abhängt, ob ein bestimmtes Photon durchkommt oder absorbiert wird. Es stellt sich heraus, dass es dafür keine Regel gibt. Hier herrscht der reine Zufall. Es ist nicht zu erklären, warum ein einzelnes Photon dies oder jenes tut. Es gibt keine Eigenschaft des Photons, die erklären würde, ob es durch den Polarisator durchtritt oder absorbiert wird, keine winzigen Markierungen auf dem Photon oder sonstigen Merkmale. Es gibt nur die Wahrscheinlichkeit.« Beim Wort »nur« hatte der Professor seine Stimme stark erhoben. »Diese Wahrscheinlichkeit ist fundamental und nicht weiter erklärbar. Die Wahrscheinlichkeit für jede der beiden Möglichkeiten beträgt fünfzig Prozent. Mit einer Wahrscheinlichkeit von fünfzig Prozent geht das Photon also durch. Diese Fünfzig-Prozent-Regel gilt für jedes einzelne Photon, das von dem ersten Polarisator gekommen ist.

Ebenso wird ein unter einem Winkel von 45 Grad polarisiertes Photon, das auf einen polarisierenden Strahlteiler PBS trifft (Abbildung 23), mit gleicher Wahrscheinlichkeit durchtreten oder abgelenkt werden. Ein einzelnes Photon kann ja nicht in seine Kom-

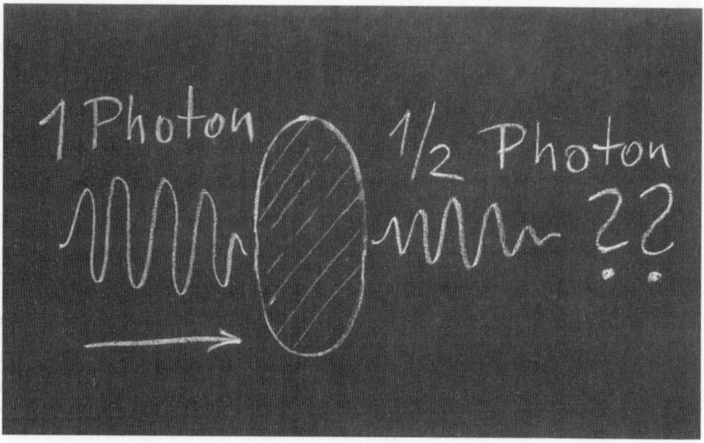

Abbildung 24 Ein einzelnes, vertikal polarisiertes Photon trifft auf einen unter 45 Grad orientierten Polarisator. Bedeutet dies nun, dass ein halbes Photon durchgeht?

ponenten horizontal und vertikal zerlegt werden, da es ja unteilbar ist. Die Wahrscheinlichkeit, dass es geradeaus geht, beträgt ebenso wie die, dass es abgebeugt wird, jeweils fünfzig Prozent. Ein höchst interessanter Punkt betrifft nun die Polarisation des Photons nach dem polarisierenden Strahlteiler: Alle durchgelassenen Photonen«, und der Professor macht wieder eine Skizze (Abbildung 25) an die Tafel, »werden vertikal polarisiert sein, und alle Photonen, die abgebeugt werden, werden horizontal polarisiert sein. Jedes einzelne Photon, das in dem durchgehenden Strahl landet, wird folglich vergessen haben, ob es anfangs unter 45 Grad polarisiert war, bevor es auf den polarisierenden Strahlteiler traf.

Wir stellen uns jetzt eine ganz wichtige Frage. Wann entscheidet sich das Photon, welchen Weg es nimmt? Man könnte meinen, es macht das, wenn es sich im polarisierenden Strahlteiler befindet.« Mit diesen Worten zeigt er auf das Tafelbild (Abbildung 25). »Dann entscheidet es sich eben, ob es geradeaus weiterfliegt, oder ob es den abgelenkten Strahl nimmt. Das wäre aber zu einfach. Wenn es so wäre, könnte man vielleicht die Quantenphysik leichter verstehen.« Jetzt ist es wirklich still im Hörsaal geworden. Der Professor genießt die Aufmerksamkeit und schreibt das Wort »Superposition« an die Tafel. »Sie lernen jetzt das wichtigste Konzept der Quantenphysik kennen«, fährt er fort, »die Superposition. Das Photon befindet sich, nachdem es durch den polarisierenden Strahlteiler durchgetreten ist, in einer Superposition von zwei Möglichkeiten. Die beiden Möglichkeiten sind, dass das Photon durchgetreten ist oder reflektiert wurde. Man kann sich das als eine Welle vorstellen, die geteilt wird. Aber es ist eine rein abstrakte Welle. Es ist nicht eine Welle, die sich irgendwie im Raum ausbreitet. Der einzige Zweck dieser Welle ist, anzugeben, mit welcher Wahrscheinlichkeit ein Detektor, der in den jeweiligen Strahl gestellt wird, das Photon registriert.

Wenn wir also Detektoren in die beiden Strahlen stellen, wird einer der beiden das Photon registrieren. Und erst in diesem Moment entscheidet es sich, welchen Weg es genommen hat. Der amerikanische Physiker John Archibald Wheeler hat das einmal etwa so ausgedrückt, dass das Photon beide Wege nimmt, aber eben nur

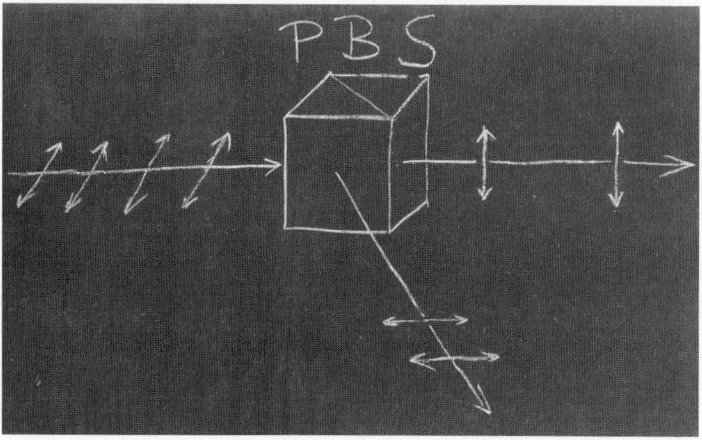

Abbildung 25 Treffen auf einen polarisierenden Strahlteiler PBS eine Serie von Photonen, von denen jedes unter 45 Grad polarisiert ist, so wird die Hälfte durchgelassen und ist dann vertikal polarisiert, die andere Hälfte wird abgelenkt und ist dann horizontal polarisiert. Das Verhalten des einzelnen Teilchens ist vollkommen zufällig.

einen Weg nimmt. Das ist ein bisserl provokant ausgedrückt«, schmunzelt der Professor, »aber es trifft den Kern der Sache.

Um das Ganze noch einmal zu rekapitulieren«, fährt der Professor nach einer Kunstpause fort, »wenn wir ein einzelnes Photon auf den polarisierenden Strahlteiler schicken, befindet es sich nachher in einer Überlagerung von beiden Möglichkeiten, durchgelassen oder abgelenkt. Sobald aber einer der beiden Detektoren das Teilchen registriert, kann es nicht mehr im anderen Strahl registriert werden. Es muss also diese Superposition, diese Überlagerung der verschiedenen Möglichkeiten, zusammenbrechen. Man bezeichnet diese Überlagerung auch als den Quantenzustand des Photons, und man spricht davon, dass bei der Messung der Quantenzustand kollabiert, zusammenbricht.

Dieses Kollabieren war etwas, das Albert Einstein nicht akzeptieren wollte. Wir könnten uns ja vorstellen, dass diese beiden Strahlen riesige Entfernungen zurückgelegt haben. Wenn wir dann einen Detektor in einen Strahl stellen und er das Teilchen registriert, heißt das, dass der Zustand für den beliebig weit entfernten anderen Strahl in dem Moment kollabiert. Und das muss sofort geschehen, ohne irgendeine Zeitverzögerung, denn der zweite Detektor muss ja sofort wissen, dass er das Photon nicht registrieren darf. Beide Detektoren können nie gemeinsam feuern, denn das Photon ist ja unteilbar.« Der Professor hat bei dieser Rede mit seinen Armen auf imaginäre, weit entfernte Sterne am Himmel gezeigt, auf denen sich die beiden Detektoren befinden mögen.

»Das von Einstein diskutierte Problem tritt nicht auf, wenn man annimmt, dass die Quantenphysik lediglich Wahrscheinlichkeiten für Ereignisse angibt, in unserem Fall Wahrscheinlichkeiten dafür, dass ein bestimmter Detektor feuert oder nicht. Wir müssen damit aber aufgeben, die Wirklichkeit in jedem einzelnen Ereignis immer vollständig beschreiben zu können. Und gerade das hat Einstein nicht gepasst. Er hat verlangt, dass die Physik immer die Wirklichkeit erklärt und nicht nur Wahrscheinlichkeiten. Aber damit hatte er wahrscheinlich Unrecht«, schließt der Professor. Er zuckt mit den Schultern und hebt fragend beide Arme.

»Dass sich das Photon in einer Überlagerung dieser beiden

Möglichkeiten befindet, lässt sich tatsächlich experimentell beweisen. Man hat dazu beide Strahlen wieder bei einem anderen polarisierenden Strahlteiler zusammengeführt, und heraus kam ein Photon mit der ursprünglichen Polarisation unter 45 Grad«, erklärt der Professor mit einer neuen Skizze an der Tafel (Abbildung 26).

»Was ich Ihnen heute erzählt habe«, sagt der Professor mit einem Blick auf die große Uhr im Hörsaal, »sind einige der wichtigsten Grundtatsachen der Quantenphysik. Natürlich müssten Sie sehr viel Mathematik lernen, um dann alles voll verstehen zu können. Aber die beiden Konzepte, Wahrscheinlichkeit und Superposition, werden Sie in der Quantenphysik immer begleiten. Um das Ganze noch einmal zu betonen, die Quantenphysik liefert nur Wahrscheinlichkeiten für Ereignisse. Sie erklärt nicht, welches spezifische Resultat in einer einzelnen konkreten Messung auftritt. Sie erklärt uns also nicht, warum ein einzelnes Photon in unserem Beispiel in dem einen und nicht in dem anderen Detektor registriert wird.

Die Quantenphysik macht aber sehr genaue Voraussagen für diese Wahrscheinlichkeiten. Das heißt, wenn wir sehr viele Photonen hernehmen, wissen wir, dass die Hälfte durchgeht und die Hälfte reflektiert wird. Die Beschreibung des Verhaltens des einzelnen Teilchens, der Quantenzustand, ist im Allgemeinen eine Superposition der verschiedenen Möglichkeiten, die im Experiment auftreten können. Und bei der Messung ergibt sich eben ein bestimmtes Resultat unter all den möglichen, und der quantenmechanische Zustand bricht dann zusammen, er kollabiert.

Zum Abschluss«, und der Professor hebt seine Stimme, weil das Gemurmel im Saal bereits eingesetzt hat, »möchte ich Sie noch ein wenig neugierig machen. Genau diese Phänomene des Verhaltens einzelner Quantenteilchen, die wir jetzt besprochen haben, spielen eine zentrale Rolle in neuen Verfahren der Informationsverarbeitung, der Informationsübertragung. Schlagwörter, die Sie vielleicht schon hier oder dort gehört haben, sind der Quantencomputer, der sehr viel schneller sein wird als alle bestehenden Computer, die Quantenkryptographie, mit der geheime Nachrichten absolut sicher verschlüsselt werden können, und die Quanten-

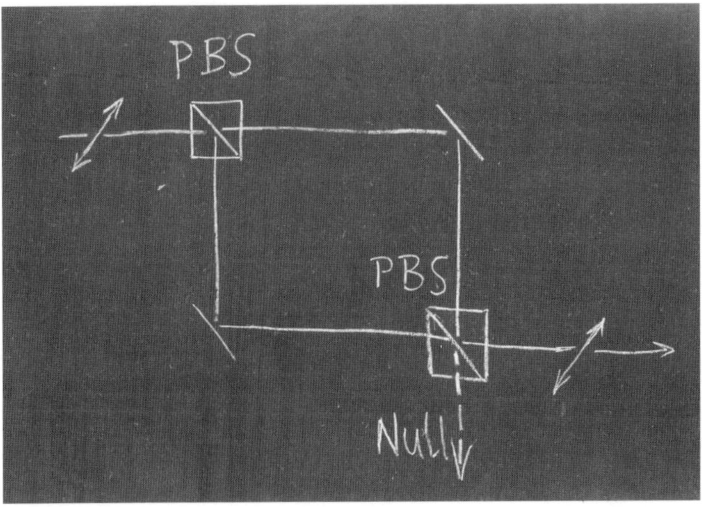

Abbildung 26 Ein in irgendeiner Richtung polarisiertes Photon, zum Beispiel 45 Grad, wie in der Abbildung gezeigt, wird durch den polarisierenden Strahlteiler in seine beiden Komponenten zerlegt. Durch einen zweiten polarisierenden Strahlteiler können diese Komponenten wieder zusammengefügt werden, sodass das austretende Photon dieselbe Polarisation hat wie das ursprüngliche.

teleportation, mit der man den Quantenzustand eines Systems auf ein anderes übertragen kann über im Prinzip beliebige Entfernungen. Aber um das zu lernen, müssen Sie noch ein wenig warten.«

Die Studenten applaudieren, einige kommen noch nach vorne, um zu versuchen, Professor Quantinger noch ein wenig mehr über Quantenkryptographie, Quantencomputer und Quantenteleportation herauszulocken, und allmählich leert sich der Hörsaal.

Alice und Bob entdecken Zwillingsteilchen

Nach der Vorlesung trifft Alice sich mit Bob und erzählt ihm von ihrem Eindruck, dass ihr Apparat nicht richtig funktioniere. Auch durch eine veränderte Schalterstellung könne sie nicht beeinflussen, wie oft das rote und das grüne Lämpchen aufleuchte. »Möglicherweise hat der Schalter gar keinen Einfluss auf den ganzen Ablauf, oder er ist kaputt«, meint sie.

Bobs Eindruck ist ähnlich: Er könne mit dem Schalter machen, was er wolle – es hat keinen Einfluss. Er habe außerdem zu klären versucht, ob das, was er messe, wirklich etwas mit dem Zeug zu tun hätte, das von der Quelle käme. Er habe das von der Quelle kommende Glasfaserkabel aus seinem Gerät gezogen, und siehe da, die beiden Detektoren hätten nichts mehr registriert. Daraus folgert er: »Das Flackern muss also etwas mit dem hereinkommenden Zeug zu tun haben, denn es verschwindet, wenn ich die Kabelverbindung unterbreche. Aber es scheint, als ob der Apparat an dem, was da hereinkommt, keine interessante Eigenschaft misst.« Die beiden beschließen daher, John zu berichten, dass an der Versuchsanordnung etwas fehle oder nicht in Ordnung sei.

Sie gehen hinauf in Johns Arbeitszimmer, und Bob erläutert zunächst, dass er genau beobachtet habe, wann das rote und das grüne Lämpchen blinken. Offenbar leuchten sie vollkommen ungeordnet auf, ohne die geringste Regelhaftigkeit, mal dieses, mal jenes, und als er daraufhin die Schalterstellung geändert habe, habe er wieder nur dasselbe Muster bekommen – keine erkennbare Ordnung. Und nach dem Herausziehen des Kabels sei nichts registriert worden. Dann trägt Alice vor, sie habe gezählt, wie oft die Lämpchen innerhalb von zweihundert Sekunden aufleuchteten; im Durchschnitt habe jedes Lämpchen in dieser Zeit rund hundert registrierte Teilchen angezeigt, unabhängig von der Schalterstellung.

Sie hatten erwartet, dass John ihnen sein Bedauern bekunden und sich Sorgen machen würde, und sind daher überrascht, als er, kaum dass Bob mit seinem Bericht begonnen hat, zu lächeln beginnt. Sein Lächeln verstärkt sich, je länger sie sprechen.

John ist ein sehr geduldiger Zuhörer, lässt sie alles erklären und fragt nach, was genau sie getan haben. Schließlich meint er: »Gratuliere! Sehr gute Arbeit. Alles, was ihr mir berichtet habt, ist völlig einwandfrei. Ich bin beeindruckt.«

»Dann ist der Apparat also nicht kaputt?«, fragt Alice ungläubig. »Sollten wir tatsächlich diese unstrukturierten Daten beobachten?«

»Genau das erwarte ich von dem System, wenn es richtig funktioniert«, entgegnet John.

»Aber dann gibt es nichts zu messen!«, ruft Bob aus.

»Doch, das gibt es«, sagt John, »und ihr werdet es bestimmt finden, denn ihr arbeitet einwandfrei und stellt die richtigen Fragen. Nur etwas Geduld.«

»Gib uns wenigstens einen Tipp«, bittet Alice.

»Nein, das müsst ihr schon selber finden. Dann ist es spannender für euch. Ich muss jetzt in ein Seminar, aber ihr könnt mich jederzeit anrufen, wenn ihr weitere Resultate habt.« Und damit geht er.

Alice und Bob sind vollkommen ratlos. Was können sie machen? Sie hatten an ihren Messstationen herausgefunden, dass das ganze Geschehen keinerlei Struktur hatte, und John hatte das als richtig bestätigt. Die Teilchen – oder was immer von der Quelle kam – *sollten* sich so verhalten.

»Wenn es bei der Quantengeschichte nur um dieses zufällige Geklicke geht, dann ist sie viel langweiliger, als ich gedacht hatte!«, meint Alice ärgerlich. »Vielleicht sollten wir es lassen und uns ein realistischeres Projekt besorgen.«

Bob murmelt irgendetwas vor sich hin, als ihm einfällt, dass es noch eine Information gibt, von der sie bisher keinen Gebrauch gemacht haben: Es ist die schlichte Tatsache, dass die beiden Stationen mit derselben Quelle verbunden sind. Vielleicht sollten sie also nachschauen, ob es zwischen den Daten, die sie an den beiden Stationen beobachtet haben, Zusammenhänge, Korrelationen, gibt. Aber was für eine Korrelation könnte das sein? Um das herauszubekommen, müssen sie erneut mit den Apparaten spielen.

Am nächsten Morgen kommen Alice und Bob etwas später, weil ihre Begeisterung für das Projekt merklich nachgelassen hat, und beginnen gegen halb zehn mit ihren Untersuchungen. Nach einiger Zeit ruft Alice bei Bob an und erklärt ihm, ihr Versuch verlaufe noch genauso wie am Vortag. Bei Bob ist es nicht anders. Das ist also kein Grund, sich Gedanken zu machen, denn John hatte ihnen ja gesagt, so sollte es sein, wenn der Apparat richtig funktioniere.

»Vergleichen wir doch mal, wann unsere Detektoren etwas registrieren«, schlägt Alice am Telefon vor. »Vielleicht gibt es da einen Zusammenhang. Wir sollten ganz genau messen können, wann eines der Teilchen registriert wird, weil das Computerdisplay uns anzeigt, zu welchem Zeitpunkt es passiert, und unsere Versuchsaufbauten eine sehr genaue Uhr haben, die sogar noch Nanosekunden misst, also Milliardstelsekunden. Registrieren wir also einfach noch ein paar solcher Ereignisse.«

»Bei so vielen Ereignissen«, wendet Bob ein, »müssen wir sicherstellen, dass wir gleichzeitig anfangen.« Bob hat erkannt, dass sie dank des Computers auch das Zählverfahren elektronisch starten können, und Alice hat entdeckt, dass man es auf eine bestimmte Dauer einstellen kann.

Dementsprechend verfahren sie. Beide stellen ihren Computer so ein, dass er exakt um 09:59:00 Uhr anfängt und hundert Sekunden lang zählt. Nach diesen hundert Sekunden haben sie ihre Daten auf dem Computerbildschirm, der ziemlich unübersichtlich ist. Bei dem einzelnen Eintrag stehen R für Rot oder G für Grün, die Stellung des Schalters, den Alice auf Oben und Bob auf Mitte gestellt hat, und die bis auf die Nanosekunde des jeweiligen Ereignisses exakte Zeit. Ein typischer Eintrag in Alice' Tabelle sieht so aus:

9:59:22,327033758 O G

Das bedeutet, dass um 9:59 Uhr und 22,327033758 Sekunden

der grüne Detektor etwas registrierte, während der Schalter auf Oben stand.

Alice ruft Bob an und sagt: »Vergleichen wir mal unsere Ergebnisse. Zuerst schauen wir, ob wir irgendwelche Teilchen zur gleichen Zeit haben.«

Bob hat Lust auf einen Kaffee und schlägt vor, die beiden Listen auszudrucken und sich in der Cafeteria zu treffen. Alice, die etwas vorsichtiger ist, wendet ein: »Eventuell stimmt etwas nicht mit der Messung, die wir gerade gemacht haben. Lass uns sicherheitshalber noch ein paar machen.«

Also machen sie noch drei weitere Messungen, bei denen eine genau gleiche Startzeit auf beiden Seiten festgelegt wird. So bekommen sie vier verschiedene Listen. Jede Liste enthält die in genau einer Sekunde gemessenen Daten. Mit diesen Listen treffen sie sich in der Cafeteria.

»Dann mal los!«, sagt Alice und legt ihre vier Listen auf den Tisch neben ihren Latte macchiato.

»Ihr könnt's wohl absolut nicht lassen«, meint die Kellnerin, die selbst eine fortgeschrittene Studentin ist, und fährt lächelnd fort: »Ihr seid mit den richtigen Forschergenen geboren.«

»Ob das stimmt, versuchen wir gerade herauszufinden«, entgegnet Bob. »Bisher sieht es allerdings nicht sehr verheißungsvoll aus, weil wir von Quantenphysik keine Ahnung haben.«

Die Kellnerin tröstet sie: »Ein berühmter Professor, ich komm gerade nicht auf seinen Namen, hat mal gesagt: ›Ich glaube getrost sagen zu können, dass heute niemand die Quantenmechanik versteht.‹«

»Das war Richard Feynman«, wirft Alice ein, »und er wusste, wovon er sprach. Er hat immerhin für eine Variante der Quantenmechanik, mit der man, wie unser Prof erzählt hat, alle möglichen Ergebnisse für Elementarteilchen sehr gut berechnen kann, sogar den Nobelpreis bekommen.«

»Dafür, dass wir unser Experiment nicht verstehen, werden wir aber wohl kaum den Nobelpreis bekommen«, meint Bob. »Schauen wir uns trotzdem mal unsere Listen an.«

Die Listen sind ziemlich unübersichtlich, und deshalb prüfen

Alice und Bob zunächst, ob die Zahl der gemessenen Ereignisse übereinstimmt. Der erste Datensatz weist bei Alice 102 und bei Bob 98 Einträge auf, jeweils Rot und Grün zusammengenommen.

»Hoppla!«, sagt Bob, »mein Gerät ist anscheinend schlechter als deines. Gucken wir uns die anderen Listen an.«

Im zweiten Datensatz hat Alice 95 und Bob genau 100. Auf keiner der vier Listen stimmt die Zahl der von ihnen registrierten Ereignisse überein; mal hat Bob, mal Alice einige mehr. Der Durchschnitt liegt interessanterweise wieder bei den hundert, die Alice am Vortag gezählt hatte, als sie allein mit ihrem Apparat gespielt hatte.

»Wir sollten aber, wenn wir dasselbe Phänomen messen, auch dieselbe Zahl von Ereignissen bekommen«, überlegt Bob laut. »Ergo muss mit unserem Apparat etwas nicht stimmen.«

Nach der irrtümlichen Annahme, der Apparat sei kaputt, etwas vorsichtiger geworden, meint Alice: »Hm, wenn wir noch mal zu John gehen und ihm sagen, der Apparat sei nicht in Ordnung, wird er uns bestimmt wieder erklären, genau dieses verrückte Verhalten habe er erwartet. Und er wird wieder stolz darauf sein, dass er seinen Apparat so eingestellt hat, dass er sich auf diese verrückte Weise verhält.«

Danach sitzen sie eine Weile schweigend da und starren die Listen an. »Vielleicht«, sagt Bob, »sollten wir uns den Zeitpunkt genau ansehen, an dem wir beide etwas registriert haben.«

»Das ist doch nicht zu vergleichen, denn wenn die Gesamtzahl der registrierten Ereignisse nicht übereinstimmt, muss etwas fehlen.« Da ihnen aber sonst nichts einfällt, schauen sich beide dann doch die Daten genauer an.

Stunde, Minute und Sekunde stimmen wie erwartet überein, denn es ist genau die Sekunde, in der sie die Daten registriert haben. Danach aber, bei den letzten Stellen, wo es um die Sekundenbruchteile geht, weichen die Einträge in der ersten Zeile völlig voneinander ab. Nicht anders ist es in der zweiten, der dritten Zeile und so weiter. Außerdem hat Alice von der neunundneunzigsten Zeile an noch einige Einträge, Bob dagegen keine mehr.

Dieser Befund, dass auch hinsichtlich des Zeitpunkts der Ereignisse keine Übereinstimmung zu erkennen ist, stimmt die beiden nicht gerade fröhlich. Bobs Gedanken schweifen ab, und er blickt zerstreut auf das vor ihm liegende Papier, als ihm plötzlich etwas auffällt. Was bei Alice' Eintrag in der dritten Zeile in der Zeitspalte steht, stimmt nahezu mit seinem Eintrag in der zweiten Zeile überein! Nur bei den letzten Stellen, also bei den Nanosekunden, gibt es eine Abweichung, ansonsten völlige Übereinstimmung. Die beiden sind wie elektrisiert. »Hier muss die Quelle zwei Teilchen auf einmal ausgesandt haben, die dann gleichzeitig bei den Detektoren angekommen sind!«, ruft Alice aus.

Aufgeregt suchen sie jetzt nach weiteren gleichzeitig registrierten Ereignissen, und sie finden etliche. Am Ende stellt sich heraus, dass etwa jeder fünfte Eintrag in den Listen von Alice bei Bob ein Gegenstück besitzt, das bis auf einige Nanosekunden zeitlich übereinstimmt.

Alice meint, diese winzigen Abweichungen können auch an einer Ungenauigkeit des Apparats liegen. »Bei sehr genauen Messungen wird jede Uhr irgendwo unzuverlässig, und das ist in unserem Versuch offensichtlich der Nanobereich. Darüber würde ich mir keine Gedanken machen. Was fangen wir nun mit den Daten an? So viel wissen wir jetzt: Rund ein Fünftel der Ereignisse stimmt auf beiden Seiten überein. Sie ereignen sich exakt zum gleichen Zeitpunkt.«

Bob erwidert: »Es muss daran liegen, dass die Quelle exakt zum gleichen Zeitpunkt zwei Teilchen aussendet. Sie müssen wie Zwillingsbrüder sein.«

»Nein, Zwillingsschwestern«, entgegnet Alice.

»Schon gut – dann eben wie Zwillinge«, meint Bob, »und sie wandern, wie John erklärt hat, durch diese Glasfasern zu unseren Apparaten, kommen hier gleichzeitig an und werden gleichzeitig registriert.«

»Aber dann müssten die Glasfasern genau gleich lang sein«, wendet Alice ein, »und das ist sehr unwahrscheinlich.«

Bob greift zu seinem Handy und ruft John an: »John, sind die Glasfasern von der Quelle zu unseren Labors genau gleich lang?«

John ruft aus: »Gratulation! Ihr habt was sehr Wichtiges gefunden. Offenbar habt ihr schon den Kern der Sache erfasst, denn ihr sucht nach Korrelationen zwischen euren Labors. Ja, ich habe euretwegen genau darauf geachtet, dass sie gleich lang sind, obwohl die Labors nicht genau gleich weit von der Quelle entfernt sind. Weil Alice' Labor ein bisschen näher an der Quelle ist, habe ich dort das Glasfaserkabel um ein paar Windungen verlängert. Die beiden Fasern sind praktisch gleich lang, der Unterschied kann höchstens zehn Zentimeter betragen. Das hat keinen Einfluss, da Licht in der Glasfaser in einer Nanosekunde zwanzig Zentimeter zurücklegt. Die zehn Zentimeter können also höchstens einen Fehler von einer halben Nanosekunde verursachen.«

»Also ist es Licht, was die Quelle aussendet«, sagt Alice schmunzelnd. »Hatte ich schon vermutet.«

»Hoppla, jetzt hab ich mich verraten.« John hält sich die Hand vor den Mund. »Egal, ihr wisst ja noch nichts über die Art des Lichtes, das von der Quelle kommt. Nun, ich denke, ihr habt Koinzidenzen gefunden.«

Bob sagt: »Ach, so nennt man das, wenn sich zwei Ereignisse an diesen voneinander entfernten Stellen gleichzeitig abspielen!«

»Genau«, erwidert John. »Habt ihr sonst noch was gefunden?«

»Ja, wir haben festgestellt, dass das nicht ständig passiert«, antwortet Bob. »Wir finden nur in rund einem Fünftel der Fälle Koinzidenzen. In den anderen hat ein Ereignis auf meiner Seite keinen Zwillingsbruder auf der anderen Seite.«

»Und ein Ereignis auf meiner Seite«, ruft Alice dazwischen, »hat anscheinend keine Zwillingsschwester auf der anderen Seite!«

Johns Stimme lässt erkennen, dass er lächelt. »Donnerwetter, ich bin beeindruckt. Ihr leistet echte Präzisionsarbeit. Ich erwarte exakt zweiundzwanzig Prozent Koinzidenzen!«

»Wie kannst du das erwarten?«, fragt Bob.

John erwidert geheimnisvoll: »Dazu müsst ihr euch was einfallen lassen. Versucht selber Erklärungen zu finden. Ich sage es euch nicht. Macht nur weiter so. Tschüß!« Die Verbindung bricht ab.

Alice und Bob überlegen sich, was John gemeint haben mochte, als er sagte, er hätte eigentlich nur zweiundzwanzig Prozent Koinzidenzen erwartet. Sie kommen auf zwei Möglichkeiten: Einerseits ist es denkbar, dass die Quelle manchmal nur in eine Glasfaser etwas sendet und manchmal in beide. Denkbar ist auch, dass die Quelle durchgängig Zwillinge aussendet, dass aber einiges verloren geht oder dass die Detektoren nicht gut genug sind, um immer etwas zu registrieren, und dass die Zahlen insgesamt so ausfallen, dass am Ende zweiundzwanzig Prozent der Koinzidenzen übrig bleiben.

Es ist Alice und Bob klar, dass sie nicht würden feststellen können, welche der beiden Möglichkeiten zutrifft.

»Ich sehe aber«, sagt Alice, »wenn ich nur von meinen Daten ausgehe und nicht von deinen, zwischen den Ereignissen praktisch keinen Unterschied. Die Lämpchen flackern ohne erkennbares Muster, und die Teilchen treffen mit ungefähr gleich bleibender Häufigkeit ein, sodass es keinen Grund zu der Annahme gibt, die Quelle würde zweierlei Arten von Zeug aussenden.«

»Eine sehr gute Idee!«, ruft Bob aufgeregt. »Wir werden also annehmen, dass die Quelle ständig Paare aussendet, und wir registrieren beide Teilchen nur mit einem Anteil von etwa einem Fünftel.«

Sofort rufen sie John an und unterbreiteten ihm die Idee. »Ich bin wirklich beeindruckt!«, meint er. »Ihr habt gerade das Problem des *detection loophole* all dieser Experimente entdeckt.«

»Das was, bitte?«, fragt Alice.

»Oh«, erwidert John, »vielleicht habe ich euch schon wieder zu viel gesagt, aber es gibt in der Tat ein solches Problem. Denn während die Quelle wirklich durchgängig Paare aussendet, können wir nur in zweiundzwanzig Prozent der Fälle den Zwilling ermitteln.«

»Und wieso ist das ein Problem?«, will Alice wissen.

»Das sage ich jetzt nicht, denn sonst würde ich euch mehr verraten, als ihr über das Experiment wissen solltet.« Und damit beendet er das Gespräch.

Aufgeregt nehmen Alice und Bob erneut ihre Daten unter die Lupe, denn möglicherweise ist ja noch etwas zu entdecken. »Vielleicht sollten wir jetzt nur die Fälle herausgreifen, in denen wir Koinzidenzen haben, und nur diese betrachten.« Sie markieren also auf ihrer ersten Liste all ihre Koinzidenzen. Zufällig sind es zweiundzwanzig. Sie legen ihre Ergebnisse nebeneinander, um zu sehen, ob das rote oder das grüne Lämpchen aufgeleuchtet hat. Beide haben wie erwartet in etwa der Hälfte der Fälle aufgeleuchtet, und zwar sowohl in Alice' als auch in Bobs Liste. Genauer gesagt hat Alice auf ihrer Liste elfmal Rot und elfmal Grün, während Bob zehnmal Rot und zwölfmal Grün hat.

»Schauen wir jetzt einmal«, schlägt Alice vor, »wie die Farben zusammengehen. Es gibt vielleicht Fälle, in denen wir dieselbe Farbe bekommen haben, und andere Fälle, in denen die Farben voneinander abweichen.«

Sie schauen sich also die Farben an, finden aber nichts Aufregendes. Manchmal haben sie beide dieselbe Farbe, manchmal sind die Farben verschieden. Sie gehen die Listen genauer durch und stellen fest, dass sie achtmal die Kombination Rot-Rot erhalten haben, also beide Rot, und neunmal die Kombination Grün-Grün. Es ist also offenkundig so, dass die gleichen Resultate auf beiden Seiten eher auftreten als verschiedene, denn nur dreimal gab es Rot-Grün, also bei Alice Rot und bei Bob Grün, und gar nur zweimal Grün-Rot.

»Das erzählt uns offenbar etwas. Rekapitulieren wir doch noch mal, was wir bisher gefunden haben«, meint Alice. »Bei manchen Ereignissen, in etwa einem Fünftel der Fälle, registrieren wir Zwillinge; die anderen vier Fünftel der Fälle lassen wir im Moment beiseite. Und wir registrieren alle vier möglichen Farbkombinationen. Gleiche Farben treten aber etwa drei- bis viermal so oft auf wie verschiedene.«

Bob ergänzt: »Es ist aber kein Muster zu ersehen, nach dem sie einander folgen. Wie können wir mehr herausbekommen? Gibt es vielleicht doch mehr Struktur in dem System?« Bob kratzt sich am Kopf, Alice starrt in die Luft und zwirbelt eine ihrer Locken. Da es inzwischen später Vormittag geworden ist, beschließen sie, es für heute gut sein zu lassen und sich am nächsten Tag wieder an den Apparat zu begeben, um zu sehen, was sie tun können.

In der Nacht schläft Alice nicht besonders gut. Im Traum sieht sie ständig die flackernden roten und grünen Lämpchen, den Computerbildschirm und die Datenlisten, die sie gemeinsam durchgesehen hatten. Sie sieht die Listen ganz deutlich vor sich: Die Daten kann sie nicht genau erkennen, aber die Blätter mit den Listen. Plötzlich erkennt sie, dass die Tabellen drei Spalten aufweisen, eine für die Zeit und eine für das Ergebnis Rot oder Grün, aber es gibt noch eine dritte, die sie nicht beachtet hatten, und die sie im Traum nicht genau erkennen kann.

Sie wacht auf, und es fällt ihr ein, dass John ihr gesagt hatte, auf dem Ausdruck sei auch die Stellung des Schalters registriert. Diese Entdeckung macht sie ganz kribbelig. Ist die Schalterstellung vielleicht aus irgendeinem Grund bedeutsam? Das kann eigentlich nicht sein, denn sie und Bob haben ja herausgefunden, dass die Einzelergebnisse nicht das Geringste mit der Schalterstellung zu tun haben – aber das tut vielleicht nichts zur Sache.

Am nächsten Morgen ruft sie Bob an und trägt ihm ihre These vor, dass die Schalterstellung eine gewisse Bedeutung haben könnte. »Auf meinen Ausdrucken«, sagt sie, »ist die Schalterstellung durchweg Oben. Wie ist es bei dir?« Bob schaut in seine Listen, und dort ist die Stellung durchweg Mitte. Es sind die Stellungen, die sie am Vortag zurückgelassen hatten.

Jetzt ist ihnen der nächste Schritt klar: Sie müssen wieder ins Labor und nachschauen, ob die Schalterstellung irgendeinen Einfluss auf die Koinzidenzen hat; vielleicht beeinflusst sie ja die Häufigkeit, mit der sie Rot-Rot, Rot-Grün, Grün-Rot oder Grün-Grün registrieren. Sie hoffen also, dass es irgendwie von der Stellung der Schalter abhängt, welches Lämpchen zusammen mit welchem aufleuchtet. Zunächst hatten sie erfahren, dass die Häufigkeit von Rot und Grün auf jeder Seite für sich alleine genommen nicht von der gewählten Schalterstellung abhing, aber Alice mutmaßt: »Wenn mein Schalter auf Oben steht, könnte die Häufigkeit, mit der du Rot oder Grün bekommst, vielleicht doch davon abhängen, welche Schalterstellung du wählst.«

Nach kurzer Überlegung stimmt Bob ihr zu. »Es ist tatsächlich denkbar, dass ich die gleiche oder eine verschiedene Farbe bekomme, und das würde an den Zahlen bei dir und mir nichts ändern. Das können wir aber nur im Labor herausfinden!«

So begeben sie sich nach einem sehr hastigen Frühstück in ihr jeweiliges Labor. Aber was sollen sie tun, was ist der nächste Schritt? Jeder kann drei Schalterstellungen wählen, Oben, Mitte und Unten, was zusammen neun mögliche Kombinationen ergibt. Ganz schön unübersichtlich! Um es sich einfacher zu machen, beschränken sie sich zunächst auf die Fälle, in denen die Schalterstellung bei beiden dieselbe ist, und beginnen mit Oben-Oben. Wieder legen sie die Messzeit auf eine Sekunde fest, drucken ihre Ergebnisse einschließlich der Zeit und der Farbe aus, und das alles zur Sicherheit viermal hintereinander, aber immer mit beiden Schaltern auf Oben.

Da sie vom Vortag wissen, worauf es ankommt, vergleichen sie am Telefon die letzten Stellen der Zeitangaben miteinander und kommen wieder zu demselben Ergebnis: Nur in einem Fünftel der Fälle beobachten beide ein Ereignis. In den anderen Fällen gibt es ein Ereignis nur bei Bob oder bei Alice und kein Zwillingsereignis. Also streichen sie die Fälle ohne Zwillingsereignis aus ihren Listen und beschließen, in den übrig gebliebenen Fällen die Farbe zu vergleichen. Beim ersten sagt Alice: »Ich habe Grün.«

Bob sagt: »Ich habe ebenfalls Grün.«

Beim zweiten – Alice: »Rot«, Bob: »Rot.«

Beim dritten – Alice: »Rot«, Bob: »Rot.«

Beim vierten – Alice: »Grün«, Bob: »Grün.«

Es ist äußerst spannend. Offenbar bekommen beide in allen Fällen dasselbe Ergebnis. Nach dem Vergleich aller vier Listen zeigt sich, dass die Farbe nur in einem Fall nicht übereinstimmt: Alice hat Rot, Bob hat Grün. In allen anderen Fällen ist die Übereinstimmung vollkommen.

Alice und Bob glauben, etwas sehr Wichtiges entdeckt zu haben. Sie beschließen, die eine Ausnahme nicht zu beachten, weil sie in Laborkursen gelernt haben, dass bei Experimenten immer ein noch so winziger Fehler auftritt, auch wenn man beim Versuchsaufbau alles so perfekt wie möglich macht. Das ist in der Realität einfach unvermeidlich. Folglich kommen sie zu dem Schluss, dass die Ergebnisse bei gleicher Schalterstellung Oben auf beiden Seiten gleich sind und dass beide Kombinationen – Rot-Rot und Grün-Grün –, gleich oft vorkommen.

Für die beiden liegt es nun auf der Hand, dass die Quelle identische Teilchen irgendeiner Art auf zweierlei Weise produziert, sodass diese entweder beide den grünen Detektor oder beide den roten Detektor ansprechen. Welche Rolle die Schalterstellung spielt, ist ihnen noch unklar, aber offenkundig muss sie übereinstimmen, damit sie diese perfekten Koinzidenzen beobachten können.

Der nächste Schritt besteht nun natürlich darin, das Ganze mit der Schalterstellung Mitte auf beiden Seiten zu wiederholen. Sie kommen wieder auf dasselbe Muster: Noch immer haben sie in etwa einem Fünftel der Fälle Koinzidenzen, und wenn es Koinzidenzen gibt, sind die Ergebnisse auf beiden Seiten identisch, entweder Rot-Rot oder Grün-Grün. Als sie beide Schalter auf Unten stellen, kommen sie wieder zu demselben Ergebnis.

»Suchen wir jetzt eine Erklärung für das, was hier passiert ist«, schlägt Alice vor. »Offensichtlich sind beide Teilchen identisch. Sie wurden mit denselben Merkmalen geboren.«

»Aber die Merkmale kennen wir nicht!«, erwidert Bob.

Darüber macht Alice sich keine Gedanken. »Es kann ein beliebiges Merkmal sein, und wir brauchen es auch nicht zu kennen, solange es derart beschaffen ist, dass es bestimmt, welches der beiden Lämpchen aufleuchtet, welcher der beiden Detektoren angesprochen wird, der grüne oder der rote.«

»Du hast Recht!«, meint Bob. »Es könnte sogar so sein, dass beide Teilchen eine Art Liste bei sich haben, und wenn dein Teilchen auf den Detektor trifft, schaut es in der Liste nach, ob es zum roten oder zum grünen Detektor gehen soll, und mein Teilchen macht es genauso.«

Darauf entgegnet Alice: »Eine tolle Idee! Wir wissen jetzt, dass die Einträge auf den beiden Listen für beide Teilchen wirklich gleich lauten. Es ist genau wie bei eineiigen Zwillingen.«

»Wieso das?«, will Bob wissen.

»Ganz einfach«, erwidert Alice begeistert, »weil wir bei eineiigen Zwillingen wissen, dass sie identisch sind, weil sie dieselben Gene tragen. Diese Gene bestimmen die Haarfarbe, die Augenfarbe und viele andere äußerliche Merkmale.«

Jetzt wird Bob von ihrer Begeisterung angesteckt. »Und vielleicht haben auch unsere beiden Teilchen dieselben Listen mit Instruktionen bei sich, mit identischen Genen für die Teilchen. Jedes Teilchen müsste dann ein Gen für die Polarisation tragen, die bei der Schalterstellung Oben gemessen wird, eines für den Fall, dass der Schalter auf Mitte steht, und eines für die Stellung Unten. Und sie tragen beide denselben Satz von Instruktionen.«

Darauf erwidert Alice: »Aber eigentlich braucht das einzelne Teilchen keine Instruktionen oder Gene für jede der Schalterstellungen Oben, Mitte und Unten zu haben, weil es nur bei einer gemessen wird.«

»Du hast Recht!«, sagt Bob. »Die Quelle braucht nur zu wissen, in welcher der drei möglichen Stellungen sich unsere Schalter befinden. Dann kann sie entsprechend Teilchen aussenden.«

Dagegen erhebt Alice nun den vorsichtigen Einwand: »Wir könnten doch, nachdem das Paar schon emittiert ist, in allerletzter Sekunde die Schalterstellung ändern. Dann wüsste das arme Teilchen nicht, was es tun soll. Nehmen wir einmal an, dass wir auch dann dieselben Ergebnisse bekommen würden, wenn wir beide in letzter Sekunde unsere Schalterstellungen ändern. Dann brauchen die Teilchen für alle drei möglichen Stellungen Instruktionen.«

Von ihrem Ergebnis fasziniert, rufen sie wieder John an und berichten ihm von ihrer Entdeckung. John ist aufrichtig beeindruckt. »Dass ihr die von Einstein, Podolsky und Rosen vorhergesagten Korrelationen in so kurzer Zeit gefunden habt, ist wirklich toll!«

»Was hat das mit Einstein, Podolsky und Rosen auf sich?«, will Alice daraufhin wissen.

John schlägt vor: »Kommt doch heute Nachmittag bei mir vorbei, dann erzähl ich es euch.«

Johns Vortrag über Einstein, Podolsky und Rosen

Als Alice und Bob es sich in Johns Arbeitszimmer bequem gemacht haben, beginnt er mit seinem kleinen Vortrag.

»Wir haben gelernt, dass Einstein den Nobelpreis für einen sehr wichtigen Beitrag zur Quantenphysik erhielt, nämlich für die Idee der Lichtteilchen, und nicht für seine Relativitätstheorie. Wir haben über einige der von Einstein erhobenen Einwände diskutiert, insbesondere, dass er den Zufall nicht zulassen wollte. Berühmt ist ja sein Satz ›Gott würfelt nicht‹. Aber 1935 kam Einsteins ›Blitz aus heiterem Himmel‹, wie Léon Rosenfeld es zu nennen beliebte. Einstein hatte in Berlin zu den führenden Physikern gehört. Die deutsche Reichshauptstadt war im ersten Drittel des 20. Jahrhunderts auf dem Gebiet der Natur- und Geisteswissenschaften sowie der Künste eines der Zentren der Welt. Viele bis heute berühmte Wissenschaftler und Künstler waren dort tätig, zum Beispiel der Physiker Erwin Schrödinger, der Architekt Walter Gropius, der Chemiker Fritz Haber, der Physiologe und Mediziner Otto Heinrich Warburg, um nur einige zu nennen. Das alles endete mit der Machtergreifung der Nazis, die der Freiheit ein Ende setzte und eine brutale Verfolgung zahlreicher Intellektueller nach sich zog, besonders derer, die jüdischer Abstammung waren.

Deshalb beschloss Einstein im März 1933 während einer Reise in die Vereinigten Staaten, nicht mehr nach Deutschland zurückzukehren. Er legte seine Stellung bei der Preußischen Akademie der Wissenschaften aus Protest gegen das deutsche Unrechtsregime nieder. Nach einem Aufenthalt in Belgien und England reiste er im Oktober 1933 endgültig nach Amerika, nach Princeton. Dort, am Institute for Advanced Study, machte er sich weiterhin

Gedanken über die Grundlagen der Quantenphysik. Im Jahr 1935 verfasste er zusammen mit dem Physikerkollegen Boris Podolsky und dem jungen Nathan Rosen einen Aufsatz mit dem Titel ›Kann die quantenmechanische Beschreibung der physikalischen Realität als vollständig betrachtet werden?‹ Das klingt sehr philosophisch. Dennoch erschien die Arbeit im ›Physical Review‹, einer von der Amerikanischen Physikalischen Gesellschaft herausgegebenen Zeitschrift für Physik.« John geht zu seinem Computer und lädt sich Einsteins Arbeit vom Internet herunter. Er macht für Alice und Bob je einen Ausdruck (Abbildung 27).

»Der Aufsatz selbst ist ziemlich theoretisch, und wie es scheint, hat Einstein ihn selbst nicht sonderlich gemocht. Das bezeugt ein Brief, den er dem österreichischen Physiker Erwin Schrödinger schrieb, in dem er sagt: ›Diese [Arbeit] ist aus Sprachgründen von Podolsky geschrieben nach vielen Diskussionen. Es ist aber doch nicht so gut herausgekommen, was ich eigentlich wollte; sondern die Hauptsache ist sozusagen durch Gelehrsamkeit verschüttet.‹«

»Hätte Einstein seine Ideen nicht einfacher darstellen können, ohne so viele Gleichungen?«, wirft Alice ein.

»Das hat er sogar getan«, erwidert John. »Im Jahr 1949 verfasste er seine ›Autobiographischen Notizen‹, und darin erklärt er die wesentlichen Punkte sehr einfach und klar.

Aber nun zum Kern der Einstein-Podolsky-Rosen-Arbeit. Oft wird sie einfach als EPR-Arbeit bezeichnet, denn Physiker pflegen die Anfangsbuchstaben der Verfasser bei Arbeiten zu benutzen, die wichtig sind. Es hat sich übrigens herausgestellt, dass dies eine der Arbeiten war, deren Bedeutung mit der Zeit stetig zunahm. Man misst die Wichtigkeit einer Arbeit daran, wie oft sie von anderen in ihren eigenen Arbeiten erwähnt wird.«

»Das ist mir schon aufgefallen, dass in wissenschaftlichen Arbeiten andere zitiert werden – warum macht man das?«, fragt Bob.

»Aus mehreren Gründen«, antwortet John. »Es ist einfach gute Gepflogenheit, die Forschungen anderer, die man in seiner Arbeit benutzt, zu erwähnen, um nicht den Eindruck zu erwecken, man habe selbst entdeckt, was in Wirklichkeit andere herausgefunden haben. Zum Zweiten zitiert man andere Arbeiten, um seine eigene

DESCRIPTION OF PHYSICAL REALITY 777

of lanthanum is 7/2, hence the nuclear magnetic moment as determined by this analysis is 2.5 nuclear magnetons. This is in fair agreement with the value 2.8 nuclear magnetons determined from La III hyperfine structures by the writer and N. S. Grace.[9]

[9] M. F. Crawford and N. S. Grace, Phys. Rev. **47**, 536 (1935).

This investigation was carried out under the supervision of Professor G. Breit, and I wish to thank him for the invaluable advice and assistance so freely given. I also take this opportunity to acknowledge the award of a Fellowship by the Royal Society of Canada, and to thank the University of Wisconsin and the Department of Physics for the privilege of working here.

MAY 15, 1935 PHYSICAL REVIEW VOLUME 47

Can Quantum-Mechanical Description of Physical Reality Be Considered Complete?

A. Einstein, B. Podolsky and N. Rosen, *Institute for Advanced Study, Princeton, New Jersey*

(Received March 25, 1935)

In a complete theory there is an element corresponding to each element of reality. A sufficient condition for the reality of a physical quantity is the possibility of predicting it with certainty, without disturbing the system. In quantum mechanics in the case of two physical quantities described by non-commuting operators, the knowledge of one precludes the knowledge of the other. Then either (1) the description of reality given by the wave function in quantum mechanics is not complete or (2) these two quantities cannot have simultaneous reality. Consideration of the problem of making predictions concerning a system on the basis of measurements made on another system that had previously interacted with it leads to the result that if (1) is false then (2) is also false. One is thus led to conclude that the description of reality as given by a wave function is not complete.

1.

Any serious consideration of a physical theory must take into account the distinction between the objective reality, which is independent of any theory, and the physical concepts with which the theory operates. These concepts are intended to correspond with the objective reality, and by means of these concepts we picture this reality to ourselves.

In attempting to judge the success of a physical theory, we may ask ourselves two questions: (1) "Is the theory correct?" and (2) "Is the description given by the theory complete?" It is only in the case in which positive answers may be given to both of these questions, that the concepts of the theory may be said to be satisfactory. The correctness of the theory is judged by the degree of agreement between the conclusions of the theory and human experience. This experience, which alone enables us to make inferences about reality, in physics takes the form of experiment and measurement. It is the second question that we wish to consider here, as applied to quantum mechanics.

Whatever the meaning assigned to the term *complete*, the following requirement for a complete theory seems to be a necessary one: *every element of the physical reality must have a counterpart in the physical theory*. We shall call this the condition of completeness. The second question is thus easily answered, as soon as we are able to decide what are the elements of the physical reality.

The elements of the physical reality cannot be determined by *a priori* philosophical considerations, but must be found by an appeal to results of experiments and measurements. A comprehensive definition of reality is, however, unnecessary for our purpose. We shall be satisfied with the following criterion, which we regard as reasonable. *If, without in any way disturbing a system, we can predict with certainty (i.e., with probability equal to unity) the value of a physical quantity, then there exists an element of physical reality corresponding to this physical quantity*. It seems to us that this criterion, while far from exhausting all possible ways of recognizing a physical reality, at least provides us with one

Abbildung 27 Die erste Seite der Originalarbeit von Einstein, Podolsky und Rosen, in der Verschränkung zum ersten Mal diskutiert wird.

Auffassung zu stützen. Auch zitiert man oft Arbeiten, um zu zeigen, was bisher versucht wurde, um das Problem zu lösen.

Im Allgemeinen ist der Inhalt einer Arbeit umso bedeutender, je öfter sie zitiert wird. Das kann natürlich auch täuschen, denn es kommt vor, dass eine Arbeit deshalb sehr oft zitiert wird, weil sie einen berühmten Fehler enthält. Im Fall von Einstein, Podolsky und Rosen nahm die Zahl der Zitierungen mit der Zeit stark zu. Ich habe sie in dem Diagramm dargestellt, das ihr hier seht (Abbildung 28). Ihr könnt erkennen, dass die Arbeit anfangs, gleich nach ihrem Erscheinen im Jahr 1935, praktisch nicht zitiert wurde, und jetzt sind wir bei über hundert Zitierungen jährlich. Das ist sehr ungewöhnlich. Die meisten Arbeiten werden überhaupt nur ein- oder zweimal zitiert, und im Übrigen nimmt die Häufigkeit der Zitierungen gewöhnlich mit der Zeit ab.«

»Das heißt doch«, wirft Alice ein, »dass die EPR-Arbeit anfangs nahezu ignoriert wurde und heute offenbar viele das Thema behandeln.«

John nickt bestätigend und fährt fort: »Die EPR-Überlegungen sind ganz wichtig für Untersuchungen, die heute in der fortgeschrittensten Forschung durchgeführt werden. Ehe wir den Inhalt der EPR-Arbeit diskutieren, will ich ein wenig ausholen.«

John lehnt sich bequem zurück und blickt an die Decke. »In der Physik werden die Phänomene durch Theorien beschrieben, die wir Physiker konstruieren. In der Wissenschaft hat ›Theorie‹ eine ganz genaue Bedeutung, die sich von dem landläufigen Wortsinn sehr unterscheidet. Anders als im Alltag, wo man unter ›Theorie‹ oft eine Ahnung oder ein Gefühl versteht, wie etwas funktionieren könnte, bezeichnet sie in der Physik etwas sehr Präzises. Sie macht exakte Vorhersagen über mögliche künftige Beobachtungen und Messergebnisse, und da sind Physiker sehr anspruchsvoll. Sie wollen auf Theorien hinaus, die am Ende alles zu erklären vermögen, sodass es kein physikalisches Phänomen geben sollte, das von der Physik nicht wenigstens im Prinzip erklärt werden kann.

Sicherlich kann man fragen, ob es nicht ein allzu anspruchsvolles Vorhaben ist, eine Theorie von Allem, besser bekannt unter dem englischen Namen ›Theory of Everything‹, finden zu wollen,

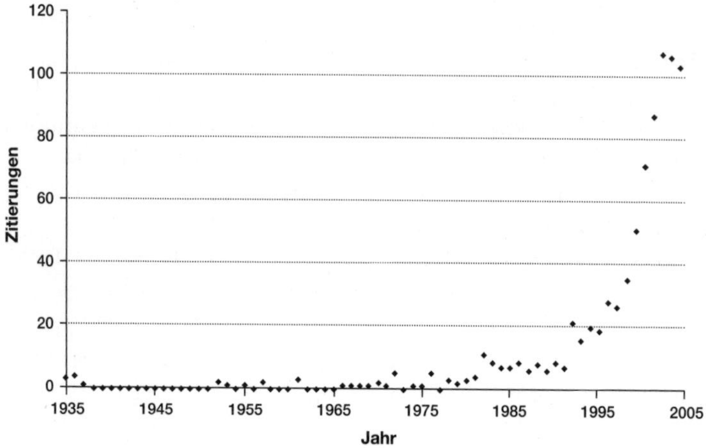

Abbildung 28 Anzahl der Zitierungen der EPR-Arbeit pro Jahr. Anfangs wurde die Arbeit offenbar im Wesentlichen ignoriert. Heute hat sie eine große Bedeutung erlangt.

ob es überhaupt vernünftig ist, eine solche Theorie irgendwann zu erwarten. Einige Physiker sind überzeugt, dass sie sehr bald gefunden werden kann. Andere sehen dagegen fundamentale philosophische Gründe, die gegen eine solche Theorie von Allem sprechen.

Der springende Punkt ist, dass eine Theorie von Allem wirklich *alles* beschreiben müsste, was es in der Welt gibt. Sie muss daher auch uns beschreiben, denn wir sind ein Teil der Welt, wir sind ein Teil des Systems, das die Physik beschreiben möchte. Das Argument dieser Physiker lautet, dass wir, um uns selbst zu beschreiben, imstande sein müssten, uns von außen zu betrachten, was natürlich unmöglich ist. Daher ist eine Theorie von Allem unmöglich.

Aber lassen wir diese Diskussion nun beiseite. Unabhängig von derartigen Erwägungen darf gefragt werden, ob die physikalischen Theorien, welche die Menschheit zu einem gegebenen Zeitpunkt besitzt, eine vollständige Beschreibung der Realität sind oder nicht. Genau diese Frage stellten EPR im Hinblick auf die Quantenmechanik. Wie können wir feststellen, ob eine Theorie vollständig ist oder nicht? EPR schlugen vor, die Realität zu betrachten, jene Realität, die wir täglich vor Augen haben und ständig erleben. Damit eine Theorie vollständig ist, verlangten sie, dass *›jedes Element der physikalischen Realität eine Entsprechung in der physikalischen Theorie haben muss‹*.«

»Aber das ist sehr schwer!«, unterbricht ihn Bob. »Was sind denn diese Elemente der physikalischen Realität? Woher weiß ich, ob etwas ein Teil der physikalischen Realität ist oder vielleicht einer anderen Realität oder was auch immer?«

»Da wird es tatsächlich haarig«, erwidert John. »Nach meinem Eindruck meinen EPR hier einfach Objekte in der uns umgebenden Welt, irgendetwas Existierendes, über das man sprechen kann. Elemente der physikalischen Realität sind zum Beispiel eindeutig die uns umgebenden Objekte, die Tafel hier, ein Mensch und so weiter.

EPR haben sich über diesen Begriff gründliche Gedanken gemacht und kommen zu dem Schluss, dass Elemente der physikalischen Realität nicht durch reines Denken zu finden sind, sondern ›durch Beobachtung gefunden werden müssen‹. In unserem Beispiel kann die Tatsache, dass hier eine Tafel ist, damit begründet werden, dass wir Messungen an ihr vornehmen können, wir können ihre Größe bestimmen, wir können ihre Farbe und viele andere Merkmale messen. Allgemein lautet die Frage von EPR also: Wann haben wir ein Element der physikalischen Realität vor uns? Woher wissen wir das? Es ist natürlich sehr schwierig, eine vollständige Definition der Realität zu geben, und EPR wollten das gar nicht erst versuchen. Sie gaben stattdessen ein sehr berühmtes Kriterium für die Existenz eines Elements der Realität, und das ist ein hinreichendes, nicht ein notwendiges Kriterium.«

»Das habe ich noch nie kapiert«, meldet sich Alice. »Was versteht man unter einem hinreichenden Kriterium? In den Vorlesungen hat uns noch kein Professor erklärt, was das ist, obwohl sie alle davon reden.«

»Schon gut«, antwortet John. »Eigentlich ist das alles ganz einfach. Anhand eines Kriteriums kann man eine Frage entscheiden. Wie kann man zum Beispiel entscheiden, ob man einen Elefanten vor sich hat?« Und er weist damit auf ein Schaubild, das er an der Wand hängen hat (Abbildung 29). »Also: Er muss vier Beine haben, einen Rüssel, große Ohren, zwei Stoßzähne, er ist grau und ziemlich groß. Wenn ein Tier, das du vor dir hast, alle diese Merkmale hat, dann kannst du sicher sein, dass es ein Elefant ist.«

»Aber er muss nicht all diese Merkmale haben«, wendet Bob ein. »Es gibt beispielsweise Elefanten, die keine Stoßzähne haben.«

»Es könnten auch«, sagte Alice ergänzend, »Elefantenbabys sein; groß müssen sie also nicht sein.«

»Genau!«, sagt John. »Was ich euch vorher genannt habe, war insgesamt ein hinreichendes Kriterium. Wenn das Tier also einen Rüssel und vier Beine hat, groß und grau ist und so weiter, wisst ihr mit Sicherheit, dass es ein Elefant ist. Aber nicht alle diese Merkmale sind notwendig. Der Elefant könnte beispielsweise ein Bein verloren haben, es könnte ein Baby sein oder was auch immer. Keines dieser Kriterien allein ist notwendig, aber alle zusammen

Abbildung 29 John zeigt die verschiedenen Eigenschaften eines Elefanten, die man als Kriterium dafür verwenden kann, dass der Elefant ein Element der Realität ist.

sind hinreichend, um euch die Gewissheit zu geben, dass ihr einen Elefanten vor euch habt.«

»Jetzt bin ich aber neugierig«, sagt Bob. »Wie lautet denn das Einstein-Podolsky-Rosen-Kriterium für ein Element der Realität?«

»Moment!«, erwidert John. »Ich muss es in der Arbeit nachlesen.«

Das EPR-Realitätskriterium

John geht zum Computer. »Hier hab ich noch die EPR-Arbeit. Sie ist in Englisch. Ich werde das EPR-Realitätskriterium jetzt auf Deutsch vorlesen:

Wenn wir ohne jede Störung des Systems den Wert einer physikalischen Größe mit Sicherheit (d. h. mit der Wahrscheinlichkeit 1) voraussagen können, dann existiert ein Element der physikalischen Realität, das dieser physikalischen Größe entspricht.

Dies ist im englischen Original (Abbildung 27) in Kursivschrift gesetzt. EPR betrachteten ihre Definition als äußerst wichtig. Wenn man sie liest, kommt sie einem allerdings ein bisschen technisch vor, und das mag Einstein gemeint haben, als er in seinem Brief an Schrödinger von ›durch Gelehrsamkeit verschüttet‹ schrieb.

Das Kriterium klingt pedantisch, aber im Grunde ist es ganz einfach. Prüfen wir also behutsam und in einfachen Worten, was es sagt und was es nicht sagt. Was bedeutet es erstens, etwas mit Sicherheit vorauszusagen? Hier müssen wir vorsichtig sein und Unklarheiten vermeiden. Voraussage bedeutet für einen Physiker nicht unbedingt dasselbe wie für einen Zukunftsforscher. Es bedeutet nicht unbedingt, dass die Zukunft vorausgesagt wird. Es bedeutet einfach Voraussage eines möglichen Messergebnisses, einer möglichen Beobachtung. Es bedeutet mit anderen Worten, dass ich im Wesentlichen weiß, was bei einer Beobachtung herauskommen wird.

Ich will euch ein einfaches Beispiel geben: Wenn wir in einer klaren Nacht hinausgehen und den Mond sehen, dann können wir mit Sicherheit voraussagen, dass wir wieder den Mond sehen werden, wenn wir für einen Augenblick wegsehen und dann erneut hinaufschauen. Das wissen wir alle. Es gibt also etwas, das ein Element der Realität ist, und das nennen wir gemeinhin den Mond. Ein Physiker würde sogar noch einen Schritt weitergehen und sagen, dass eine physikalische Größe, die wir voraussagen können, die Stellung des Mondes am Himmel ist.«

»Diese Stellung«, wirft Alice ein, »kann doch niemand mit Sicherheit voraussagen. Ihr haftet doch immer eine gewisse Unsicherheit an. Wir können nie auf Millimeterbruchteile exakt sagen, wo genau der Mond ist.«

»Das ist schon richtig«, erwidert John, »und es hängt zusammen mit einem wichtigen Merkmal jeder Beobachtung in der Physik. Das heißt, wenn wir eine beliebige Größe messen, haftet ihr immer eine geringfügige Unsicherheit an. Es gibt kein Messinstrument von unendlicher Genauigkeit. Wenn wir also die Stellung des Mondes voraussagen wollen, müssen wir seine Stellung genau messen, die künftigen Stellungen aufgrund dieser Information berechnen und dann überprüfen, ob unsere Voraussage durch eine Messung bestätigt wird, natürlich innerhalb ihrer Fehlergrenzen.«

»Wenn ich mich recht erinnere«, sagt Bob, »müssen wir die Stellung des Mondes, der Sonne, der Erde und aller anderen Planeten kennen, um genau zu berechnen, wo sich der Mond künftig befinden wird.«

»Das stimmt«, sagt John, »und solche Messungen enthalten immer einen Fehler. Die Stellung des Mondes kann also nicht mit unendlicher Genauigkeit vorausgesagt werden, aber gut genug, um Raumfahrer hinaufzuschicken und die Bahnen ihrer Raumschiffe so genau zu berechnen, dass sie tatsächlich dort ankommen. Aber um es kurz zu machen: Voraussage mit Sicherheit heißt nicht Voraussage ohne Messfehler. Den kann es immer geben.«

»Warum«, will Alice wissen, »ist das ein hinreichendes Kriterium, wie du vorher sagtest?«

»Nun«, antwortet John, »es kann ja offenbar Fälle geben, in denen ein Element der Realität existiert, der Wert einer physikalischen Größe aber nicht mit Sicherheit vorausgesagt werden kann. Es ist denkbar, dass wir hinsichtlich eines künftigen Ereignisses ganz unsicher sind oder, schlimmer noch, dass wir über ein künftiges Ereignis gar nichts wissen. Wir alle könnten in Zukunft beispielsweise jemanden kennen lernen, der in unserem Leben eine sehr wichtige Rolle spielen wird, nur haben wir keine Ahnung, wer diese Person sein wird. Aber diese Person ist, wenn sie gleichaltrig ist, bereits am Leben, ist bereits ein Element der Realität. EPR waren sich jedoch sicher, dass man zumindest dann, wenn etwas mit Sicherheit vorausgesagt werden kann, annehmen darf, dass es ein dementsprechendes Element der Realität gibt.«

»Und was hat das alles mit dem Experiment zu tun, das Alice und ich gemacht haben?«, fragt Bob. »Wo können wir diese ›Voraussage mit Sicherheit‹ anwenden?«

»Okay, übertragen wir diese Überlegung von EPR, in der es um ein Element der Realität geht, auf euer Experiment«, antwortet John. »Am ersten Tag fandet ihr, dass die einzelnen Ergebnisse eurer Messungen vollkommen zufällig waren. Unabhängig von der Stellung der Schalter – Oben, Mitte und Unten – leuchteten das rote und das grüne Lämpchen unregelmäßig und etwa gleich oft auf. Daraus würde man augenscheinlich folgern, dass ein der EPR-Definition entsprechendes Element der Realität nicht den einzelnen Messergebnissen zugeordnet werden kann, aber es könnte gleichwohl existieren.«

»Ah, das haben wir am ersten Tag gefunden, und deshalb waren wir so frustriert!«, ruft Alice aus. »Es war offensichtlich die Tatsache, dass wir nicht sagen konnten, ob hinter unseren Beobachtungen ein Element der Realität steckt oder nicht. Aber das alles änderte sich am zweiten Tag.«

»Richtig«, pflichtet Bob ihr bei, »am zweiten Tag entdeckten wir, dass unsere Ergebnisse vollkommen korreliert sind. Nachdem wir die gleiche Schalterstellung gewählt hatten, bekamen wir beide dasselbe Ergebnis, entweder Rot oder Grün. Ich kann daher in Kenntnis meiner Ergebnisse eine genaue Voraussage machen. Wenn mein Schalter beispielsweise oben war und ich ein grünes Ergebnis bekomme, kann ich mit Sicherheit voraussagen, dass auch bei Alice das grüne Lämpchen aufleuchten wird, falls der Schalter bei ihr im selben Moment ebenfalls oben ist.«

Und Alice fügt hinzu: »Schon hier können wir offenbar die EPR-Definition von Elementen der Realität anwenden.«

»Ja, vollkommen klar!« Bob schlägt sich an die Stirn. »Warum haben wir das nicht schon früher gefunden? Wenn mein grünes Lämpchen aufleuchtet, weiß ich, dass auch bei Alice das grüne Lämpchen aufleuchtet.«

»Sofern ich die gleiche Schalterstellung gewählt habe«, fügt Alice hinzu.

»Aber Moment mal«, sagt sie plötzlich, »mir dämmert da was. Wir wissen ja mittlerweile schon, dass das, was da von der Quelle zu unseren beiden Labors in den Glasfasern geleitet wird, Licht ist. Es sind also Lichtimpulse, aber Professor Quantinger hat uns ja gesagt, wir machen ein Quantenexperiment, also müssen es doch Photonen sein«, schließt sie triumphierend.

»Du hast Recht«, stimmt Bob zu, »die Quelle erzeugt sicher Photonenpaare und sendet ein Photon zu dir und eines zu mir. Und jetzt verstehen wir auch, warum wir nicht immer die Zwillinge registrieren, weil die Photonen ja auf ihrem Weg verloren gehen können und weil es keine perfekten Photonendetektoren gibt, wie ich irgendwann mal gehört habe. Es gehen also immer welche verloren und werden nicht registriert.«

»Bingo!«, sagt John. »Da habt ihr jetzt einen wesentlichen Schritt in eurem Verständnis gemacht. Ich hab's ja gewusst. Ihr kommt schließlich drauf, was da vor sich geht. Laufen wir doch einfach hinunter in den Keller und sehen wir uns kurz die Quelle an.«

»Super«, antworten Alice und Bob, »wir brauchen ohnedies ein wenig Bewegung.« Im Keller angekommen, öffnet John den Kasten und tatsächlich, hier ist sie (Bild 6), die Quelle der Photonenpaare. John erklärt ihnen die einzelnen Teile des Aufbaus.

»Sieht eigentlich sehr einfach aus«, meint Alice.

»Ist es auch«, sagt John mit einem gewissen Stolz, »da stecken aber viele Jahre experimenteller Entwicklung dahinter. Nachdem ihr jetzt wisst, wie die Quelle aussieht, müsst ihr nur noch die Korrelationen der Messergebnisse auf beiden Seiten erklären. Warum bekommt ihr etwa bei gleichen Schalterstellungen immer das gleiche Resultat?«

»Ja«, stimmt Alice zu, »wir haben offenbar für jedes Photon zwei mögliche Resultate, Rot und Grün, und wir haben drei Schalterstellungen. Welche Eigenschaft des Photons könnte es sein, die zwei Werte besitzt?«

»Klar!«, sagt Bob, »erinnerst du dich an die Vorlesung des Professors über die Polarisation des Lichtes? Damals haben wir gelernt, dass ein Photon, wenn es einen Polarisator trifft, entweder horizontal oder vertikal polarisiert ist. Wenn das stimmt, dann messen wir offenbar die Polarisation der Photonen, und eines der beiden Resultate, sagen wir, horizontal, entspricht Rot, und das vertikale entspricht dann Grün.«

»Und was bedeuten die Schalterstellungen?«, wirft John ein.

»Na ja«, meint Alice, »in der Vorlesung hat uns der Professor gezeigt, wie man die Orientierung eines Polarisators drehen kann und dann ganz verschiedene Messresultate bekommt. Also entsprechen wohl den drei verschiedenen Schalterstellungen Oben, Mitte, Unten drei verschiedene Orientierungen eines Polarisators.«

»Stimmt«, sagt John, »Mitte entspricht 0 Grad, Oben entspricht einer Drehung nach links um 30 Grad und Unten entspricht einer Drehung nach rechts um 30 Grad.«

»Und es muss ein polarisierender Strahlteiler sein, mit zwei Ausgängen«, meint Bob, »weil wir ja zwei Resultate bekommen.« Und er geht an eine Tafel und macht eine Skizze (Abbildung 30) des prinzipiellen Aufbaus mit der Quelle und den beiden Polarisationsmessungen auf Alice' und Bobs Seite. »Offenbar werden die Photonenpaare mit der gleichen Polarisation geboren und geben damit dasselbe Resultat, Rot oder Grün, horizontal oder vertikal, auf beiden Seiten, wenn das Gleiche gemessen wird.«

»Ja, wir haben endlich verstanden, worum es geht«, sagt Alice, »unser Projekt ist abgeschlossen.«

»Richtig«, stimmt Bob ihr zu, »und falls dein Polarisator sich statt in der mittleren in der oberen oder unteren Stellung befindet, gibt es keine perfekten Korrelationen mehr zwischen unseren Messergebnissen.«

»Wir können jetzt unsere Ergebnisse erklären«, sagt Bob triumphierend.

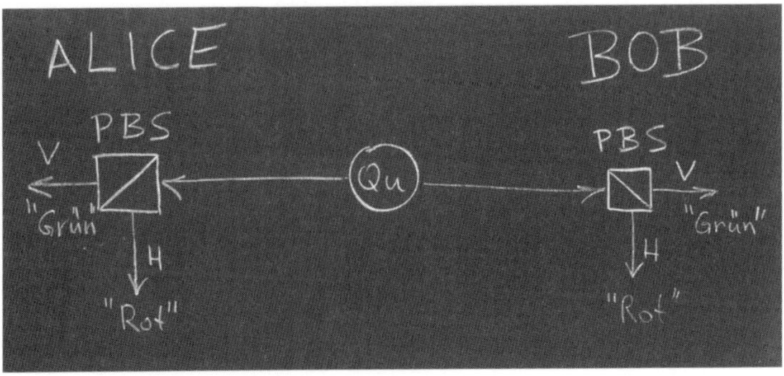

Abbildung 30 Prinzip des Experiments von Alice und Bob. Die Quelle sendet Teilchenpaare aus. Alice und Bob messen ihre Polarisation mit polarisierenden Strahlteilern in der Weise, dass eines der beiden Resultate, horizontal, das rote Lämpchen zum Leuchten bringt und vertikal das grüne.

»Gewiss«, erwidert John, »mit eurem Polarisationsmodell könnt ihr jetzt alle eure Ergebnisse erklären. Ihr braucht nur anzunehmen, dass eine Messung, sagen wir, die Messung an Alice' Photon, ein Resultat ergibt, nämlich seine horizontale oder vertikale Polarisation für die jeweils gewählte Orientierung des Polarisators. Dann wisst ihr, dass das andere Photon dieselbe Polarisation aufweist, und falls Bobs Polarisator zufällig dieselbe Orientierung hat, könnt ihr mit Sicherheit sein Messresultat voraussagen. Ihr könnt mit Sicherheit voraussagen, welches der beiden Lämpchen, das rote oder das grüne, aufleuchten wird. Sollte Alice zufällig eine andere Orientierung gewählt haben, könnt ihr zumindest die Wahrscheinlichkeit voraussagen, mit der jeder der beiden Detektoren aufleuchten wird.«

»Dann sind wir ja fertig«, sagt Alice. »Das Experiment ist beendet, nicht wahr?«

»Ja«, sagt Bob. »Wir haben gefunden, dass die Quelle sehr einfach ist. Sie emittiert Paare von Photonen, die beide entweder horizontal oder vertikal polarisiert sind. Wenn die Orientierung des Polarisators bei Alice und mir übereinstimmt, bekommen wir immer dasselbe Ergebnis, und wenn sie nicht übereinstimmt, bekommen wir nicht immer dasselbe Ergebnis.«

John schmunzelt: »Eure Erklärung hat nur einen Haken: Sie stimmt nicht. Dieses Modell ist schon sehr früh diskutiert worden. Man bezeichnet es als die Furry-Hypothese, benannt nach dem amerikanischen Physiker Wendell Furry, der es eigentlich widerlegte. Die Idee wurde als mögliche Anregung, als möglicher Ausweg von Erwin Schrödinger vorgetragen.«

»Diese Idee stimmt wirklich nicht?«, fragt Bob. »Wie kann das sein?«

»Tja«, erwidert John, »das werdet ihr selber herausfinden müssen, denn ich muss jetzt weg zu einer Besprechung mit Professor Quantinger. Es geht um meine Doktorarbeit. Und die EPR-Geschichte ist, nebenbei bemerkt, noch nicht beendet.«

Bob ruft dem enteilenden John nach: »Du kannst uns doch jetzt nicht einfach so damit allein lassen!«

»Ihr werdet es herausfinden!«, ruft John über die Schulter zurück. »Ihr müsst nur gründlich über all die Messungen nachdenken, die ihr bisher gemacht habt. Damit könnt ihr euer eigenes Modell widerlegen.«

Und damit rauscht er um die Ecke.

Alice schaut Bob an. Bob schaut Alice an. Beide kratzen sich unschlüssig am Kopf. Keiner hat eine Idee, wie es weitergehen soll, und es ist sinnlos, wieder in die Labors zu gehen, denn John hat ihnen gesagt, ihnen lägen bereits alle Daten vor. Also besorgen sie sich Kaffee und setzen sich über all die Daten.

»John hat gesagt, wir könnten mit unserem Bild der Polarisation nicht alles erklären. Wenn wir unseren Polarisator auf Mitte stellen, bekommen wir entweder eine horizontale oder eine vertikale Polarisation; dann wissen wir, dass das andere Photon ebenfalls horizontal oder vertikal ist, und anschließend wissen wir mit Sicherheit, wie das Messergebnis auf der anderen Seite ausfällt, sofern der Polarisator dort ebenfalls auf Mitte steht«, bemerkt Bob.

Alice entgegnet ein wenig grantig: »Lassen wir das dumme Gerede über Oben, Mitte und Unten. Diese Einstellungen entsprechen den Stellungen der Polarisatoren, das wissen wir ja schon. Die Stellung Mitte entspricht wohl einer Orientierung von 0 Grad, Oben bedeutet offenbar eine Drehung des Polarisators in eine Richtung und Unten in die Gegenrichtung. Nennen wir sie von nun an einfach Null, Plus und Minus.«

»Meinetwegen«, sagt Bob, »aber worin besteht der Widerspruch zwischen dem Polarisationsmodell, das John zufolge falsch ist, und der Idee, dass wir anhand der Polarisation eines Photons alles erklären können. Es ist echt verrückt. Was ist hier los?«

»Was weiß ich, aber überlegen wir uns alles noch mal«, sagt Alice. »Nehmen wir an, mein Polarisator steht auf null; dann zeigt die eine Hälfte der Photonen eine horizontale und die andere Hälfte eine vertikale Polarisation, jeweils in der Orientierung 0 Grad.

Wir haben also einen Strom von Photonen«, fährt Alice fort, »die entweder horizontal oder vertikal polarisiert sind. Diese Photonen gelangen in dein Gerät. Wenn dein Polarisator ebenfalls auf Null steht, dann werden genau diejenigen, die auf meiner Seite horizontal polarisiert ankommen, auch auf deiner Seite horizontal polarisiert ankommen, und dasselbe gilt für die vertikale Polarisation.«

»Und wenn ich meinen Polarisator auf Plus stelle«, fügt Bob hinzu, »wird ein Teil meiner Photonen für diese Orientierung horizontale und ein anderer vertikale Polarisation zeigen. Wie viele es sind, darauf kommt es im Augenblick nicht an, weil wir die Anzahl noch nicht so genau bestimmt haben. Aber ich schließe nach wie vor«, sagt er triumphierend, »dass das Modell richtig ist. Es liefert eine großartige Erklärung für die perfekten Korrelationen.«

»Vielleicht sollten wir«, meint Alice, »auch die anderen Fälle untersuchen, in denen wir perfekte Korrelationen erhalten haben. Angenommen, ich stelle meinen Polarisator auf Plus, dann wird wieder die Hälfte der Photonen entland dieser gedrehten Richtung eine horizontale Polarisation aufweisen, während die andere Hälfte eine vertikale Polarisation aufweisen wird. Und dann weiß ich, dass deine Photonen in derselben Weise horizontal oder vertikal polarisiert sein werden. Wieder können wir die Daten vollkommen erklären«, sagt Alice abschließend.

»Ich sehe das Problem noch nicht«, meint Bob.

»Ich auch nicht«, erwidert Alice, »vielleicht könnten wir auch den Fall der Minus-Drehung des Polarisators untersuchen.«

»Das ist doch lächerlich«, entgegnet Bob, »minus 30 Grad ist dasselbe wie plus 30 Grad, nur geschwenkt.«

»Ich bin fest davon überzeugt, dass wir die Lösung vor uns haben, nur erkennen wir sie einfach nicht. Irgendwas an diesem Bild stimmt nicht. Was könnte das sein?«, sagt Bob.

»Ich hab's!«, ruft Alice auf einmal und springt vom Stuhl auf. »Woher weiß die Quelle, was sie emittieren soll?«

»Was meinst du damit? Die Quelle emittiert natürlich Photonen mit gleicher Polarisation.«

»Schon, aber entlang welcher Richtung sind sie gleich polarisiert? Sind sie horizontal oder vertikal für die Null-Grad-Richtung, für die Plus-Richtung oder die Minus-Richtung?«

»Das sollte eigentlich egal sein«, erwidert Bob.

»Es ist aber nicht egal!«, antwortet Alice, und sie zeichnet eine Skizze an die Tafel (Abbildung 31). »Schau dir diese Zeichnung

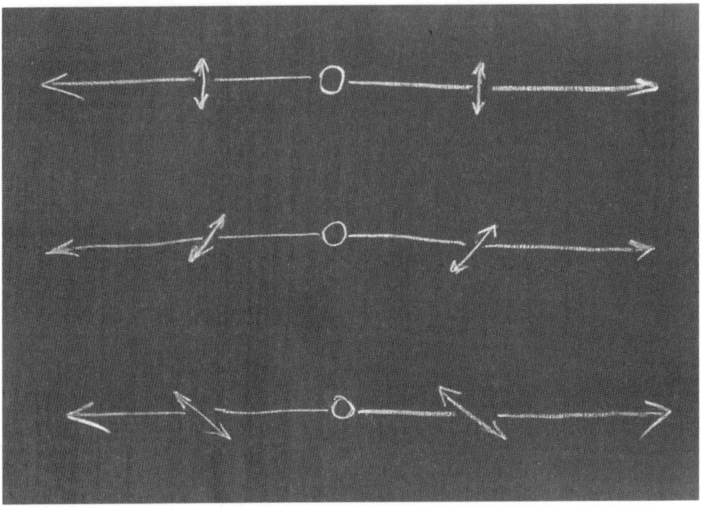

Abbildung 31 Eine Quelle, die Photonenpaare gleicher Polarisation aussendet. Sie können beide etwa vertikal polarisiert werden (oben), unter plus 45 Grad (Mitte) oder unter minus 45 Grad (unten).

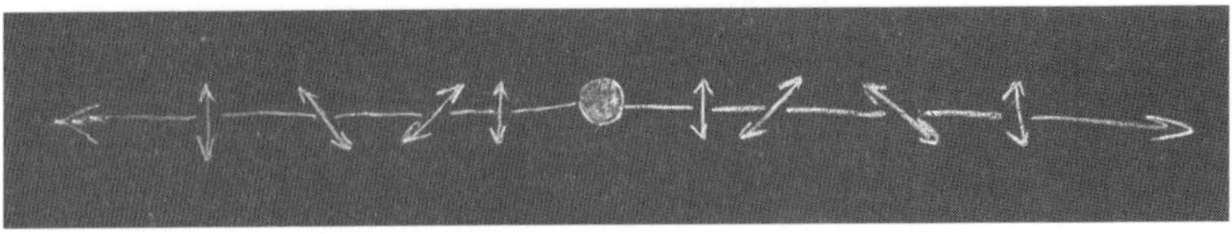

Abbildung 32 Eine Quelle, die eine Serie von Photonenpaaren aussendet, eines nach dem anderen. In jedem Paar tragen die beiden Photonen gleiche Polarisation, nur die Richtung, entlang der sie polarisiert sind, variiert von Paar zu Paar. Ein solches Bild kann die Messergebnisse von Alice und Bob nicht erklären.

an! Die drei Bilder sind ganz verschieden, und dabei unterscheiden sich die drei nur in der Orientierung der Polarisationen. Woher kann die Quelle vorher wissen, welche Art von Photonen sie aussenden soll? Noch schlimmer: Angenommen, ich stelle meinen Polarisator auf 0 Grad und du stellst deinen auf die Plus-Richtung. Da unsere beiden Stationen im Wesentlichen übereinstimmen, sollte es keinen Unterschied geben. Welche Polarisation haben die emittierten Photonenpaare? Ist sie horizontal beziehungsweise vertikal in der Null-Richtung, oder ist sie horizontal beziehungsweise vertikal in der Plus-Richtung?«

»Ich hab's!«, ruft Bob, jetzt auch ganz aufgeregt. »Die Quelle muss sich irgendwie entschließen, was sie aussenden will, und daher muss sie wissen, welche Orientierung die Polarisatoren haben, und dementsprechend handeln.«

»Das kann für mein Gefühl nicht die Lösung sein. Wir beide könnten ja nicht nur ein paar hundert Meter, sondern sehr weit voneinander entfernt sein. Und wir könnten während des Experiments sehr schnell umschalten. Wir könnten so schnell umschalten, dass die Quelle durcheinander kommt. Ich könnte meinen Polarisator beispielsweise in einem Moment auf Null gestellt haben, sodass die Quelle glaubt, sie müsse Photonen aussenden, die in der Null-Richtung entweder horizontal oder vertikal polarisiert sind. Wenn ich dann meinen Polarisator rasch auf eine andere Richtung umstelle, bekomme ich plötzlich Photonen, die nicht mit meiner Achse übereinstimmen«, sagt Alice.

»Aber darauf kommt es vielleicht gar nicht an«, entgegnet Bob. »Vielleicht emittiert die Quelle Photonen, die in alle möglichen Richtungen horizontal und vertikal polarisiert sind – eine Mischung eben.« Bob zeichnet auf, wie er sich das vorstellt (Abbildung 32).

»Jetzt ist mir klar, warum das nicht funktionieren kann«, sagt Alice, »unter diesen vielen Paaren haben ganz wenige beide horizontale oder beide vertikale Polarisation. Die meisten haben irgendetwas anderes.

Nehmen wir jetzt beispielsweise ein Paar, in dem beide Photonen unter plus 45 Grad polarisiert sind. Was passiert, wenn sie auf meinen auf Null orientierten Polarisator treffen? Die Hälfte wird in den horizontalen Kanal gehen, sodass das rote Lämpchen aufleuchtet, und die andere Hälfte wird in den vertikalen Kanal gehen, sodass das grüne Lämpchen aufleuchtet. Auch bei dir. Ein Teil deiner Photonen wird in den horizontalen Kanal gehen, ein anderer in den vertikalen, und daher wird zuweilen dein rotes und zuweilen dein grünes Lämpchen aufleuchten. Werden sie stets zusammen aufleuchten?«

»Offensichtlich nicht, weil ein Photon auf der einen Seite nicht weiß, was das andere Photon machen wird. Vergiss nicht, dass der Professor uns gesagt hat, dass das einzelne Quantenereignis vollkommen zufällig ist. Eine verborgene Ursache dafür gibt es nicht. Jedes ankommende Photon muss sich daher entscheiden, ob es in den horizontalen oder vertikalen Kanal geht. Das gilt auch für die Photonen, die in deinem Apparat ankommen. Sie machen das unabhängig voneinander. Manchmal – sogar in etlichen Fällen – werden unterschiedliche Lämpchen aufleuchten. Es wird also sehr oft auch Rot-Grün oder Grün-Rot geben, selbst wenn wir gleiche Schalterstellungen gewählt haben«, erwidert Alice.

»Capito!«, ruft Bob aus. »Das Modell kann nicht funktionieren, weil die meisten der Photonen mit Polarisationen emittiert werden, bei denen die Messung nicht eindeutig ist. Weil das Messergebnis nicht eindeutig, sondern probabilistisch, also zufällig ist, würde ich dein Ergebnis nicht mit Sicherheit voraussagen können, weil ich das nur für ganz wenige Photonen leisten kann.«

»Das ist ein tolles Ergebnis. Wir sollten John darüber informieren.«

Alice und Bob sind so aufgeregt, dass sie beschließen, vor Johns Arbeitszimmer auf seine Rückkehr von dem Gespräch mit dem Professor zu warten. Bald kreuzt er auf, sehr gut gelaunt.

»Professor Quantinger war mit dem Aufbau meiner Doktorarbeit und den Kapiteln, die schon fertig sind, im Wesentlichen einverstanden. Es sieht so aus, als würde ich in einigen Wochen fertig sein und meinen Doktor machen. Aber ich sehe an euren Gesichtern, dass ihr mir etwas zu sagen habt. Kommt rein!«

Alice und Bob machen es sich erneut in Johns Arbeitszimmer bequem und erklären ihm, dass das Polarisationsmodell ihrer Meinung nach nicht stimmen konnte, da es nicht die im Experiment beobachteten perfekten Korrelationen ergab.

»Das ist eine sehr gute und klare Überlegung. Ich gratuliere euch, dir, Alice, und dir, Bob. Ihr seid offensichtlich Physiker, die mit klaren Überlegungen ein Modell analysieren und seine Konsequenzen aufdecken können.«

Diese Bemerkung macht den beiden sichtliche Freude.

»Aber«, fährt John nach einer langen Pause fort, »ein Problem bleibt noch. Wir würden gern erklären, warum die beiden Apparate dasselbe Messergebnis zeigen, wenn eure Polarisatoren in ihrer Ausrichtung übereinstimmen.«

»Ja, es ist schon erstaunlich«, kratzt sich Bob am Kopf. »Wir haben am Experiment gesehen, dass die beiden Photonen immer die gleiche Polarisation zeigen, wenn sie auf gleiche Weise gemessen werden. Aber wir haben auch gelernt, dass die Photonen, ehe sie gemessen werden, keine Polarisation besitzen. Und wenn wir jetzt annehmen, dass das einzelne Messresultat am einzelnen Photon rein zufällig ist, dann haben wir was wirklich Mysteriöses. Wie gibt es das, dass zwei zufällige Vorgänge, die über große Entfernung getrennt sind, das gleiche Ergebnis liefern?«

»Das ist genau der Punkt«, betont John, »der von Erwin Schrödinger in seiner Antwort auf die EPR-Arbeit klar herausgearbeitet wurde. Er meinte, dass wir das, was wir von den Messresultaten erwarten, in Erwartungskatalogen niederschreiben können. Und für ihn war das Verwunderliche, dass es einen sehr genauen Erwartungskatalog für die gemeinsamen Messungen gibt, aber keinen für die einzelnen Messungen. Dies, meint er, ist etwas, das es nur in der Quantenphysik gibt und sonst nirgends.«

Alice erwidert: »Ist es nicht denkbar, dass, während ich meine Messung mache und mein Polarisator dabei eine bestimmte Ausrichtung hat, mein Apparat dem Apparat von Bob irgendwie mitteilt, was gemessen wird?«

Die EPR-Lokalitätsannahme

John lächelt. »EPR waren sich dieser Frage bewusst. Sie formulierten die Lokalitätsannahme, wie sie heute genannt wird.« Er geht wieder zum Computer und liest aus der Einstein-Podolsky-Rosen-Arbeit vor. »Die Lokalitätsannahme lautet folgendermaßen: ›Da [...] die beiden Systeme zum Zeitpunkt der Messung nicht mehr miteinander in Wechselwirkung stehen, kann keine wirkliche Änderung in dem zweiten System als Folge von irgendetwas auftreten, das in dem ersten System gemacht wird.‹«

»Das ist wieder mal schwer«, wirft Bob ein.

»Aber kein Problem!«, sagt John. »Ich kann es euch genauer erklären. Auf euer Experiment übertragen, lautet ihr Argument ungefähr folgendermaßen: Zum Zeitpunkt der Messung stehen die beiden physikalischen Systeme, die zwei Photonen, die an der Quelle erzeugt und auf eure Messstationen übertragen worden sind, nicht mehr in Wechselwirkung miteinander. Sie sind sehr weit voneinander getrennt. Wir können uns mühelos vorstellen, dass sie so weit voneinander getrennt sind, dass ein Signal oder sonst eine Information sehr lange braucht, um von deiner Messstation, Alice, zu deiner, Bob, zu gelangen, und wir wissen, dass die Ausbreitungsgeschwindigkeit eines Signals nicht größer sein kann als die Lichtgeschwindigkeit.«

»Dann kann es folglich keine Information geben, die Bobs Station mitteilt, was ich messe. Das ist nun wirklich aufregend, das kann nicht sein!«, ruft Alice aus. »Diese Erklärung kommt demnach nicht in Frage.«

Bob gibt nicht so leicht auf. »Woher wissen wir, dass es sich wirklich so verhält? Unsere Messstationen sind ja nur ein paar hundert Meter voneinander entfernt, und das Lichtsignal kann daher rechtzeitig eintreffen und meinem Apparat mitteilen, was du misst.«

John wirft ein: »Ja, grundsätzlich wäre das für euer Experiment noch möglich. Doch Gregor Weihs und Kollegen haben vor einigen Jahren in Innsbruck ein Experiment gemacht, durch das diese Möglichkeit ausgeschlossen wurde. Darüber können wir später noch reden; im Augenblick sollten wir überlegen, was wir mit diesem neuen Wissen anfangen.«

»Von mir aus gern«, sagt Bob. »Ich glaube dir, dass unser Experiment bei jeder beliebigen Entfernung funktioniert und nicht damit zu erklären ist, dass von einer Station zur anderen ein Signal übertragen wird. Aber dann haben wir ein riesiges Problem: Wie lassen sich die perfekten Korrelationen erklären, die wir beobachten, wenn Alice' Apparat und meiner die gleiche Orientierung haben?«

»Inwiefern ist das ein Problem?«, fordert John Bob heraus.

»Vielleicht ist es kein Problem, aber eine offene Frage ist es schon. Wenn ich das Einstein-Podolsky-Rosen-Argument bezüglich des Elements der Realität richtig in Erinnerung habe, können wir es auf unser Experiment anwenden. Wenn ich bei einer der Ausrichtungen des Polarisators eine Messung mache, kann ich mit Sicherheit voraussagen, wie das Ergebnis bei Alice ausfallen wird. Sie braucht nur den Polarisator genauso auszurichten, um zu beweisen, dass meine Voraussage zutrifft.«

»Stimmt«, sagt Alice. »Jetzt verstehe ich, um was es dir geht. Wir dürfen annehmen, dass es in diesem System ein Element der physikalischen Realität gibt, das dafür sorgt, dass bei Bob das grüne und nicht das rote Lämpchen aufleuchtet, falls sein Schalter auf Plus steht. Das Photon, das von der Quelle zu Bob wandert, muss etwas an sich haben, das bewirkt, dass sein Messapparat sich so verhält, dass das grüne Lämpchen aufleuchtet. Es muss eine Eigenschaft des Teilchens sein. Es könnte eine leicht zu beobachtende Eigenschaft sein, allerdings nicht die Polarisation, es könnte aber auch etwas Verborgenes sein, das nur sehr schwer oder vielleicht gar nicht direkt zu beobachten ist.«

Bob erkennt, worauf Alice hinauswill, und ergreift das Wort. »Dazu fällt mir eine sehr schöne Analogie ein. Es ist vergleichbar mit den Genen, die die körperlichen Merkmale eines Lebewesens festlegen. Ob jemand schwarze oder blonde Haare hat, hängt von seinen Genen ab. Was wir hier haben, entspricht genau der Geschichte von eineiigen Zwillingen. Wenn die Zwillinge beide schwarze Haare haben, liegt es daran, dass sie dasselbe Gen für die Haarfarbe tragen.«

Hier hakt Alice ein: »Ja, so könnte man es tatsächlich sehen. Es liegt nahe, dass es für die zwei Teilchen in unserem Experiment so etwas wie Gene geben könnte; wenn beispielsweise beide Schalter auf Null stehen, könnten wir annehmen, dass das Teilchen ein ›Null-Merkmal‹ besitzt, von dem es abhängt, ob das grüne oder das rote Lämpchen aufleuchtet, wenn der Schalter sich in dieser Stellung befindet. Wir dürfen sicherlich sagen, dass es ein solches Merkmal geben muss, denn wann immer die Schalter die gleiche Stellung haben, leuchten dieselben Lämpchen auf. Die beiden Photonen weisen, anders gesagt, nach der Messung dieselbe Polarisation auf, entweder horizontal oder vertikal. Warum soll das nicht durch solche zusätzlichen Eigenschaften erklärt werden können?«

»Wo wir schon dabei sind«, sagt John, »muss ich euch doch die Geschichte von den verborgenen Variablen erzählen zuerst anhand einer kleinen Geschichte.«

Das Rätsel der Zwillinge

Ein wunderschöner Sommerabend. Billy, Bobby und ihre Mama genießen die letzten Strahlen der Abendsonne auf der Terrasse.

Billy: Alle sagen, Bobby und ich seien Zwillingsbrüder. Ist das deshalb, weil wir gleich ausschauen?

Mama: Nein, das ist deshalb, weil ihr gemeinsam auf die Welt gekommen seid.

Bobby: Aber wir sehen doch gleich aus!

Billy: Ja, wir haben beide schwarze Haare.

Bobby: Und wir sind beide gleich groß.

Billy: Und wir haben die gleichen Augen.

Bobby: Und Leute, die uns nicht sehr gut kennen, verwechseln uns dauernd.

Mama: Ja, das ist deshalb, weil ihr eineiige Zwillinge seid.

Billy: Gibt's auch zweieiige?

Bobby: Oder dreieiige?

Billy: Oder viereiige?

Mama: Moment, Moment. Es gibt eineiige, und es gibt zweieiige.

Billy: Schade, dass es nicht mehr gibt.

Mama: Lasst mich das erklären.

Bobby: Sehen denn alle Zwillinge gleich aus?

Mama: Nein. Die zweieiigen Zwillinge sehen nicht genau gleich aus.

Bobby: Sind sie ganz verschieden?

Mama: Na, sie können genauso wie andere Geschwister einander sehr ähnlich sein oder ganz verschieden aussehen.

Billy: So wie Charlie und Claire, die sind ja auch Zwillinge, und einer sogar ein Junge und die andere ein Mädchen.

Bobby: Ja, und Charlie hat braune Haare, und Claire ist blond.

Billy: Aber warum sehen dann wir beide ganz gleich aus?

Mama: Also halten wir zuerst mal fest: Zwillinge sind immer gemeinsam auf die Welt gekommen.

Billy: Ja, und da gibt es eben die zwei verschiedenen Arten. Die einen sehen gleich aus, so wie Bobby und ich, und die anderen verschieden, so wie Charlie und Claire.

Bobby: Aber wie gibt es denn das? Wie kann man das erklären?

Mama: Ihr seid eben eineiige Zwillinge, und Charlie und Claire sind zweieiig.

Bobby: Was soll denn das wieder heißen?

Billy: Bobby, du bist dumm. Wir haben doch schon einmal gehört, dass jeder Mensch aus einem winzig kleinen Ei entstanden ist!

Mama: Genau. Und das Wichtige daran ist, dass bereits in diesem Ei festgelegt ist, welche Haarfarbe jemand hat, welche Augenfarbe...

Billy: ...und ob er so blöd ist wie Bobby oder so schlau wie ich...

Bobby: Du bist blöd!

Billy: Du!

Bobby: Nein, du!

Mama: Jetzt ist aber Schluss. Ihr seid eineiige Zwillinge und damit gleich schlau. Zumindest am Anfang.

Billy: Aber ich bin schlauer geworden und der Bobby viel dümmer.

Bobby: Nein, ich bin schlauer, und du bist viel dümmer!

Mama (steht auf): Jetzt reicht's mir aber. Sagt mir Bescheid, wenn ihr euch wieder beruhigt habt.

Billy und Bobby: Nein, nein, nein, bleib da, erzähl uns die Geschichte von den Zwillingen zu Ende!

Mama (setzt sich wieder hin): Also: Aus einem einzigen Ei entsteht ein ganzer Mensch, und wie sich sein Körper entwickelt, ist bereits festgelegt.

Bobby: Gibt's da eine Liste, auf der draufsteht – Haare schwarz, Augen blau, Kopf dumm ...?

Mama (streng): Bobby! Jetzt hör aber endlich auf!

Billy (ganz lieb): Ja, gibt es da eine Liste? Wo das alles draufsteht? Wie sollen die Haare denn sonst wissen, dass sie schwarz sein müssen?

Bobby: Und die Augen blau?

Mama: So eine genaue Liste gibt es natürlich nicht. Aber es gibt etwas ganz Ähnliches: die Gene.

Billy: Und diese Gene wissen, welche Haarfarbe ich habe?

Bobby: Und welche Augenfarbe?

Mama: Im Prinzip ja. Diese Gene bestimmen, in welcher Weise sich die verschiedenen Organe des Körpers entwickeln, wenn aus dem Ei ein kleiner Mensch wird.

Bobby: Und sie legen auch fest, dass Billy dumm ist.

Mama (warnend): Bobby!

Billy: Was hat das jetzt damit zu tun, dass Bobby und ich gleich aussehen, aber Charlie und Claire verschieden?

Mama: Nun, das ist ganz einfach. Ihr beide habt genau die gleichen Gene, Charlie und Claire aber nicht.

Bobby: Aber wieso? Charlie und Claire haben doch auch die gleiche Mama und den gleichen Papa!

Mama: Das stimmt. Aber alle Menschen haben immer die gleiche Anzahl von Genen, sie ist genau festgelegt.

Billy: Ach so, wenn ich also alle Gene von dir und Papa zusammen hätte, dann hätte ich doppelt so viele, und das geht nicht!

Bobby: Also kann jeder von uns nur die Hälfte von Papa und die Hälfte von Mama haben.

Mama: Ganz richtig. Jeder Mensch hat die Hälfte von jedem seiner Elternteile. Und da haben dann Geschwister ein paar gemeinsam und ein paar verschieden, was sich halt so zufällig ergibt.

Bobby: Aber Billy und ich haben genau die gleichen Gene! Wieso?

Mama: Das ist ganz einfach. Damit aus einem einzigen Ei ein Mensch wird, müssen aus dieser Zelle – ein Ei ist ja eine Zelle – sehr viele Zellen werden.

Bobby: Ja, das müssen ja ganz, ganz, ganz viele Zellen sein.

Billy: Dann muss sich also, so haben wir es gelernt, eine Zelle teilen und wieder teilen und wieder teilen, und das Ganze muss wachsen.

Mama: Ganz richtig. Das passiert bei der Entwicklung eines jeden Menschen so.

Billy: Auch bei der Entwicklung eines Huhns?

Bobby: Oder einer Fliege?

Mama: Ja, auch dort ist es genau so. Das mit den Genen und mit der Entwicklung eines Lebewesens aus diesen Genen ist ein ganz allgemeines Prinzip der Lebewesen. So funktionieren alle.

Billy: Und warum sind Bobby und ich dann gleich?

Mama: Das ist deshalb, weil bei euch etwas ganz Interessantes passiert ist. Normalerweise, wenn sich das Ei zum ersten Mal in zwei Zellen teilt, bleiben diese beiden Zellen beisammen, und aus dem Ei wird ein großer Haufen von vielen Zellen.

Bobby: Aha, und bei uns sind sie nicht zusammengeblieben.

Billy: Ja, mir war der Bobby einfach zu doof.

Mama (genervt): Billy! Ja, aber es war schon so, bei euch sind eben nach der ersten Teilung der ursprünglichen Eizelle zwei getrennte Eizellen entstanden, und jede hat sich zu einem vollständigen Menschen entwickelt.

Bobby: Aber bei dieser Teilerei werden ja die Gene auch geteilt, und dann hat jede Zelle die halbe Zahl von Genen, und dann beim nächsten Teilen wieder die Hälfte, und zum Schluss bleibt nichts übrig.

Mama: Nein, so ist das nicht. Bei jeder Zellteilung werden die Gene kopiert und damit verdoppelt, durch einen wunderbaren Mechanismus.

Billy: Da gibt es also einen Kopierer in den Zellen?

Bobby: So ein Blödsinn.

Mama: Ja, da gibt es tatsächlich einen Kopierer. Nur ist das ein winzig kleiner, der auf chemischen Vorgängen beruht.

Bobby: Und dieser Kopierer kopiert die Gene?

Billy: Und von denen geht genau die eine Hälfte in die eine Zelle und die andere Hälfte in die andere Zelle?

Mama: Ja, so ist es etwa. Wenn ein Gen kopiert ist, geht eines in die eine Zelle und das andere in die andere.

Bobby: Und deswegen sind wir genau gleich!

Mama: Ja, genauso ist es.

Billy: Und warum sind Charlie und Claire verschieden?

Mama: Weil sie von Anfang an aus zwei verschiedenen Eizellen entstanden sind, bei denen nicht alle Gene gleich waren.

Billy: Die eine hat offenbar festgelegt, dass es ein Bub wird, und die andere, dass es ein Mädchen wird.

Bobby: Mädchen sind sowieso blöd.

Mama (schmunzelnd): Du wirst deine Meinung sicher noch ändern.

Wir halten nun die wichtigsten Punkte dieses Dialogs fest.

1. Durch Beobachtung erkennen wir, dass unsere Zwillinge, soweit man es übersehen kann, miteinander identisch sind. Sie haben identische Merkmale.
2. Im Rückblick auf die Vergangenheit erkennen wir, dass die Merkmale von Anfang an identisch waren. Unsere Zwillingsbrüder wurden schon mit derselben Haarfarbe, Augenfarbe und so weiter geboren.
3. Wir fanden in der Tatsache, dass die Zwillingsbrüder dieselben Gene, dieselbe Erbinformation tragen, eine Erklärung ihrer Identität.

Diese Gene können als verborgene Eigenschaften der Zwillingsbrüder aufgefasst werden. Tatsächlich sind die Gene in jeder Zelle enthalten. Sie waren uns lange unbekannt, bis die moderne biologische Forschung sie entdeckte. Diese verborgenen Eigenschaften bestimmen die Merkmale beider Individuen. Die Entwicklung dieser individuellen Merkmale ist dann eine Folge der in den Genen enthaltenen spezifischen Information. Bei identischen Genen ist die spezifische Information dieselbe, und sie führt zu identischen Eigenschaften der beiden beobachteten Menschen.

Doch die individuellen Merkmale werden offenbar nicht vollständig von den Genen bestimmt. Es gibt außerdem einen gewissen Einfluss der Umwelt, der schon mit der unterschiedlichen Umgebung innerhalb der Gebärmutter beginnt. So haben zum Beispiel selbst eineiige Zwillinge verschiedene Fingerabdrücke. Die Frage, wie stark die individuellen Merkmale von der Umwelt beziehungsweise von den Genen beeinflusst werden, ist in der Wissenschaft noch immer heftig umstritten, aber für unsere Analyse im Grunde bedeutungslos.

Wir werden uns an unsere Erklärung der Identität erinnern, wenn es um identische Teilchen in der Quantensituation geht, und wir werden finden, dass die Zwillingsgeschichte dort nicht anwendbar ist. Quantenzwillinge sind etwas ganz anderes als klassische Zwillinge! Die Identität verschränkter Quantenpaare kann nicht durch irgendwelche verborgenen Eigenschaften erklärt werden.

Johns Geschichte von den lokalen verborgenen Variablen

»Wir sind nun also beim Modell der lokalen verborgenen Variablen«, fährt John fort. »Die grundlegende Frage ist, ob die Messergebnisse mit unbekannten Merkmalen der Teilchen zu erklären sind. Nehmen wir an, die Polarisatoren seien bei euch beiden auf 0 Grad eingestellt. Diesem Modell zufolge enthält jedes Teilchen Instruktionen, die ihm sagen, ob es eine horizontale oder vertikale Polarisation zeigen und dementsprechend bewirken soll, dass das rote beziehungsweise das grüne Lämpchen aufleuchtet. ›Verborgen‹ nennt man solche Variablen, weil es nicht nötig ist, dass man sie direkt beobachten kann. Es reicht aus, dass sie die Messung so beeinflussen, dass das richtige Messergebnis herauskommt. Und man nennt sie ›lokal‹, weil das Messergebnis auf, sagen wir, Alice' Seite unabhängig davon ist, was auf Bobs Seite geschieht. Es hängt nur von den lokalen Einstellung seines Apparats und der verborgenen Variablen ab, die das Teilchen trägt.

Eine schnelle Verständigung zwischen beiden Apparaten ist ausgeschlossen. Wichtig ist, dass ihr jederzeit die von euch gewünschte Ausrichtung der Polarisatoren wählen könnt. Ihr könnt sie sogar zu einem Zeitpunkt wählen, nachdem die Photonen schon von der Quelle emittiert worden sind.

Nach dem Modell der verborgenen Variablen muss es für jede der drei Einstellungen des Apparats – Plus, Null und Minus – solche verborgenen Variablen, solche Elemente der Realität geben, denn Alice kann, egal, welche Einstellung sie wählt, mit Sicherheit voraussagen, dass bei Bob dasselbe Lämpchen aufleuchten wird wie bei ihr – vorausgesetzt, er hat dieselbe Schalterstellung gewählt wie sie. Sollte sie etwa die Plus-Stellung wählen und dann beobachten, dass das rote Lämpchen aufleuchtet, würde sie mit Sicherheit voraussagen können, dass bei Bob ebenfalls das rote Lämpchen aufleuchten wird, sofern sein Schalter ebenfalls auf Null steht.«

John blickt in Alice' und Bobs gespannte Gesichter und fährt fort: »Das hängt zusammen mit einem sehr wichtigen Punkt, auf den schon Einstein, Podolsky und Rosen hingewiesen haben. Die beiden Messstationen, die von Alice und Bob, könnten nämlich sehr viel weiter voneinander entfernt sein, im Extremfall könnten sogar Lichtjahre zwischen ihnen liegen: eine Messstation auf der Erde, die andere auf einem fernen Stern und die Quelle in der Mitte dazwischen. Noch ist ein solches Experiment nicht durchgeführt worden, aber es spricht nichts dagegen, dass es irgendwann durchgeführt werden wird, und nach allem, was wir heute wissen, müssen die Ergebnisse dieselben sein.«

»Das war ja die EPR-Lokalitätsannahme«, wirft Alice ein.

»Ganz richtig«, sagt John. »Hier bedeutet sie, dass das von dir, Alice, vorausgesagte Element der Realität vollkommen unabhängig davon sein muss, ob Bob dieselbe Schalterstellung gewählt hat wie du oder nicht. Ob das System dieses zusätzliche Element der Realität enthält oder nicht, muss sogar vollkommen unabhängig davon sein, ob an den Photonen überhaupt Messungen gemacht werden. Es ist wieder wie bei den Genen: Bobby, der eine Zwillingsbruder, muss Gene für schwarze Haare besitzen, wenn wir wissen, dass sein Zwilling diese Gene besitzt. Und das muss vollkommen unabhängig davon sein, ob sich jemand die Mühe macht und nachschaut, welche Haarfarbe der Zwillingsbruder hat, oder ob er nicht nachschaut. Beide Zwillinge müssen Gene für die Gesamtheit ihrer körperlichen Merkmale besitzen, denn egal, welches Merkmal wir betrachten – jedes Mal stellen wir fest, dass sie in ihren Merkmalen übereinstimmen.

Es müssen also unsere beiden Teilchen dieselben verborgenen Eigenschaften besitzen, von denen es abhängt, welches Lämpchen bei jeder der drei Einstellungen Plus, Null und Minus aufleuchtet, unabhängig davon, ob wir nachschauen oder nicht.«

John sieht, dass Alice und Bob sich schon sehr anstrengen müssen zu folgen, und fährt fort. »Das Ganze kann man viel einfacher darstellen. Der Physiker Mike Horne hat es einmal auf eine simple Formel gebracht. Man könne sich vorstellen, dass die beiden Teilchen eine Liste mit Instruktionen bei sich hätten, die ihnen sagt, was sie zu tun haben, wenn sie auf einen Polarisator mit einer bestimmten Ausrichtung treffen. Wenn wir uns auf die drei Ausrichtungen Plus, Null und Minus beschränken, könnte die Liste folgendermaßen aussehen.«

John schreibt eine Liste an die Tafel (Abbildung 33 oben).

»Das nächste Teilchen könnte die folgende Liste haben (Abbildung 33 Mitte), das dritte diese (Abbildung 33 unten) und so weiter. Jedes der Teilchen besitzt also derartige Instruktionen.

»Ja, und diese Instruktionen müssen offenbar gleich sein für die beiden Teilchen«, wirft Alice ein, »und jedes Teilchen geht mit seiner Liste auf die Wanderschaft.«

»Ah ja«, greift Bob den Faden auf, »und wenn ein Teilchen dann auf einen Polarisator trifft, checkt es, wie der Polarisator orientiert ist, und sieht dann auf seiner Instruktionsliste nach, zu welchem Detektor es gehen muss, um registriert zu werden.«

»Das ist«, setzt John ein, »eine sehr vereinfachte Darstellung, aber im Prinzip bedeuten verborgene Variablen genau dies. Jedes Teilchen trägt Eigenschaften, die festlegen, welches Messergebnis es bei welcher Messung zeigen muss. Die perfekten Korrelationen sind dann einfach dadurch erklärt, dass die verborgenen Variablen beider Teilchen identisch sind. Und da von vornherein nicht klar ist, welche Messung durchgeführt wird, müssen alle Teilchen für alle denkbaren Messungen Instruktionen tragen.«

»Ein sehr plausibles Modell«, wirft Alice ein, »ein bisschen kompliziert, aber es sollte funktionieren.«

»Die schlechte Nachricht, und gleichzeitig die ganz interessante, ist nun, dass diese Überlegungen für verschränkte Quantenteilchen nicht zutreffen. Der irische Physiker John Bell hat herausgefunden, dass dieses Modell, wenn man es genau durchrechnet, für gewisse Messungen andere Vorhersagen macht als die Quantenphysik. Die Details müssen wir für ein anderes Mal aufheben. Es sei nur so viel verraten, dass dieses Modell zwar die perfekten Kor-

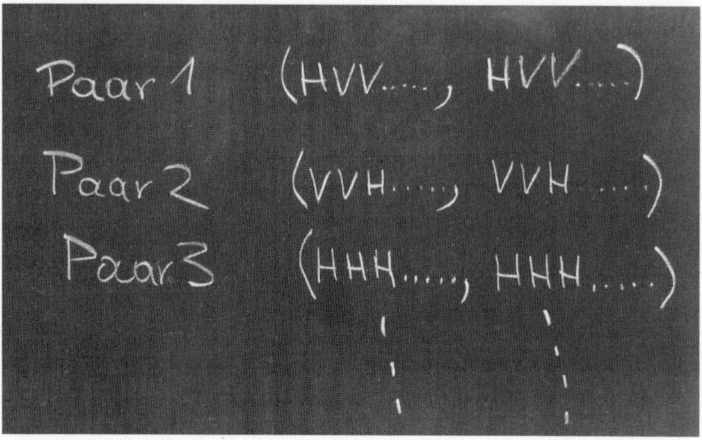

Abbildung 33 Instruktionslisten für beide Photonen mit dem Ziel, perfekte Korrelationen herzustellen. Jedes Photon trägt für jede mögliche Messrichtung die Instruktion, ob es für diese Polarisatorrichtung horizontal oder vertikal polarisiert sein soll. Innerhalb der Klammer beziehen sich die Instruktionen vor dem Komma auf das eine Photon des Paars, die hinter dem Komma auf das zweite Photon. Das zweite Photon trägt also immer die gleichen Instruktionen wie das erste. Die Instruktionen variieren jedoch von Photonpaar zu Photonpaar Die erste Zeile bedeutet zum Beispiel, dass beide Photonen bei einem auf plus 30 Grad eingestellten Polarisator horizontal polarisiert sein müssen, bei einem auf 0 Grad eingestellten Polarisator vertikal und bei einem auf minus 30 Grad eingestellten ebenfalls vertikal.

relationen erklärt, die ihr dann erhalten habt, als eure Polarisatoren parallel zueinander orientiert waren, nicht jedoch die nichtperfekten Korrelationen, die dann auftreten, wenn die beiden Polarisatoren verschiedene Stellungen hatten«, womit John seine Darstellung beschließt.

Nachdem John geendet hat, ist es eine Weile still im Zimmer. Dann sagt Alice kleinlaut: »Was für ein Spiel treibst du eigentlich mit uns? Wir hatten ein schönes Modell, das mit der Polarisation, und was passierte? Wir mussten es als ungeeignet verwerfen. Jetzt haben wir ein zweites Modell, das mit den verborgenen Variablen noch schöner ist als das erste. Du sagst, es sei falsch. Wie lange soll das noch so weitergehen?«

John beruhigt sie: »Keine Bange. Ihr steht ganz kurz vor der Lösung, und ihr werdet eine wichtige Lektion über die Natur lernen. Jetzt muss ich euch aber wieder verlassen.«

Alice und Bob sind völlig verwirrt. Wie kann eine so einfache Überlegung falsch sein? Sie bekommen immer dasselbe Ergebnis, wenn ihre Polarisatoren dieselbe Einstellung haben. Wie kann das möglich sein, ohne dass das System eine Eigenschaft besitzt, die das Ergebnis determiniert? Wenn das nicht die richtige Lösung ist, wie könnte diese dann aussehen? Als einzige Erklärung wäre ja eine geheime Verständigung zwischen den beiden Apparaten geblieben. Für weit voneinander entfernte Messungen kann eine solche Verständigung jedoch ausgeschlossen werden. Alice und Bob sind wieder einmal ratlos und wissen nicht, was sie machen sollen.

»Wie kriegen wir heraus«, fragt Bob Alice, »was John gemeint hat, als er sagte, das Modell sei falsch?«

Alice fragt John direkt: »Sollen wir wieder wie letztes Mal durch bloßes Nachdenken herausfinden, welches das richtige Modell ist?«

»Nein«, sagt John, »ihr könnt Messungen machen.«

»Wir wissen aber nicht, was wir jetzt messen sollen«, sagt Bob seufzend. »Bei paralleler Ausrichtung der beiden Polarisatoren haben wir perfekte Korrelationen beobachtet. Waren die Apparate nicht übereinstimmend ausgerichtet, haben wir keine perfekten Korrelationen beobachtet. Was können wir jetzt machen?«

Johns Antwort klingt ein wenig rätselhaft: »Ich darf euch nicht sagen, was ihr tun sollt. Das müsst ihr selber herausfinden. Nur ein Tipp: Ihr habt noch nicht alle Möglichkeiten geprüft. Ihr könnt die Stellung eurer Schalter verändern und die Photonen genau zählen.«

Bob entgegnet, das sei nicht sehr sinnvoll, denn dann bekämen sie keine perfekten Korrelationen. Aber weitere Hinweise will John nicht geben.

Verwirrende Ergebnisse

Alice und Bob treffen sich am nächsten Morgen, es ist Donnerstag, ohne rechte Lust und überlegen sich, was für eine Messung sie jetzt machen sollen.

»Wir haben alle möglichen Kombinationen zwischen den Schalterstellungen bei dir und bei mir durchprobiert«, meint Alice. »Was können wir noch tun?«

»Rekapitulieren wir kurz, was wir bisher gemacht haben. Am Montag haben wir, jeder für sich, unser Photon gemessen, und wir haben festgestellt, dass für das Messergebnis am einzelnen Photon der reine Zufall herrscht«, erwidert Bob. »Am Dienstag haben wir dann entdeckt, dass unsere Photonen von der Quelle in Paaren gleichzeitig ausgesandt werden, auch wenn wir nur etwa ein Fünftel der Photonen im Detektor nachweisen. Am Mittwoch hatten wir dann gesehen, dass für den Fall, dass wir beide das Gleiche messen, auch das gleiche Resultat auftritt. Wir haben also die perfekten Korrelationen entdeckt, als wir zufällig die gleiche Einstellung an unseren beiden Apparaten wählten. Aber Moment mal! Was bei ungleicher Einstellung herauskommt, hat uns nicht interessiert. Diese Zahlen sollten wir uns vielleicht anschauen.«

»Was können wir daraus schon entnehmen?«, wendet Alice ein. »Sie sind doch zufallsbedingt! Wenn bei mir das grüne Lämpchen aufleuchtet, kann es bei dir ebenso gut das grüne wie das rote sein, wenn du nicht dieselbe Einstellung hast.«

»Das ist auch vollkommen einleuchtend«, fährt Bob fort, »denn wir wissen ja, dass, wenn du deinen Apparat auf Null einstellst, wenn du deinen Polarisator wirklich auf 0 Grad ausrichtest, das Photon, das du misst, eine Polarisation von entweder 0 oder 90

Grad hat. Wenn mein Polarisator nicht parallel ist, kann das Photon in beide Kanäle gehen. Vielleicht sollten wir uns doch genauer die Zahlen anschauen, die wir kriegen.«

Sie beschließen, alle Kombinationen der Einstellungen an Bobs und an Alice' Gerät zu wählen. Das Verfahren besteht jetzt darin, den Schalter bei Alice zum Beispiel auf Plus und den von Bob auf Null zu stellen und dann zweihundert Sekunden lang zu messen, um hinterher die Häufigkeit der Kombinationen Grün-Grün, Grün-Rot, Rot-Grün und Rot-Rot zu ermitteln.

Wieder bekommen sie beide, wie zuvor schon, ähnliche Listen. In einer Spalte ist der Zeitpunkt festgehalten, zu dem der Computer ein Ereignis registriert hatte, in der anderen die Farbe des aufleuchtenden Lämpchens. Vorsichtshalber zählen sie mit der Plus-Null-Kombination zweimal je zweihundert Sekunden lang und registrieren alle Ereignisse. Getreu den Prozeduren, die in der experimentellen Forschung heute üblich sind, machen sie das mit allen Kombinationen, was für die Einstellungen auf beiden Seiten zusammen sechs verschiedene Kombinationen ergibt, denn die identischen Einstellungen Plus-Plus, Null-Null und Minus-Minus waren ja schon ausgiebig untersucht.

Die sechs Einstellungen sind Plus-Null (Alice' Apparat auf Plus, Bobs auf Null), Null-Minus (bei Alice auf Null, bei Bob auf Minus), Null-Plus, Plus-Minus, Minus-Plus und Minus-Null. Mit jeder der sechs Einstellungen zählen sie zweimal je zweihundert Sekunden lang und erhalten auf diese Weise zwölf Listen von Messergebnissen. Damit haben sie etwa zwei Stunden zu tun. Mit den Ausdrucken der zwölf Listen setzen sie sich wieder zusammen, um ihre Daten zu vergleichen.

»Was machen wir jetzt mit dem ganzen Kram?«, fragt Alice.

»Zuerst müssen wir wieder feststellen, zu welchen Zeitpunkten unsere Detektoren beide etwas registriert haben«, antwortet Bob.

Alice lächelt und fragt: »Etwas? Du weißt doch, dass es Photonen sind. Sprich von Photonen, das macht es mir leichter.«

»Wenn du weißt, was ein Photon ist«, erwidert Bob grinsend, »dann lass es alle wissen. Einstein hat nie herausbekommen, was ein Photon ist. Gegen Ende seines Lebens soll er gesagt haben: ›Fünfzig

Jahre angestrengten Nachdenkens haben mich der Antwort auf die Frage ›Was sind Lichtquanten?‹ nicht näher gebracht. Heute bilden sich Hinz und Kunz ein, es zu wissen. Aber da täuschen sie sich!‹ Mach dir nichts draus, Einstein, Alice weiß es«, fährt Bob schmunzelnd fort, »ich glaube, wir müssen einfach darüber reden. Aber du hast schon Recht, wir müssen das Wort ›Photon‹ einfach verwenden in unserer Sprache, auch wenn wir nicht voll verstehen, was es ist.«

»Gut gesagt«, meint Alice, »das ist wahrscheinlich der springende Punkt: dass wir über das, was wir sehen, reden müssen.«

Sie gehen wieder in die Cafeteria und analysieren ihre Daten. Sie stellen fest, bei welchen Kombinationen von Schalterstellungen welche Paare an Messergebnissen, Grün-Grün, Grün-Rot, Rot-Grün und Rot-Rot, wie oft auftreten.

»Schauen wir uns mal«, sagt Bob, »die Plus-Null Resultate an, also die, wo dein Polarisator auf plus 30 Grad war und meiner auf 0. Wir haben bei diesem Versuch neunundachtzig Koinzidenzen, also wurden neunundachtzigmal in beiden unserer Apparate Ereignisse registriert. In einunddreißig Fällen erhielten wir Rot-Rot, in fünfunddreißig Fällen Grün-Grün, in elf Fällen Rot-Grün und in zwölf Fällen Grün-Rot. Was zum Teufel kann das bedeuten? Alle Zahlen weichen voneinander ab.«

Beide studieren eine Zeit lang die Messergebnisse. Schließlich bricht Alice das Schweigen: »Mir schwant da was. Wenn wir die Fälle zusammenrechnen, in denen wir beide dieselbe Farbe haben, kommen wir auf 31 + 35 = 66. Und in den anderen Fällen, in denen wir unterschiedliche Farben registriert haben, kommen wir auf 11 + 12 = 23. Diese Zahlen müssten wir doch leicht erklären können. Wir wissen, dass die beiden Polarisationen einen Winkel von 30 Grad miteinander einschließen.«

»Klar«, setzt Bob fort, »mein Apparat war auf 0 Grad, das heißt, in dem Fall, wo mein Photon das Resultat Grün gibt, war es vertikal polarisiert, und damit deines auch.«

»Ja«, ergänzt Alice eifrig, »und ich messe dieses Photon nun unter einem Winkel von 30 Grad. Aus dem Gesetz von Malus haben wir gelernt, dass ein solches Photon mit der Wahrscheinlichkeit von drei Vierteln in meinem grünen Detektor registriert werden wird, und einem Viertel in meinem roten Detektor. Das ist innerhalb der statistischen Messungenauigkeit genau das, was wir beobachtet haben.«

»Das bedeutet«, schlägt Bob vor, »dass wir für alle anderen Experimente ebensolche Resultate bekommen sollten, 75 Prozent gleiche Resultate, Rot-Rot oder Grün-Grün, und 25 Prozent verschiedene.« Sie checken ihre Listen und finden diese Vorhersage tatsächlich für Null-Plus, Minus-Null und Null-Minus bestätigt, aber für die Kombination Plus-Minus und Minus-Plus sieht es anders aus. Hier finden sie in 25 Prozent der Fälle gleiche Resultate und in 75 Prozent der Fälle verschiedene.

»Das ist aber nun leicht erklärt«, sagt Alice, »denn zwischen den Polarisatorstellungen Plus und Minus ist ein Winkel von 60 Grad, und da sagt das Malus'sche Gesetz genau voraus, was wir beobachtet haben.« Alice und Bob sind begeistert. Sie können nun zahlenmäßig alle ihre Resultate verstehen.

»Fantastische Ergebnisse«, hören sie plötzlich jemanden hinter sich sagen. Es ist Professor Quantinger, der zufällig in die Cafeteria gekommen ist und sich leise herangeschlichen hat, als er sah, dass Alice und Bob über ihren Notizen die Köpfe zusammensteckten. Ein Blick genügte, und er wusste, was die Daten den beiden zu sagen hatten.

»Ich gratuliere! Sie haben ausgezeichnet gearbeitet. Es ist genau das, was Sie bekommen sollten!«

»Aber es ergibt keinen Sinn!«, ruft Alice aus.

Bob ergänzt: »Der Fall, in dem wir auf beiden Seiten dieselben Einstellungen haben, erhalten wir perfekte Korrelationen. Wir hatten dann einfach angenommen, dass die beiden Photonen mit der gleichen Polarisation erzeugt werden. Dieses Modell funktioniert aber nicht, weil die Quelle nicht wissen kann, welche Polarisation gemessen wird. Die Photonen haben also vor der Messung noch keine Polarisation bekommen, aber im Moment der Messung die gleiche.«

»Um die perfekten Korrelationen nach wie vor erklären zu können«, fährt Alice fort, »haben wir angenommen, dass die Teilchen ein uns noch unbekanntes Merkmal haben, das ihnen sagt, welchen der beiden Detektoren sie auslösen sollen, in Abhängigkeit von der Einstellung des Apparats. John sagte uns jedoch, dies verstoße gegen ein »Bell'sches Theorem«, das wir noch nicht kennen, und er sagte, wir sollten weitere Messungen machen. Deshalb haben wir die anderen Korrelationen gemessen. Aber wir verstehen es einfach nicht. Wieso widerspricht das der Annahme, dass die Photonen verborgene Variablen besitzen?«

Der Professor setzt sich.

»Sie haben tatsächlich jetzt alle Daten gemessen, die man benötigt, um das Modell der verborgenen Variablen zu widerlegen. Aber lassen Sie mich etwas ausholen. Nach der berühmten Arbeit von Einstein, Podolsky und Rosen, die Sie, wie John mir sagte, bereits kennen, vergingen dreißig Jahre, ehe der bedeutende irische Physiker John Bell erkannte, wie wichtig Ergebnisse von der Art sind, die Sie gemessen haben.«

»Ja, John hat Bells Theorem erwähnt. Dreht es sich also darum?«, will Bob wissen.

»Ja, darum geht es«, antwortet Professor Quantinger. »Ich werde Ihnen jetzt mehr darüber erzählen.«

Die Geschichte von John Bell

»John Bell (Bild 3) war ein irischer Physiker und arbeitete bei CERN, der europäischen Organisation für Kernforschung bei Genf in der Schweiz«, erklärt der Professor. »CERN war nach dem Zweiten Weltkrieg gegründet worden, der eine Katastrophe für die Menschheit war und eine Folge der Tatsache, dass die Völker einander nicht verstanden. Daher beschlossen Physiker aus verschiedenen Ländern Europas, eine neue Forschungsstätte zu schaffen, in der sie zusammenkommen und Ideen untereinander austauschen, ihre wissenschaftlichen Ziele gemeinsam verfolgen und zusammenarbeiten würden. Sie hofften auf diese Weise das gegenseitige Verständnis zu fördern. Diese Forschungsstätte wurde in der neutralen Schweiz errichtet. Sie verfügt über viele hochmoderne Maschinen, zum Beispiel Beschleuniger, und hat sich zu einem der weltweit führenden physikalischen Labors entwickelt.

John Bell studierte in Belfast und ging 1960 an das CERN, wo er sich mit der Entwicklung neuer Beschleuniger befasste; er half, sie zu verbessern. Daneben interessierte er sich aber weiterhin für fundamentale Fragen der Quantenphysik. Das galt in der Zeit, in der CERN aufgebaut wurde, jedoch als eher zweifelhaft. Oft wurden derartige Erörterungen als ›bloß philosophisch‹ abgetan, und viele Physiker hielten es für richtig, sie unbeachtet zu lassen. Damit hatten sie allerdings Unrecht. Auch war man sich weithin darüber einig, dass, mochte der einzelne Physiker die Quantenmechanik auch kaum verstehen, die großen Fragen bereits von den Gründungsvätern geklärt worden seien, die die Quantenmechanik geschaffen hatten, Leuten wie Schrödinger, Bohr, Heisenberg und dem Engländer Dirac. Bells Zweifel an der üblichen Sichtweise der

Quantenphysik wurden von seinen Kollegen nicht recht ernst genommen, und wer wirklich wissen wollte, worum es in der Auseinandersetzung ging, brauchte ja nur in den Arbeiten der Gründerväter nachzuschlagen. Genau das tat John Bell, und er fand dabei Überraschendes.

In Genf machte er die Bekanntschaft von Josef Maria Jauch, der an der dortigen Universität als Professor wirkte und sich ebenfalls für Grundfragen der Quantenmechanik interessierte. Jauch erwähnte Bell gegenüber die folgende interessante Situation, die in letzter Zeit eingetreten war: Der amerikanische Physiker David Bohm hatte im Jahr 1952 eine Theorie verborgener Variablen entwickelt, eine Theorie, die über die Quantenphysik hinausging.«

»Von verborgenen Variablen haben wir schon gehört«, wirft Alice ein. »Sie seien an der Korrelation nicht beteiligt, hat John gesagt, aber warum, das haben wir noch nicht herausgefunden.«

»Was ist das genau, eine Theorie verborgener Variablen?«, fragt Bob.

»Darauf, warum sie für Ihr Experiment keine Rolle spielt, kommen wir noch«, sagt der Professor. »Doch zunächst zu der Frage, was eine Theorie verborgener Variablen ist. Die Quantenphysik macht nur statistische Voraussagen.«

»Das ist nicht wahr«, wirft Alice ein, »in unserem Fall bekommen wir perfekte Korrelationen! Wenn ich also ein bestimmtes Messresultat erhalten hatte, konnte ich immer exakt vorhersagen, welches Resultat Bob bekam, wenn sein Polarisator gleich orientiert war. Das war also keine statistische Vorhersage mehr.«

»Ausgezeichnet«, pflichtet der Professor ihr bei, »es gibt Ausnahmen. Aber meistens können wir darüber, in welchem Detektor ein Teilchen landet, keine sichere Voraussage treffen. Diese statistischen Voraussagen waren seit jeher ein Problem, schon für Einstein. Das Zufällige, das dadurch in die fundamentale Theorie Einzug hielt, gefiel ihm nicht. Mit einer Theorie verborgener Variablen wird dieses Zufällige auf einfache Weise überwunden. Es wird angenommen, dass jedes Teilchen zusätzliche Eigenschaften besitzt, die in Wirklichkeit bestimmen, welchen Weg es nimmt, was es tut, wenn es auf ein optisches Element trifft, oder ob es einen Detektor auslöst oder nicht. Diese zusätzlichen Eigenschaften nennt man eben verborgene Variablen, in der Annahme, dass sie nicht direkt beobachtbar sind.«

»Wenn sie nicht beobachtbar sind, wozu plagen wir uns dann mit diesem Konzept?«, wirft Bob ein.

»Sie sind nicht direkt zu beobachten«, setzt der Professor fort, »aber zu sehen ist ihre indirekte Wirkung. Zu sehen ist ihre indirekte Wirkung, weil sie die Statistik für viele Teilchen bestimmen. Anders gesagt: Jedes Teilchen wird mit seinen eigenen verborgenen Variablen geboren, durch die festgelegt wird, wie es sich verhält. Insgesamt müssen aber die verborgenen Variablen für alle Teilchen so verteilt sein, dass für Messungen an vielen Teilchen die statistischen Messungen der Quantenmechanik am Ende bestätigt werden.«

»Klingt nach einer großartigen Idee«, antwortet Bob. »Dann brauchen wir uns über Zufälligkeit und Wahrscheinlichkeit keine Gedanken mehr zu machen.«

»Wie dem auch sei – lassen Sie mich weitererzählen«, sagt der Professor und fährt fort: »Als Jauch von David Bohms Theorie verborgener Variablen hörte, sah er ein Problem, hatte doch der berühmte, aus Ungarn stammende Mathematiker John von Neumann in den dreißiger Jahren bewiesen, dass eine solche Theorie mathematisch unmöglich ist. Einer musste sich also geirrt haben, entweder John von Neumann oder David Bohm.

John Bell, von Jauch auf das Problem aufmerksam gemacht, sah sich durch den Widerspruch veranlasst, John von Neumanns Arbeit und David Bohms Theorie verborgener Variablen sorgfältig zu prüfen. Er machte zwei Entdeckungen, die große Bedeutung für die weitere Entwicklung der Physik hatten. Erstens konnte er zeigen, dass John von Neumanns Beweis schlicht falsch war. John von Neumann war zwar ein bedeutender Mathematiker, aber er hatte Annahmen gemacht, die in der Physik keine Grundlage haben. Wir brauchen hier nicht weiter auf sie einzugehen. Der amerikanische Physiker David Mermin hat von Neumanns Annahmen sogar als ›dumm‹ bezeichnet.

John Bell konnte von Neumanns Beweis also widerlegen und

machte damit den Weg frei für weitere Untersuchungen möglicher Theorien verborgener Variablen, die eventuell über die Quantenmechanik hinausgehen würden. Die Theorie von David Bohm war somit nicht zu beanstanden. Bohm hatte behauptet, dass die einzelnen Teilchen definierten Bahnen folgen, obwohl die Quantenphysik in der Heisenberg'schen Unschärfebeziehung ja sagt, dass ein Teilchen nicht gleichzeitig einen definierten Ort *und* einen definierten Impuls haben kann. Bohm konnte sogar zeigen, dass für große Ensembles vieler Teilchen seine Theorie verborgener Variablen die gleichen Resultate vorhersagt wie die Quantenphysik«, schließt der Professor, allerdings mit einem skeptischen Blick.

»Dann haben wir es doch!«, ruft Alice aus. »Das ist die Erklärung unseres Experiments!«

»Genau das ist die Frage«, erwidert der Professor. »David Bohms Theorie hat eine unschöne Eigenschaft. Zwei verschränkte Teilchen beeinflussen einander augenblicklich, also schneller als mit Lichtgeschwindigkeit. Diese Nichtlokalität des Potenzials mögen die meisten Physiker bis heute nicht, weil sie das Problem nicht erklärt, und deshalb akzeptieren sie Bohms Theorie nicht. Es gibt noch andere, mehr technische Gründe, sie nicht zu akzeptieren, aber das braucht Sie nicht weiter zu beschäftigen.«

Der Professor hält kurz inne und nimmt dann seine Erzählung wieder auf: »Nachdem John Bell also herausgefunden hatte, dass John von Neumanns Beweis nicht stimmte, stellte er sich angesichts der Theorie nichtlokaler verborgener Variablen von David Bohm die Frage, ob eine Theorie lokaler verborgener Variablen im Prinzip möglich sei. Das wäre dann eine Theorie, die ohne diese unschöne augenblickliche Nichtlokalität auskommt.

Bell befasste sich zunächst mit der EPR-Arbeit. Er wollte wissen, ob eine den Annahmen von Einstein, Podolsky und Rosen folgende Theorie mathematisch möglich sei. Bells Arbeit hatte den Titel ›On the Einstein-Podolsky-Rosen Paradox‹. Sie wurde 1964 abgedruckt in der neu gegründeten Zeitschrift ›Physics‹, die in New York herauskam. Die Zeitschrift ging allerdings nach nur einem Jahr wieder ein. Unter Benutzung der Annahmen Einsteins – nämlich des Realitätskriteriums, das Sie, wie ich hörte, schon mit

John erörtert haben – und der Lokalitätshypothese bewies Bell, dass eine diese beiden Ausgangspunkte enthaltende Theorie im Widerspruch zu den Voraussagen der Quantenmechanik steht. Ein Beispiel dafür ist Ihr Experiment: Nach John Bell können die Zahlen, die Sie gefunden haben, nicht durch ein lokal realistisches Modell erklärt werden. Ihr Modell, mit den Listen an Instruktionen, die jedes Photon mit sich führt, ist gerade so eine lokale realistische Theorie – kurz LRT – jener Art, von der John Bell gezeigt hatte, dass sie im Widerspruch zur Quantenphysik steht.«

Professor Quantinger schaut sich nun die Ergebnisse von Alice und Bob näher an und bemerkt: »Ja, Ihre Daten sind genau so, dass sie die Theorie des lokalen Realismus oder, was gleichbedeutend ist, die Theorie lokaler verborgener Variablen widerlegen.«

Bob fährt fragend fort: »John Bell würde also sagen, dass die fünfundzwanzig und fünfundsiebzig Prozent mit dem lokalen Realismus nicht vereinbar sind?«

»Richtig!«, erwidert der Professor. »Und es ist absolut fantastisch, dass eine philosophische Auffassung darüber, wie die Welt beschaffen ist, durch eine experimentelle Beobachtung ausgeschlossen werden kann. Der amerikanische Physiker und Philosoph Abner Shimony drückte einmal seine Begeisterung darüber aus, dass es möglich sei, philosophische Auffassungen durch das Experiment auszuschließen. Durch Experimente wie die Ihren ist der lokale Realismus eindeutig widerlegt worden.

Für Sie ist es natürlich nicht einfach zu erkennen, woher der Widerspruch rührt. John Bell selbst verfasste einmal einen Artikel für eine breitere Öffentlichkeit mit dem Titel ›Bertlmann's Socks and the Nature of Physical Reality‹. In diesem Artikel geht er von der Beobachtung aus, dass sein Freund und Physikerkollege Reinhold Bertlmann aus Wien immer verschiedenfarbige Socken trägt – die eine ist hell, die andere ist dunkel (Abbildung 34). Sieht man eine der beiden Socken, und ist diese etwa schwarz, weiß man, dass die andere Socke hell ist. Die Erklärung ist einfach, weil das eben die Socken sind, die Bertlmann am Morgen anzog. Wären es verschränkte Quantensocken, so hätte keine von beiden vor der Beobachtung eine Farbe.

Abbildung 34 Der Wiener Physiker Reinhold Bertlmann trägt immer verschiedenfarbige Socken, eine hell, eine dunkel. Sieht man eine, weiß man mit Sicherheit, dass die andere entgegengesetzt ist. Wären dies Quantensocken, so würden sie ihre Farben erst bei der Beobachtung annehmen. Diese Zeichnung wurde von John Bell angefertigt, mit dem Bertlmann lange Jahre zusammenarbeitete.

Ich habe eine kleine Abhandlung für Philosophen verfasst, in der ich eine kurze Ableitung einer Version des Bell'schen Theorems gebe. Die Argumentation folgt im Wesentlichen einer Anregung des aus Ungarn stammenden amerikanischen Physikers Eugene Wigner, ebenfalls ein Nobelpreisträger. Er war einer der wenigen, die Bells Theorem nicht sogleich als irrelevant verworfen haben, sondern echt von ihm fasziniert waren. Er fand einen mathematischen Beweis, der viel einfacher ist als der, den Bell selbst gegeben hatte. Kommen Sie also gelegentlich in meinem Arbeitszimmer vorbei, dann gebe ich Ihnen ein Exemplar. Wenn ich nicht da bin, wird meine Sekretärin es Ihnen aushändigen.«

Da ruft Alice aus: »Wir haben doch noch nicht einmal das Vordiplom! Von komplizierten mathematischen Ableitungen verstehen wir nichts.«

Der Professor beruhigt sie. »Der Beweis ist, wie gesagt, frei von Mathematik. Ich habe ihn einmal für einen Philosophiekongress geschrieben, und da ich selbst kein Philosoph bin, enthält er auch keine komplizierten Argumente. Sie werden mir sicherlich folgen können. Und was wichtiger ist: Sie finden in dem Aufsatz ein einfaches Resultat, das Sie mit Ihren jetzt gewonnenen Daten vergleichen können.«

Am Nachmittag gehen Alice und Bob bei Professor Quantinger vorbei und erhalten je ein Exemplar seines kleinen Artikels, der folgendermaßen lautet:

Verschränkung
Ein Quantenrätsel für jedermann

A. Quantinger

Kurzfassung

Eines der interessantesten Phänomene der Quantenphysik ist die Verschränkung. Sie besagt, dass zwei (oder auch mehr) Quantenteilchen auf viel engere Weise miteinander zusammenhängen können, als dies nach der klassischen Physik möglich ist. Eine Messung an einem Teilchen ändert sofort den Quantenzustand des anderen, unabhängig von der Entfernung zwischen beiden. Diese Zusammenhänge können nicht durch Eigenschaften, die diese Teilchen lokal für sich selbst tragen, erklärt werden. Der vorliegende Aufsatz liefert eine allgemeinverständliche Darstellung der experimentellen Situation sowie der Bell'schen Ungleichung. Der Artikel wird abgeschlossen mit einer kurzen Diskussion möglicher philosophischer Konsequenzen.

Einführung

Die Quantenphysik wurde zu Beginn des 20. Jahrhunderts geschaffen, um das Verhalten von Atomen beschreiben zu können. Ihre Bedeutung reicht heute von technischen Anwendungen, wie etwa dem Transistor oder dem Laser, bis hin zu Elementarteilchen und der Physik des Universums. Sie liefert eine unglaublich präzise Naturbeschreibung. Alle ihre mathematischen Vorhersagen wurden auf das Genaueste im Experiment bestätigt.

Einige der Vorhersagen der Quantenphysik stellen aber lieb gewordene Aspekte unseres Weltbilds in Frage. In der Öffentlichkeit sind in diesem Zusammenhang bekannt die Schlagworte »Heisenberg'sche Unschärfebeziehung« und »Quantensprung«. Am interessantesten ist allerdings wohl das Phänomen der Verschränkung, das zentral ist für Konzepte wie das Einstein-Podolsky-Rosen-Paradoxon und das Bell'sche Theorem. Wir werden diese Dinge jetzt im Detail besprechen.

Im Jahr 1935 veröffentlichte Albert Einstein gemeinsam mit Boris Podolsky und Nathan Rosen (EPR) eine Arbeit mit dem Titel »Can Quantum-Mechanical Description of Physical Reality Be Considered Complete?«[1]. In dieser Arbeit zeigten EPR, dass nach der Quantenphysik zwei Systeme auf extrem enge Weise miteinander zusammenhängen können, viel enger, als dies für Systeme der klassischen Physik möglich ist.

Betrachten wir etwa zwei Teilchen, die miteinander zusammengestoßen sind und jetzt jedes für sich in eine andere Richtung davonfliegen. EPR zeigten, dass die Messung an einem der beiden Teilchen den Zustand des anderen Teilchens ändert, ganz egal, wie weit die Teilchen voneinander entfernt sind. Diese Auswirkung der Messung des einen Teilchens auf das andere findet sofort und ohne Zeitverzögerung statt, also mit unendlich großer Geschwindigkeit. Das scheint im Widerspruch zur Einsteinschen Relativitätstheorie zu stehen, nach der sich ja nichts schneller als mit Lichtgeschwindigkeit ausbreiten darf. Einstein hat dieses Phänomen auch als »spukhafte Fernwirkung« bezeichnet, und er hatte gehofft, dass es eine Möglichkeit gäbe, eine neue Physik zu finden, wo diese spukhafte Fernwirkung nicht auftritt.

Unmittelbar nach der Veröffentlichung der EPR-Arbeit befasste sich Erwin Schrödinger[2] mit dem Phänomen und erfand dafür die Bezeichnung »Verschränkung«. Er erkannte klar die tiefgreifenden Konsequenzen und sprach davon, dass die Verschränkung dasjenige Phänomen sei, das uns zwinge, von allen lieb gewordenen klassischen Vorstellungen, wie die Welt beschaffen sei, endgültig Abschied zu nehmen.

Die EPR-Arbeit wurde im Wesentlichen von den Physikern ignoriert. Man war zufrieden damit, dass die Quantenphysik eine so exakte Beschreibung der Natur lieferte und in ihren Anwendungen äußerst erfolgreich war. Die Situation änderte sich 1964 mit einer Veröffentlichung von John Bell[3] unter dem Titel »On the Einstein Podolsky Rosen Paradox«. In dieser Arbeit zeigt Bell, dass es nicht möglich ist, das Verhalten solcher verschränkter Systeme zu verstehen, wenn man von gewissen »vernünftigen« Annahmen ausgeht, wie die Welt beschaffen sein sollte. Dies ist wohl die profundeste Entdeckung der Physik seit Kopernikus, wie Henry Stapp einmal treffend bemerkt hat. Kopernikus hatte ja das alte Weltbild über den Haufen geworfen, nach dem die Erde im Mittelpunkt des Universums stand. Bell wiederum wirft das klassische Weltbild über den Haufen. Allerdings besteht ein wesentlicher Unterschied: Kopernikus lieferte gleichzeitig ein neues Weltbild, in dem die Planeten um die Sonne kreisen. Für den Fall der Quantenphysik haben wir dieses neue Weltbild noch nicht gefunden.

In den Jahren seit 1964 haben zahlreiche Experimente bewiesen, dass die Vorhersagen der Quantenphysik für verschränkte Teilchen voll und ganz zutreffen, dass also die Welt »wirklich so verrückt ist«, wie es der amerikanische Physiker Daniel Greenberger ausgedrückt hat. Interessanterweise und zur

Überraschung aller früh an den wissenschaftlichen Untersuchungen der Verschränkung Beteiligten führten diese Experimente zu neuen Ideen einer Quanteninformationstechnologie. Die wichtigsten Konzepte hier sind Quantencomputer, Quantenkryptographie und Quantenteleportation, die wohl die Informationstechnologie der Zukunft darstellen werden.

Wir werden uns nun einer genauen Diskussion der Argumentation von Einstein, Podolsky und Rosen sowie von Bell zuwenden.

Einstein, Podolsky und Rosen

In den Naturwissenschaften im Allgemeinen und in der Physik im Speziellen möchten wir die Natur beschreiben. Man macht Beobachtungen und trifft, aufbauend auf diese Beobachtungen, Annahmen, was der Grund für das Beobachtete sein könnte. Ziel ist es, letztlich eine vollständige theoretische Beschreibung zu finden. Das Wesen einer erfolgreichen Theorie in der Physik ist es, Vorhersagen für künftige Beobachtungen zu liefern. Diese Vorhersagen können dann im Experiment überprüft werden. Eine Theorie ist so lange gültig, wie sie nicht durch ein Experiment widerlegt wird.

Wir betrachten eine Quelle S, die Teilchenpaare aussendet. Teilchen a fliegt zur Messstation A, Teilchen b zur Messstation B (Abb. I).

Die Messapparate an beiden Stationen A oder B sind vollkommen identisch. Natürlich besitzen sie einen komplizierten inneren Mechanismus, der uns aber hier nicht interessieren muss. Es genügt, zu wissen, dass mit jedem Apparat drei verschiedene Messungen durchgeführt werden können. Welche Messung durchgeführt wird, bestimmen die Experimentatoren an der jeweiligen Messstation. Sie können auswählen, welche der drei Messungen an

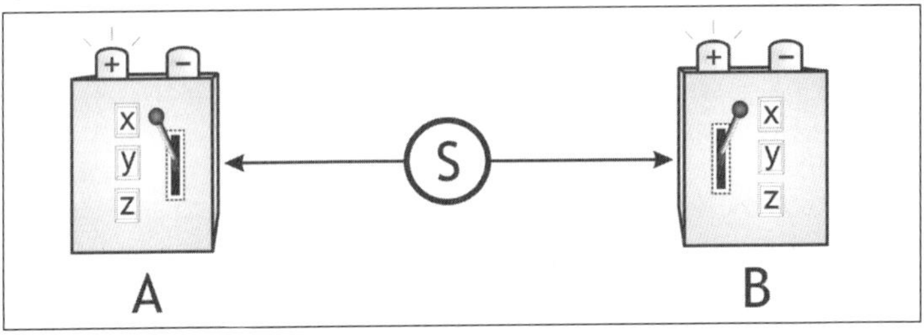

Abb. I Anordnung zur experimentellen Beobachtung von Verschränkung. Eine Quelle S entsendet Teilchenpaare. Ein Teilchen wird von Messstation A, das andere von Messstation B gemessen. Mit einem Schalter an jeder Messstation kann entschieden werden, welche Art von Messung, x, y oder z, an dem Teilchen durchgeführt wird. Für jede der Schalterstellungen gibt es zwei mögliche Resultate, + oder –.

ihrem Teilchen durchgeführt werden. Dies geschieht mit Hilfe eines Schalters, der in drei verschiedenen Positionen stehen kann: x, y oder z. Eine weitere wichtige Eigenschaft des Messapparats ist, dass auf jeder Seite nur zwei Messresultate möglich sind, nennen wir sie + und –. Außerdem nehmen wir an, dass jedes Teilchen, das von der Quelle S emittiert wurde, tatsächlich auch im jeweiligen Apparat registriert wird. Das heißt, jedes der Teilchen a und b wird für jede der Schalterstellungen x, y oder z entweder das Resultat + oder das Resultat – liefern. Die Quelle emittiert ein Teilchenpaar nach dem anderen, aber niemals zwei Paare zugleich.

Wir werden uns nun den möglichen Messresultaten zuwenden. Die Frage ist also, wie oft das Resultat + beziehungsweise das Resultat – bei welcher Schalterstellung auftreten wird und wie die Resultate, die wir mit den beiden Apparaten A und B erhalten, miteinander zusammenhängen. Wir folgen dabei im Wesentlichen der Argumentation von Einstein, Podolsky und Rosen in ihrer Originalarbeit.

Eine erste wichtige Beobachtung ist die, dass für jede der Schalterstellungen x, y oder z auf jeder der beiden Seiten, A oder B, die Messresultate + oder – gleich häufig vorkommen. Wenn wir also viele Teilchen messen, wird sowohl für Alice als auch für Bob das Resultat + in der Hälfte der Fälle auftreten und das Resultat – in der anderen Hälfte der Fälle. Die Abfolge der Messresultate untereinander ist rein zufällig. Eine typische Abfolge könnte sein:

+ – – + – + + – ...

Bisher haben wir die Messresultate an jeder Seite, Messstation A oder Messstation B, für sich alleine betrachtet. Und das wichtige Resultat, das wir erhalten haben, ist, dass diese Messergebnisse keinerlei Struktur aufweisen.

Da die Teilchen in Paaren erzeugt werden, liegt es nahe, nun zu untersuchen, welches Resultat, + oder –, bei Messstation A gemeinsam mit welchem Resultat bei Messstation B auftritt. Wir werden also die Korrelationen zwischen beiden Messresultaten ansehen. Welches Messresultat bei A gehört demnach zu welchem Messresultat bei B? Ganz einfach: Wir müssen nur schauen, welche Messresultate gleichzeitig auftreten, denn die beiden Teilchen a und b eines Paares werden ja gleichzeitig erzeugt, und die beiden Messstationen sind gleich weit von der Quelle entfernt. Solche gleichzeitigen Ereignisse nennt man Koinzidenzen. Resultat einer solchen Koinzidenzmessung könnte zum Beispiel sein, dass beim Apparat A, der so eingestellt sei, dass er die Eigenschaft x misst, das Resultat + auftritt, und gleichzeitig an Apparat B, der vielleicht darauf eingestellt ist, dass er Eigenschaft y misst, das Resultat – für das andere Teilchen dieses Paars.

Die Frage, die wir uns nun stellen, ist, welche Kombinationen von + oder –

auf der einen Seite und + oder – auf der anderen Seite bei welchen Schalterstellungen vorkommen.

Beschränken wir uns zuerst auf diejenigen Fälle, wo auf beiden Seiten, A und B, die gleichen Schalterstellungen gewählt wurden. Auf jeder Seite gibt es drei mögliche Schalterstellungen, x, y und z. Die möglichen Koinzidenzen sind also xx, yy und zz. Es stellt sich heraus, dass wir in allen drei Fällen für jedes einzelne Paar auf beiden Seiten das gleiche Resultat erhalten. Es kann allerdings + oder – sein. Wenn also Apparat A und Apparat B beide die gleiche Größe messen, so kommen als Resultate nur + + oder – – vor, entweder auf beiden Seiten + oder auf beiden Seiten –. Verschiedene Resultate, + –, + bei Apparat A und – bei Apparat B, oder – +, – bei A und + bei B, treten nie auf. Dies gilt für alle drei möglichen Kombinationen von Schalterstellungen, xx, yy und zz. Ferner gilt, dass jede der beiden Möglichkeiten, + + und – –, gleich oft auftritt.

Aus diesen Beobachtungen können wir nun eine sehr interessante Schlussfolgerung ziehen. Ist uns das Resultat für eine Seite, sagen wir, A, bekannt, + oder –, so können wir mit Sicherheit das Resultat für die andere Seite, in diesem Fall B, vorhersagen. Das Resultat muss genau das gleiche sein, falls der Schalter an Apparat B in der gleichen Stellung ist wie der an Apparat A. Mit anderen Worten: Welche Messung auch immer auf einer Seite durchgeführt wird, x, y oder z, die andere Seite wird genau das gleiche Resultat erhalten, falls dort die gleiche Messung durchgeführt wird. Aber wie ist das zu erklären? Wir werden nun ein einfaches Modell aufstellen, das diese Korrelationen erläutert.

Wichtig ist, dass die beiden Teilchen a und b unabhängig voneinander sind, sobald sie die Quelle S verlassen haben. Es ist also vernünftig, anzunehmen, dass jedes Teilchen eine Eigenschaft trägt, die das spezifische Messresultat für dieses Teilchen festlegt. Um die Tatsache zu erklären, dass beide Teilchen dasselbe Resultat liefern, müssen die Eigenschaften für beide Teilchen dieselben sein. Ferner muss jedes Teilchen für alle drei Schalterstellungen, x, y und z, solche Eigenschaften tragen. Sie müssen ja bei jeder der möglichen Messungen beide das gleiche Resultat liefern. Und es könnte ja durchaus sein, dass die Schalterstellung geändert wird, nachdem die beiden Teilchen von der Quelle bereits abgeschickt wurden. Sie können also nicht vorher wissen, ob der Schalter auf x, y oder z stehen wird.

Die Annahme solcher Eigenschaften ist vernünftig und naheliegend. Das konkrete Messresultat, das wir erhalten, würde dann lediglich wiedergeben, dass das Teilchen eben die entsprechende Eigenschaft getragen hat. Wenn das Teilchen also für die Messung der Schalterstellung y die Eigenschaft + trägt, wird das Resultat + sein, wenn der Schalter auf y steht. Solche Eigenschaften würden auch vollkommen die Tatsache erklären, dass wir mit

Sicherheit vorhersagen können, was das Resultat auf der jeweils anderen Seite, sagen wir, B, sein wird, wenn wir das Resultat auf einer Seite, sagen wir, A, kennen. Diese Annahme, dass einem Messresultat, das mit Sicherheit vorhergesagt werden kann, eine Eigenschaft, ein Element der Wirklichkeit entspricht, nennt man die Realitätsannahme von Einstein, Podolsky und Rosen.

Im Prinzip könnten die perfekten Korrelationen aber auch dadurch zustande kommen, dass es eine unbekannte Art von Kommunikation zwischen beiden Apparaten, A und B, gibt. Dann würde zum Beispiel Apparat A, wenn er sein Teilchen gemessen hat, eine Nachricht an Apparat B senden, der mitteilt, wie die Schalterstellung bei ihm war und welches Messresultat herauskam. Apparat B würde dann dasselbe Messresultat angeben für den Fall, dass sein Schalter auf der gleichen Position steht. EPR nehmen jedoch an, dass beide Apparate so weit voneinander getrennt sind, dass die Informationsübertragung schneller als mit Lichtgeschwindigkeit erfolgen müsste. Dies schließen sie allerdings aus, da nach Einsteins eigener Relativitätstheorie die Lichtgeschwindigkeit nicht überschritten werden kann. Dies nennt man die EPR-Lokalitätsannahme. Eine Theorie, die die Realitätsannahme und die Lokalitätsannahme in sich eingebaut hat, nennt man eine »lokal realistische Theorie«.

Unser lokal realistisches Modell, das wir soeben aufgestellt haben, kann die perfekten Korrelationen vollständig erklären, das heißt, diejenigen Messresultate, die auftreten, wenn an beiden Seiten dieselbe Schalterstellung gewählt wurde. Man nennt diese Eigenschaften, die jedes Teilchen für sich selbst trägt, verborgene Variable, da es nicht notwendig ist, dass sie einer direkten Beobachtung zugänglich sind. Sie müssen lediglich die Messergebnisse auf der jeweiligen Seite festlegen.

Wir stellen uns als nächstes die Frage, welche Messresultate unser Modell vorhersagt, wenn die Schalterstellungen bei Messstation A und bei Messstation B nicht die gleichen sind, wenn wir also alle Kombinationen von x, y und z zulassen. Aus unserem Modell folgt nicht, dass die Resultate nun auch in diesen Fällen auf beiden Seiten unbedingt gleich sein müssen. Dies galt ja nur dann, wenn die Schalterstellungen identisch waren. Es kann also jetzt nicht nur ++ oder – auftreten, sondern auch +– oder –+. Es ist evident, dass unser Modell, das für perfekte Korrelationen aufgestellt wurde, nicht klar genug ist, um genau vorherzusagen, wie häufig diese beiden Möglichkeiten vorkommen werden.

John Bell konnte aber zeigen, dass diese Kombinationen nicht beliebig oft auftreten können, sondern dass es für deren Häufigkeit gewisse Grenzen gibt. Diese Grenzen werden durch die so genannte Bell'sche Ungleichung ausgedrückt.

Die Bell'sche Ungleichung für Nichtphysiker

Um die Bell'sche Ungleichung für die Allgemeinheit leichter zugänglich zu machen, übersetzen wir im Folgenden ihre Sprache in die Alltagssprache. Das Argument folgt aber im Wesentlichen einer Arbeit von Eugene Wigner, die auf Bell aufbaut[4]. Anstatt der Teilchenpaare, die der Physiker nimmt, betrachten wir identische Zwillinge. Den drei Messungen x, y oder z entspricht die Beobachtung dreier Eigenschaften: Körpergröße, Haarfarbe und Augenfarbe. Bei der Körpergröße sind dies »groß« oder »klein«, bei der Haarfarbe »blond« oder »schwarzhaarig« und bei der Augenfarbe »blau« oder »braun«. Wir beschränken uns auf Beobachtungsergebnisse, die nur zwei Antworten entsprechend + oder – zulassen. Bei der Körpergröße sind dies groß oder klein, bei der Haarfarbe blond oder schwarz und bei der Augenfarbe blau oder braun. Zwillinge, die abweichende Eigenschaften, wie etwa eine andere Augenfarbe oder Haarfarbe, haben, lassen wir außer Acht.

Ganz offenbar zeigen unsere identischen Zwillinge die vorher diskutierten perfekten Korrelationen. Ist einer der Zwillinge etwa groß, hat blaue Augen und blonde Haare, wissen wir, dass der andere Zwilling auch groß sein wird, blaue Augen und blonde Haare hat. Im Sinne von Einstein, Podolsky und Rosen sind diese drei Eigenschaften - Größe, Augenfarbe und Haarfarbe - Elemente der Realität, da wir aufgrund der Beobachtung des einen Zwillings mit Sicherheit die Eigenschaften des anderen vorhersagen können. Wir kennen auch einen Grund für diese Identität: Es ist die Tatsache, dass beide dieselben Gene tragen. Diese Gene entsprechen den lokalen verborgenen Variablen. Wenn wir nun eine große Zahl von solchen Zwillingspaaren betrachten, die alle entweder groß oder klein, blond oder schwarzhaarig, blauäugig oder braunäugig sind, gibt es natürlich alle nur denkbaren Kombinationen. Für die genannten drei Eigenschaften sind es deren acht:

- groß, blauäugig, schwarzhaarig
- groß, blauäugig, blond
- groß, braunäugig, schwarzhaarig
- groß, braunäugig, blond
- klein, blauäugig, schwarzhaarig
- klein, blauäugig, blond
- klein, braunäugig, schwarzhaarig
- klein, braunäugig, blond

Von all den vielen Zwillingspaaren, die wir betrachten, wird eine gewisse Zahl groß und schwarzhaarig mit blauen Augen sein, eine gewisse Zahl groß und blond mit blauen Augen und so weiter. Wie viele es sind, ist unbekannt, und das müssen wir auch gar nicht wissen. Wir können aber einige ganz einfache Aussagen treffen, zum Beispiel:

$$\left(\begin{array}{c}\text{Zahl der großen}\\ \text{Zwillingspaare}\\ \text{mit blauen Augen}\end{array}\right)=\left(\begin{array}{c}\text{Zahl der}\\ \text{großen Zwillingspaare}\\ \text{mit blauen Augen}\\ \text{und schwarzen Haaren}\end{array}\right)+\left(\begin{array}{c}\text{Zahl der}\\ \text{großen Zwillingspaare}\\ \text{mit blauen Augen}\\ \text{und blonden Haaren}\end{array}\right)$$

Das ist vollkommen evident. Ein großer Zwilling mit blauen Augen muss innerhalb unseres Modells entweder schwarze oder blonde Haare haben. Andere Haarfarben betrachten wir ja nicht.

Genauso gilt:

$$\left(\begin{array}{c}\text{Zahl der großen}\\ \text{Zwillingspaare}\\ \text{mit schwarzen Haaren}\end{array}\right)=\left(\begin{array}{c}\text{Zahl der}\\ \text{großen Zwillingspaare}\\ \text{mit blauen Augen}\\ \text{und schwarzen Haaren}\end{array}\right)+\left(\begin{array}{c}\text{Zahl der}\\ \text{großen Zwillingspaare}\\ \text{mit braunen Augen}\\ \text{und schwarzen Haaren}\end{array}\right)$$

Vielleicht wird die Leserin beziehungsweise der Leser schon ungeduldig, da es sich ja wirklich um triviale und selbstverständliche Aussagen handelt. Wir bitten aber noch um ein klein wenig Geduld, denn wir brauchen nur mehr eine einzige Aussage, um unser Argument durchziehen zu können. Sie lautet:

$$\left(\begin{array}{c}\text{Zahl der blonden}\\ \text{Zwillingspaare}\\ \text{mit blauen Augen}\end{array}\right)=\left(\begin{array}{c}\text{Zahl der}\\ \text{großen Zwillingspaare}\\ \text{mit blauen Augen}\\ \text{und blonden Haaren}\end{array}\right)+\left(\begin{array}{c}\text{Zahl der}\\ \text{kleinen Zwillingspaare}\\ \text{mit blauen Augen}\\ \text{und blonden Haaren}\end{array}\right)$$

Auf Basis der drei eigentlich recht primitiven Aussagen, die wir gerade getroffen haben, erhalten wir die *Bell'sche Ungleichung für Zwillingspaare:*

$$\left(\begin{array}{c}\text{Zahl der großen}\\ \text{Zwillingspaare}\\ \text{mit blauen Augen}\end{array}\right)\leq\left(\begin{array}{c}\text{Zahl der}\\ \text{großen Zwillingspaare}\\ \text{und schwarzen Haaren}\end{array}\right)+\left(\begin{array}{c}\text{Zahl der}\\ \text{blonden Zwillingspaare}\\ \text{mit blauen Augen}\end{array}\right)$$

Das Symbol $\leq$ bedeutet, dass die linke Seite kleiner oder höchstens gleich groß ist wie die Summe auf der rechten Seite. Ehe wir auf die Bedeutung der

Bell'schen Ungleichung eingehen, überlegen wir uns kurz noch einmal, was wir bisher gemacht haben: Wir schauten uns identische Zwillinge an, und wir betrachteten nur drei verschiedene Eigenschaften: Größe, Haarfarbe und Augenfarbe; wir haben uns auf jeweils zwei Varianten dieser Eigenschaften beschränkt: groß – klein, blond – schwarz, blau – braun. Alle anderen Zwillinge haben wir ausgeschlossen. Wir haben uns nicht alle möglichen Zwillinge angesehen, sondern nur die mit diesen spezifischen Eigenschaften, also keine anderen Augen- oder Haarfarben.

Wir sind nun durch ganz einfache Überlegungen zu der Bell'schen Ungleichung gekommen. Dass diese richtig ist, sehen wir sofort. Wir brauchen uns nur zu überlegen, dass jede der drei Zahlen in der Bell'schen Ungleichung nach den darüber stehenden Beziehungen aus zwei anderen Zahlen zusammengesetzt ist. Die beiden Zahlen, aus denen die (Zahl der großen Zwillingspaare mit blauen Augen) zusammengesetzt ist, kommen auch auf der rechten Seite vor, nämlich die (Zahl der großen Zwillingspaare mit blauen Augen und schwarzen Haaren) und die (Zahl der großen Zwillingspaare mit blauen Augen und blonden Haaren). Zusätzlich gibt es dann auf der rechten Seite noch die (Zahl der großen Zwillingspaare mit braunen Augen und schwarzen Haaren) und die (Zahl der kleinen Zwillingspaare mit blauen Augen und blonden Haaren). Nur wenn diese letzten beiden jeweils Null sind, wenn es also keine solchen Zwillinge gibt, dann gilt das Gleichheitszeichen in der Bell'schen Ungleichung. Sonst muss die linke Seite kleiner sein als die rechte.

So unschuldig die eben gefunden Aussage aussieht, so wichtig ist sie für die moderne Physik. Die Bell'sche Ungleichung gilt für alle Paare von identischen Objekten. Alles, was wir benötigen, um die Bell'sche Ungleichung in einer bestimmten Situation anzuwenden, ist eine Beschränkung auf zweiwertige Eigenschaften - Eigenschaften, die nur zwei Möglichkeiten zulassen. Im täglichen Leben wird die Bell'sche Ungleichung immer richtig sein.

Übersetzen wir nun die Bell'sche Ungleichung in unser oben diskutiertes Experiment mit den Teilchenpaaren. Auch dort haben wir drei Eigenschaften, die wir beobachten, x, y oder z, und jeweils zwei Resultate, + oder –, die perfekt miteinander korreliert sind, wenn auf beiden Seiten, A oder B, dieselbe Eigenschaft gemessen wird. Wir brauchen demnach nur die Sprache, die wir bei den Zwillingen verwendet haben, in die Sprache in unserem Teilchenmodell zu übersetzen. Verwenden wir also folgende Entsprechungen:

- Der Größe entspricht die Eigenschaft x, groß entspricht dem Resultat +, klein dem Resultat –.
- Der Augenfarbe entspricht die Eigenschaft y, blaue Augen entsprechen +, braune Augen entsprechen –.
- Die Haarfarbe entspricht der Eigenschaft z, schwarz entspricht + und blond entspricht –.

Ein kleiner Schritt ist noch notwendig. Im Gegensatz zum Fall der Zwillinge, wo wir an einem Zwilling alle diese Eigenschaften, in unserem Fall Größe, Haarfarbe und Augenfarbe, gleichzeitig beobachten konnten, messen wir an jedem der beiden Quantenteilchen jeweils nur eine, x, y oder z. Das tut dem Argument jedoch keinen Abbruch. Wir könnten ja auch bei Zwillingen so vorgehen, dass wir uns bei einem etwa die Größe ansehen und beim anderen die Haarfarbe. Wenn wir also an dem einen feststellen, dass er groß ist, und an dem anderen, dass er blond ist, wissen wir, dass beide groß und blond sind, da sie ja identisch sind.

Aus der Bell'schen Ungleichung für Zwillingspaare erhalten wir mit dieser Übersetzung direkt die *Bell'sche Ungleichung für Teilchenpaare:*

$$\left(\begin{array}{c}\textit{Zahl der}\\ \textit{++ Resultate}\\ \textit{bei Apparat A auf x}\\ \textit{und Apparat B auf y}\end{array}\right) \leq \left(\begin{array}{c}\textit{Zahl der}\\ \textit{++ Resultate}\\ \textit{bei Apparat A auf x}\\ \textit{und Apparat B auf z}\end{array}\right) + \left(\begin{array}{c}\textit{Zahl der}\\ \textit{+- Resultate}\\ \textit{bei Apparat A auf y}\\ \textit{und Apparat B auf z}\end{array}\right)$$

Wir haben also jetzt die ursprünglich für identische Zwillinge hergeleitete Bell'sche Ungleichung in den Fall von identischen Teilchen in unserem Gedankenexperiment übersetzt. Die Frage ist nun, wie sich Teilchenpaare in der wirklichen Welt verhalten. Viele der existierenden Experimente wurden mit polarisierten Lichtteilchen, den Photonen, durchgeführt. Wir werden dies jetzt im Detail diskutieren.

Verschränkte Photonen

Die Polarisation ist eine Eigenschaft des Lichtes, die auch im Alltag bekannt ist. Sie beschreibt, in welcher Art das Licht schwingt, horizontal – hin und her, vertikal – auf und ab, oder in irgendeiner anderen Richtung. Fotografen verwenden zum Beispiel Polarisationsfilter, um gewisse Spiegelungen auszublenden. Auch einzelne Lichtteilchen, Photonen, tragen Polarisation. Nehmen wir ein beliebiges Photon und fragen wir nach seiner Polarisation. Wir nehmen also eine Messung seiner Polarisation vor und bestimmen, ob das Photon entlang einer bestimmten Richtung polarisiert ist oder nicht. Für das Photon gibt es nur zwei Möglichkeiten: Entweder ist es parallel zu dieser Richtung polarisiert oder rechtwinklig dazu.

Wir übertragen nun das Bild unserer Teilchenpaare auf Paare von Photonen. Man kann im Experiment sehr leicht Paare von Photonen erzeugen, bei denen die Polarisationen beider Photonen sehr eng miteinander zusammenhängen, also nach Schrödinger verschränkt sind, wie wir es vorher für die

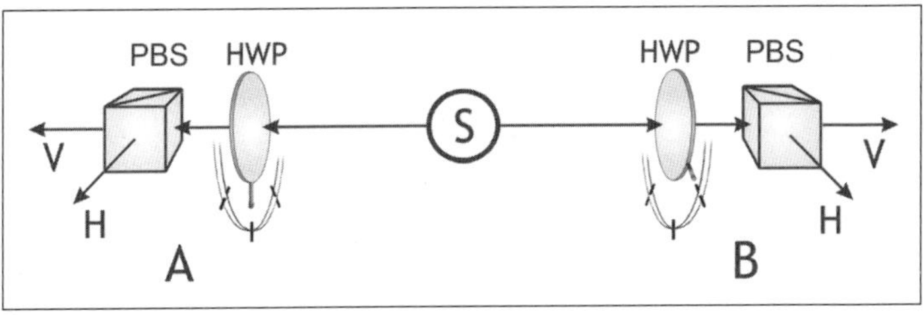

Abb. II Experiment mit Photonenpaaren. Die Quelle S erzeugt Photonenpaare. Eines der Photonen wird zu Messapparat A, das andere Photon zu Messapparat B geschickt. Die Polarisation jedes Photons wird mit einem polarisierenden Strahlteiler (PBS) gemessen. Je nachdem, ob das Photon horizontal oder vertikal polarisiert ist, kommt es im H-Strahl oder V-Strahl heraus und kann dort nachgewiesen werden. Die Messung der Polarisation entlang verschiedener Richtungen erreicht man durch die Halbwellenplatte (HWP). Diese dreht die Polarisation des Photons um einen gewissen Winkel, der von der Orientierung der Halbwellenplatte abhängt. Die Messung der Polarisation mit feststehendem PBS und gedrehter HWP ist genau so, als wenn man die Messung mit einem gedrehten PBS gemacht hätte. Man kann damit die Polarisation entlang einer beliebigen Richtung messen.

Teilchenpaare diskutiert hatten. Es gibt verschiedene Arten dieser Verschränkung. Welche vorliegt, hängt davon ab, welche Quelle man auswählt. Wir nehmen an, dass wir eine Quelle haben, wo beide Photonen immer die gleiche Polarisation zeigen. Entweder sind also beide Photonen horizontal oder beide vertikal polarisiert. Den drei Messungen x, y oder z entsprechen hier Messungen der Polarisation entlang von drei verschiedenen Richtungen (Abb. II).

Durch die Kombination des polarisierenden Strahlteilers PBS mit einer gedrehten Halbwellenplatte HWP lässt sich die Polarisation entlang einer beliebigen Richtung messen. Wir betrachten drei verschiedene Stellungen der Halbwellenplatte HWP, was der Messung der Polarisationen entlang dreier verschiedener Richtungen entspricht. Wir bezeichnen die Resultate der Messung der Polarisation entlang der ersten Richtung mit H und V, entlang der zweiten Richtung mit H' und V' und entlang der dritten Richtung mit H'' und V''. Nun haben wir wieder drei verschiedene Messgrößen: die Polarisation entsprechend den drei möglichen Orientierungen des Polarisators und jeweils zwei Resultate, horizontal oder vertikal, bezüglich der gewählten Richtung.

Betrachten wir wieder zuerst die Fälle, wo auf beiden Seiten bei A und B die Polarisation entlang der gleichen Richtung gemessen wird. Wieder treten auf beiden Seiten die gleichen Resultate auf. Es gibt also in diesem Fall nur die folgenden sechs Kombinationen: H–H, V–V, H'–H', V'–V', H''–H'' und V''–V''. Betrachten wir nun die Fälle, wo wir auf beiden Seiten verschiedene Polarisatorstellungen haben, so können wir die bisherige Bell'sche Ungleichung für Teilchen direkt in die jetzige Situation übersetzen. Wir brauchen nur das Resultat H, H' oder H'' in + übersetzen und das Resultat V, V' oder V'' in –. Die drei Orientierungen entsprechen den drei Messrichtungen der Polarisation, das heißt, den drei Einstellungen der Halbwellenplatte HWP. Wir erhalten damit die *Bell'sche Ungleichung für polarisationsverschränkte Photonen:*

$$\left(\begin{array}{c}\textit{Zahl der}\\ \textit{Paare, bei denen}\\ \textit{Photon 1 Polarisation H}\\ \textit{zeigt und Photon 2}\\ \textit{Polarisation H'}\end{array}\right) \leq \left(\begin{array}{c}\textit{Zahl der}\\ \textit{Paare, bei denen}\\ \textit{Photon 1 Polarisation H}\\ \textit{zeigt und Photon 2}\\ \textit{Polarisation H''}\end{array}\right) + \left(\begin{array}{c}\textit{Zahl der}\\ \textit{Paare, bei denen}\\ \textit{Photon 1 Polarisation H'}\\ \textit{zeigt und Photon 2}\\ \textit{Polarisation V''}\end{array}\right)$$

Damit haben wir eine direkt überprüfbare experimentelle Aussage gewonnen. Es ergibt sich nun die Frage, ob Photonen im Experiment tatsächlich diese Bedingung, diese Bell'sche Ungleichung erfüllen, oder ob sie sie verletzen, das heißt, ob die Zahl der Paare, wo das erste Photon die Polarisation H zeigt und das zweite die Polarisation H', in gewissen Fällen größer sein kann als die Summe der beiden anderen Zahlen. Das Interessante ist nun, dass dieser Fall tatsächlich auftreten kann. Es wurde in zahlreichen Experimenten beobachtet[5], dass die Bell'sche Ungleichung nicht gilt. Die Bell'sche Ungleichung wird demnach von unseren Photonenpaaren verletzt. Es müssen also die Annahmen, die in ihre Herleitung eingeflossen sind, nämlich die Annahmen des lokalen Realismus, für unsere Photonenpaare nicht stimmen. Das Experiment sagt uns folglich, dass die Weltanschauung des lokalen Realismus nicht gilt. Eine philosophische Frage darüber, wie die Welt beschaffen ist, wurde also hier durch das Experiment eindeutig entschieden.

Interessanterweise wird genau diese Verletzung der Bell'schen Ungleichung theoretisch von der Quantenphysik vorhergesagt. Wir haben damit eine perfekte Übereinstimmung zwischen den Vorhersagen der Quantenphysik und der experimentellen Beobachtung, und einen Widerspruch zum Modell des lokalen Realismus.

Was kann das bedeuten?

Wie ist es möglich, dass eine so einfache Aussage wie die Bell'sche Ungleichung im Experiment nicht stimmt? Die Überlegungen, die zu der Ungleichung geführt haben, waren ja extrem einfach – so einfach, dass schon der griechische Philosoph Aristoteles sie hätte herleiten können. Man braucht dazu ja keine Quantenphysik. Aristoteles hätte aber sicher nie gedacht, dass dies ein interessantes Problem sein könnte. Im Gegenteil: Er hätte es wahrscheinlich als uninteressant abgetan, da sich die Natur vernünftigerweise so verhalten muss. Denken wir nur an unser Beispiel mit den identischen Zwillingen, das eine perfekte Erklärung der Korrelationen zwischen Zwillingspaaren lieferte. Quantenteilchen verhalten sich also nicht wie identische Zwillinge, obwohl sie die gleichen Resultate zeigen. Wenn wir an ihnen die gleiche Eigenschaft messen, kann dies nicht so wie bei Zwillingen dadurch erklärt werden, dass sie diese Eigenschaft bereits vor der Beobachtung getragen haben.

Welche Lehre ziehen wir also aus der Verletzung der Bell'schen Ungleichung? Da sie nicht stimmt, muss zumindest eine der Annahmen, die wir zu ihrer Herleitung getroffen haben, falsch sein. Was waren diese Annahmen?

Die erste Grundannahme war die des Realismus. Das war die Idee, dass ein experimentelles Resultat in irgendeiner Form durch Eigenschaften der Teilchen bestimmt ist. Die zweite Grundannahme war die Lokalitätsannahme. Das war die Annahme, dass die wirkliche physikalische Situation von, sagen wir, Messapparat B inklusive dem Teilchen b unabhängig davon sein muss, welche Messung gleichzeitig an Teilchen a durch den Messapparat A durchgeführt wird.

Eine dritte Annahme, die wir implizit verwendet haben, aber nicht explizit ausgedrückt haben, ist die, dass es Sinn macht, sich zu überlegen, welche experimentellen Resultate bei allen drei auftreten könnten, auch wenn nur eine bestimmte Messung durchgeführt wird. Für den Fall der Zwillinge bedeutet dies, dass es Sinn macht, sich zu sagen, dass zum Beispiel große, blauäugige Zwillinge entweder blondes oder schwarzes Haar haben müssen, auch wenn man dies nicht beobachtet. Im Falle der Messung an zwei Teilchen bedeutet dies, dass es Sinn macht, sich zu überlegen, was das Resultat etwa bei der Schalterstellung z wäre, auch wenn man nur ein Teilchen an Schalterstellung x und das andere nur an Schalterstellung y misst.

Wir diskutieren nun einige der möglichen philosophischen Konsequenzen des Zusammenbruchs des lokalen Realismus. Es könnte also sein, dass die Realitätsannahme nicht stimmt. Dies würde im Grunde genommen bedeuten, dass die experimentell beobachtete Eigenschaft in einem ganz konkreten Experiment nicht eine Eigenschaft der physikalischen Wirklichkeit ist, ehe die Beobachtung durchgeführt wird. Letztlich heißt das, dass die Wirklichkeit von der Entscheidung des Beobachters abhängt, welche Messung er durchführt, denn der Beobachter, der ein bestimmtes Experiment macht, kann ja frei entscheiden, welche Messung er durchführt - das heißt in unserem Fall, welche Schalterstellung er wählt, oder entlang welcher Richtung er die Polarisation eines Photons misst. Der Zusammenbruch des Realismus würde bedeuten, dass das dann gemessene Resultat keine Eigenschaft reflektiert, die vor der Beobachtung und unabhängig von ihr existiert hat.

Es könnte auch sein, dass die Lokalitätsannahme nicht gilt. Ein solcher Zusammenbruch der Lokalität könnte zum Beispiel bedeuten, dass irgendetwas an unserer Vorstellung von räumlicher Trennung falsch ist. Zwei Orte, die uns als sehr getrennt erscheinen, wären für Quantensysteme nicht getrennt. Ein Quantensystem, das aus zwei oder mehr verschränkten Teilchen besteht, bleibt ein Ganzes, unabhängig davon, wie weit die einzelnen Komponenten des Systems voneinander getrennt sind. Man könnte aber auch ganz einfach annehmen, dass die verschiedenen Teile des Apparats Information mit unendlich großer Geschwindigkeit austauschen.

Ein Zusammenbruch der dritten Annahme würde bedeuten, dass man nur dann über Eigenschaften von Systemen sprechen darf, wenn sie tatsächlich beobachtet werden. Einfach ausgedrückt: die Frage »Was wäre, wenn?« wäre illegal. Dies widerspräche aber mit Sicherheit unserer Alltagserfahrung. Wir steuern unser Verhalten ja immer in der Weise, dass wir verschiedene Alternativen überlegen und bestimmte wegen der möglichen Konsequenzen ausschließen. Um zu wissen, was geschieht, wenn man beispielsweise eine dicht befahrene Autobahn zur Hauptverkehrszeit mit geschlossenen Augen überquert, ist es nicht unbedingt notwendig, dieses Experiment tatsächlich durchzuführen.

Zum gegenwärtigen Zeitpunkt besteht über die philosophische Frage, nämlich die Frage, was die philosophischen Konsequenzen der Verletzung der Bell'schen Ungleichung sind, keine Übereinstimmung darüber, welche Position man stattdessen anzunehmen hat. Während Experimente klar ergeben haben, dass der lokale Realismus eine unhaltbare Position ist, ist nicht klar, welche philosophische Position man stattdessen annehmen kann. Die meisten Physiker interpretieren die Verletzung der Bell'schen Ungleichung in der Weise, dass sie sagen, die Quantenphysik sei nichtlokal. Diese Nichtlokalität ist genau das, was Albert Einstein als spukhaft bezeichnet hat, da wie durch einen Spuk die Messung an einem Teilchen das andere beeinflusst.

Die andere Möglichkeit wäre, das Bild einer Wirklichkeit aufzugeben, die in allen ihren Eigenschaften unabhängig von uns existiert. Dies würde bedeuten, dass wir durch unsere Messung, durch unsere Entscheidung, welche Messung wir durchführen, einen wesentlichen Einfluss darauf ausüben, was Wirklichkeit sein kann. Es gibt tatsächlich Hinweise darauf, dass dies wahrscheinlich die bessere Antwort ist. Das signifikanteste Resultat in diesem Zusammenhang ist das so genannte Kochen-Specker-Paradoxon[6]. Es würde zu weit gehen, dies hier im Detail zu erläutern. Das Resultat muss uns jetzt ausreichen. Seine Aussage ist, dass es auch für einzelne Quantensysteme nicht möglich ist, ihnen Elemente der Realität zuzuordnen, die alle experimentellen Resultate erklären. Da Kochen und Specker nur Messungen an einzelnen Quantenteilchen betrachten, kommt die Lokalitätsannahme naturgemäß gar nicht zum Tragen.

Im Prinzip wäre aber noch eine ganz andere, extreme Position tragbar, oder zumindest denkbar. Dies wäre die Annahme eines totalen Determinismus. In diesem Fall wäre alles vorherbestimmt, einschließlich der Entscheidungen des Beobachters, welche Größe er an einem System misst. Es stellt sich also dann nicht die Frage, welche Eigenschaften die Teilchen hätten, wenn wir etwas anderes an ihnen messen, und der logische Gedankengang der Bell'schen Ungleichung kann gar nicht durchgezogen werden. Dass eine solche Position den Naturwissenschaften vollkommen den Boden unter den Füßen wegziehen würde, ist offenkundig. Welche Bedeutung hätte es, in einem Experiment eine Frage an die Natur zu stellen, wenn die Natur selbst diese Frage determinieren kann?

Eine Meinung, die viele Physiker vertreten, ist die, dass man zufrieden sein soll, wenn die Quantenphysik uns erlaubt, Dinge exakt zu berechnen. Eine solche Position ist durchaus legitim, birgt aber die Gefahr in sich, etwas Interessantes zu übersehen.

Während wir also hier die Antwort auf diese philosophischen Fragen offenlassen, gibt es Hinweise, dass all dies mit der Rolle der Information zu tun hat. Vielleicht ist es so, dass man die beiden Konzepte Information und Wirklichkeit nicht voneinander trennen darf[7].

Zitate

1 A. Einstein, B. Podolsky und N. Rosen, »Can Quantum-Mechanical Description of Physical Reality Be Considered Complete? », Phys. Rev. **47**, 777 (1935)

2 E. Schrödinger, »Die gegenwärtige Situation in der Quantenmechanik«, Naturwissenschaften **23**, 807; 823; 844 (1935)

3 J. S. Bell, »On the Einstein Podolsky Rosen Paradox«, Physics **1**, 195–200 (1964)

4 E. P. Wigner, »On hidden variables and quantum mechanical probabilities«, Am. J. Phys. **38**, 1005 (1970)

5 Für eine Übersicht siehe: A. Zeilinger, G. Weihs, T. Jennewein und M. Aspelmeyer, »Happy centenary, photon«, Nature **433**, 230 (2005)

6 S. Kochen und E. Specker, »The Problem of Hidden Variables in Quantum Mechanics«, Journal of Mathematics and Mechanics **17**, 59 (1967)

7 A. Zeilinger, *Einsteins Schleier. Die neue Welt der Quantenphysik.* C.H. Beck (2003)

Alice, Bob und ihre unverständlichen Beobachtungen

Nachdem Bob den Aufsatz gelesen hat, legt er ihn seufzend hin.

»Das ist recht interessant, aber was hat es mit unserer Arbeit zu tun? Wo ist der Zusammenhang? Wir haben es ja nicht mit Zwillingen zu tun!«

»Du hast offenbar nicht genau genug gelesen, da haben wir genau, was wir brauchen.« Alice blättert in Professor Quantingers Artikel, schlägt die Stelle mit der Herleitung der Bell'schen Ungleichung auf und zitiert in ihrer Lesart:

Die Zahl der Paare, bei denen das erste Photon die Polarisation H zeigt und das zweite Photon die Polarisation H', ist kleiner oder gleich der Zahl der Photonen, bei denen das erste Photon H zeigt und das zweite H", plus die Zahl der Photonen, bei denen das erste H' zeigt und das zweite V".

Kaum hat Bob einen Blick darauf geworfen, schlägt er sich an den Kopf. »Klar doch! Du hast Recht! Wir haben ja die Polarisationen der Photonen in drei verschiedenen Orientierungen gemessen! Plus 30 Grad, 0 Grad und minus 30 Grad. Also sollten wir alle Daten haben, um zu überprüfen, ob die Bell'sche Ungleichung bei uns gilt oder verletzt ist.«

»Wir müssen nur noch entscheiden, was die Polarisationen H, H', H" und V" in unserem Fall bedeuten. Wir müssen auch entscheiden, welche Schalterstellung, also welche Orientierung unserer Polarisatoren, dem ungestrichenen Bezugssystem beziehungsweise dem einfach und dem zweifach gestrichenen Bezugssystem in der Arbeit von Professor Quantinger entspricht«, meint Alice.

»Versuchen wir's doch einfach«, sagt Bob, »mit der Zuordnung, dass horizontale Polarisation, also H, H' oder H", immer dann gemessen wurde, wenn das rote Lämpchen leuchtete, und vertikale Polarisation V, wenn das grüne leuchtete.«

»Ja, und die Messung von H entspricht dann«, fährt Alice fort, »dem Aufleuchten des roten Lämpchens bei Schalterstellung Plus, also Polarisatororientierung plus 30 Grad, H' entspricht dem roten Lämpchen bei Schalterstellung Null, also Polarisatororientierung 0 Grad, und H" und V" bedeuten Rot beziehungsweise Grün bei Schalterstellung Minus, also Polarisatororientierung minus 30 Grad.«

»Wie müsste die Bell'sche Ungleichung in unserem Fall also lauten?« fragt Bob. »Nehmen wir zur Einfachheit deinen Schalter A und meinen Schalter B. Es ergibt sich dann: Die Zahl der Koinzidenzen zwischen Rot bei der Stellung von Schalter A auf Plus und Rot bei der Stellung von Schalter B auf Null darf nicht größer sein als die Zahl der Koinzidenzen von Rot bei der Stellung von Schalter A auf Null und Rot bei der Stellung von Schalter B auf Minus, plus die Zahl der Koinzidenzen zwischen Rot bei Schalter A auf Null und Grün bei Schalter B auf Minus. Setzen wir doch mal die Zahlen ein.«

Noch während er spricht, kramt Alice einen Bleistift hervor und kritzelt auf die Rückseite des Artikels:

$31 \leq 11 + 13$

»Das sind unsere tatsächlich gemessenen Zahlen. Wir hatten einunddreißig Koinzidenzen Rot-Rot bei Schalter A auf Plus und Schalter B auf Null, elf Rot-Rot bei Schalter A auf Plus und Schalter B auf Minus sowie dreizehn Rot-Grün bei Schalter B auf Null und Schalter A auf Minus. Einunddreißig ist offenbar nicht kleiner oder gleich vierundzwanzig, also gilt die Bell'sche Ungleichung nicht. Aber vielleicht gilt das nur in diesem einen Experiment. Alle Zahlen haben ja eine statistische Unsicherheit. Vielleicht ist das nur Zufall«, schließt sie.

Aber Bob erinnert sich: »Wir hatten ja grundsätzlich herausgefunden, dass die einen Ereignisse jeweils in fünfundsiebzig Prozent der Fälle auftreten und die anderen in fünfundzwanzig Prozent. Wir können das also auch als Prozentsatz anschreiben«, und er schreibt auf das Papier:

$75 \leq 25 + 25$

»Das ist offensichtlich falsch!«, ruft Bob aus. »Unsere gemessenen Daten verletzen die Bell'sche Ungleichung. Wir haben bewiesen: Die Welt ist nichtlokal.«

Alice widerspricht: »Nein, wir haben bewiesen, dass die Wirklichkeit erst existiert, wenn wir sie beobachten.«

»Es gibt sogar mindestens eine dritte Möglichkeit, wie ich in dem Aufsatz erwähne.« Alice und Bob drehen sich um, als sie die Stimme von Professor Quantinger hören, der herbeigekommen war, um zu sehen, was die beiden vorhaben.

»Die Welt ist voll deterministisch. Das hieße, Sie haben die Schalterstellungen gar nicht frei wählen können, sondern das war schon irgendwie festgelegt.«

»Aber das wäre doch total verrückt«, erwidert Alice, »warum sollte ich denn nicht einmal darüber sprechen?«

»Willkommen im Club«, erwidert Professor Quantinger lächelnd, »das sind genau die Fragen, über die Physiker nachdenken. Seit Bells Entdeckung haben Physiker und Philosophen über diesen Fragen gebrütet, und das letzte Urteil ist noch nicht gesprochen.«

»Dann«, sagt Alice ein wenig aus der Fassung gebracht, »haben wir also nur herausgefunden, dass die Bell'sche Ungleichung verletzt ist. Aber was nun? Für mich ist nicht ersichtlich, was daraus folgt.«

»Ach, Sie haben doch schon eine Menge herausgefunden«, antwortet Professor Quantinger. »Vielleicht sollten Sie einfach versuchen, es zu formulieren.«

Alice zwirbelt ihre Locke, während sie sagt: »Wir haben herausgefunden, dass es falsch ist, anzunehmen, dass jedes Photon seine spezifische Eigenschaft, seine Polarisation, hat, bevor es gemessen wird.«

»Ganz richtig«, sagt der Professor, »aber da war noch etwas.«

»Ja«, wirft Bob ein, »wir haben bewiesen, dass auch eine andere Erklärung nicht möglich ist, nämlich die, dass das Photon irgendwie weiß, was es zu tun hat, wenn es gemessen wird, dass das Messergebnis irgendwie von einer Eigenschaft des Photons selbst bestimmt wird.«

»Sehr gut«, sagt der Professor, »aber das wäre an sich nicht sonderlich beunruhigend. Es gibt einen sehr wichtigen Grund, warum uns das beschäftigen sollte.«

»Einen philosophischen Grund?«, fragt Alice.

»Nein, es geht um ein einfaches Versuchsergebnis, das Sie am Anfang bekommen haben.«

»Ach ja, die perfekten Korrelationen! Wir haben herausgefunden, dass die Photonen, wenn wir sie auf dieselbe Weise messen, stets dasselbe Ergebnis zeigen. Die beiden sind identisch wie eineiige Zwillinge.«

»Aber«, ruft Bob aus, »die Bell'sche Ungleichung sagt uns, dass wir das nicht so erklären können wie bei Zwillingen.«

»Ja«, schließt der Professor, »genau darum geht es. Die beiden Messgeräte zeigen, wenn sie dasselbe Merkmal an einem System messen, dasselbe Ergebnis. Wie in aller Welt ist das möglich, wo doch die Annahme, dass diese Systeme irgendwelche Instruktionen oder irgendeine Information tragen, weshalb sie dieses bestimmte Ergebnis hervorrufen sollten, erwiesenermaßen falsch und das einzelne Messergebnis nie rein zufällig ist. Das ist das eigentliche unfassbare Rätsel.«

Still sitzen sie eine Weile da, und Professor Quantinger malt sich vergnügt aus, wie die beiden jungen Leute sich fieberhaft bemühen, das soeben Gehörte zu verdauen.

»Zuerst gibt es da die eine Möglichkeit«, sagt Alice. »Die Dinge hängen irgendwie auf geisterhafte Weise miteinander zusammen. Genau der Spuk, den Einstein nicht mochte.«

»Genauso unbegreiflich«, erwidert Bob, »ist die Alternative, dass die Realität nicht existiert, solange wir sie nicht beobachten. Wenn das wahr wäre, wäre die Welt ja irgendwie von uns abhängig, davon, ob wir sie beobachten oder nicht.«

»Oder von jemand anderem«, sagt Professor Quantinger. »Der englische Philosoph George Berkeley hat dies im Jahr 1710 auf die knappe lateinische Formel gebracht: ›Esse est percipi‹ – ›Sein bedeutet wahrgenommen werden.‹ Berkeley sah darin sogar einen Beweis für die Existenz Gottes als des allerhöchsten Beobachters, desjenigen, der die Welt auch dann beobachtet, wenn keine Menschen da sind.«

»Ich bin hoffentlich nicht verpflichtet, diese Folgerung zu akzeptieren«, entgegnet Alice trotzig.

»Natürlich nicht.« Professor Quantinger lächelt. »Sie können jede Schlussfolgerung ziehen, die Ihnen beliebt. Und wenn Sie den philosophischen Sinn all dessen entdecken und es Ihnen gelingt, andere davon zu überzeugen, können Sie sehr berühmt werden. Ich rechne aber nicht damit, dass das in der nächsten halben Stunde geschehen wird, und schlage deshalb vor, dass wir das Thema für heute auf sich beruhen lassen.«

Schneller als das Licht und in die Vergangenheit?

Wir haben inzwischen erfahren, dass nichts sich schneller bewegen kann als das Licht. Das entdeckte Einstein im Jahr 1905, als er seine berühmte Spezielle Relativitätstheorie vorstellte. Es ist eigentlich recht interessant, wie Einstein darauf kam. Seine grundlegende Erkenntnis bestand darin, dass Raum und Zeit nicht getrennt werden können – sie bilden eine Einheit, die wir heute Raumzeit nennen. Die Einheit der Raumzeit äußert sich zum Beispiel darin, dass Raum und Zeit bis zu einem gewissen Grad ineinander transformiert werden können, je nachdem, wie schnell man sich bewegt. Wichtig ist, dass die Zeit in einem Raumschiff bei zunehmendem Tempo immer langsamer vergeht, je näher man der Lichtgeschwindigkeit kommt, die 299 792 458 Meter pro Sekunde beträgt.

Wäre es nicht möglich, durch fortwährende Beschleunigung schneller zu reisen als das Licht? Es ist nicht möglich – das ist eine der Folgerungen aus Einsteins Relativitätstheorie. Je näher man der Lichtgeschwindigkeit kommt, desto mehr Energie benötigt man zum Beschleunigen, und um die Lichtgeschwindigkeit zu erreichen, würde man sogar unendlich viel Energie benötigen. Es gilt daher als ausgeschlossen, dass ein Körper, der eine Ruhemasse hat – das kann alles sein, vom Raumschiff über den Raumfahrer bis hin zu massiven Teilchen wie Elektronen und Atomen –, die Grenze der Lichtgeschwindigkeit erreicht, geschweige denn überschreitet.

Wieso kann aber das Licht diese Höchstgeschwindigkeit erreichen? Ganz einfach deshalb, weil Photonen, die Teilchen des Lichtes, keine Ruhemasse haben.

Nun mag die Lichtgeschwindigkeit unerreichbar sein, aber man könnte doch annehmen, dass es irgendwie möglich ist, direkt zu einer Bewegungsart überzugehen, die jenseits des Tempolimits der Lichtgeschwindigkeit liegt. Wenn es möglich wäre, schneller als das Licht zu reisen, könnte man – und das hat Albert Einstein gezeigt – während einer Raumfahrt auf ein anderes, heimwärts fliegendes Raumschiff springen, das ebenfalls schneller fliegt als das Licht, und wäre dadurch in der Lage, früher auf der Erde anzukommen, als man abgereist ist. Das hat Einstein sehr zu schaffen gemacht. Man könnte dann den eigenen Großvater in seiner Jugendzeit töten und auf diese Weise eine endlose Schleife erzeugen (Abbildung 35).

Die Schleife besteht in Folgendem: Würde man den eigenen Großvater als jungen Mann töten, würde man selbst nicht geboren worden sein; folglich würde man nicht in der Zeit zurückreisen können und wäre daher nicht in der Lage, seinen eigenen Großvater zu töten. Das heißt, man wäre noch am Leben, könnte also in der Zeit zurückreisen, um den eigenen Großvater zu töten. Also könnte man nicht zurückreisen und so weiter und so fort. Wir landen in einer endlosen Schleife des Widerspruchs.

Die Forderung, dass nichts schneller als mit Lichtgeschwindigkeit fliegen kann, ist daher eigentlich eine Forderung nach Widerspruchsfreiheit des Universums. Das Universum kann sich nicht im Widerspruch mit sich selbst befinden.

Aus diesem Argument der Widerspruchsfreiheit ergibt sich, wenn man ein bisschen gründlicher überlegt, dass ein Zurückgehen in der Zeit dann unzulässig ist, wenn man die Vergangenheit so zu beeinflussen vermag, dass Widersprüche der erwähnten Art entstehen können. Was ist aber, wenn man in der Zeit zurückreisen könnte, ohne derartige Widersprüche erzeugen zu können? Dann spricht augenscheinlich nichts dagegen, schneller als mit Lichtgeschwindigkeit zu reisen. Wenn beispielsweise jegliche Wechselwirkung mit der Welt zu einem früheren Zeitpunkt ausgeschlossen ist, gibt es offenbar kein Problem.

Wir können unser Argument über das Reisen hinaus auf die Nachrichtenübermittlung ausdehnen. Ist es möglich, eine Nachricht schneller als mit Lichtgeschwindigkeit zu übertragen? Durch eine ähnliche Argumentation wie in unserem Raumfahrerbeispiel

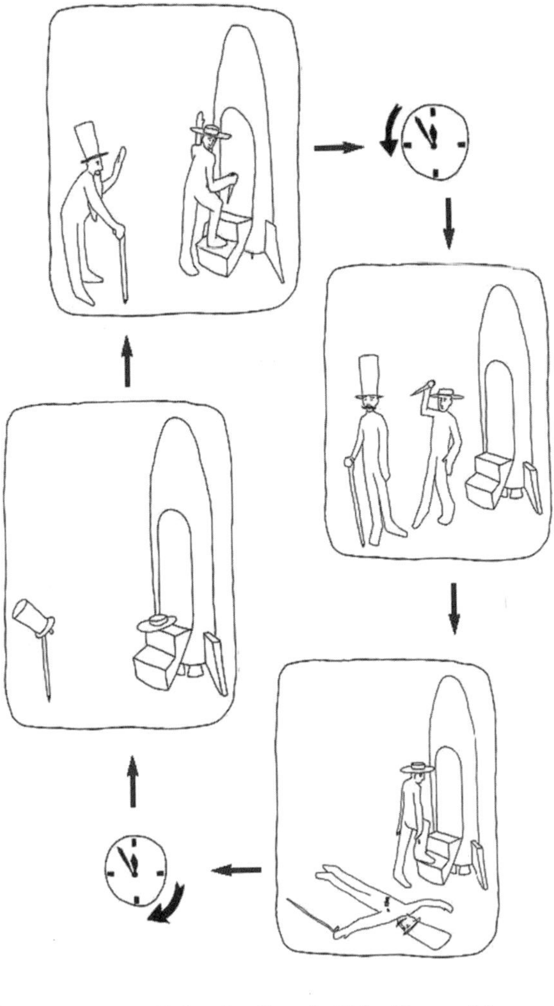

Abbildung 35 Könnte Bob schneller als Licht fliegen, könnte er in die Vergangenheit reisen und seinen Großvater töten. Wenn er aber dann wieder in der Gegenwart ankommt, gibt es den Großvater nicht und damit auch ihn nicht. Damit hätte er nicht in die Vergangenheit reisen können, also wären der Großvater und er selbst noch am Leben. Daher könnte er in die Vergangenheit reisen …

lässt sich zeigen, dass man, wenn man Signale schneller als mit Lichtgeschwindigkeit übertragen könnte, Signale in die eigene Vergangenheit senden könnte. Man könnte also alle möglichen Informationen in die eigene Vergangenheit schicken und geriete damit in dieselben logischen Widersprüche, die wir vorhin gesehen haben.

Angenommen, ein Zimmermann hat einen riesigen Lottojackpot von hundert Millionen Euro gewonnen. Würden wir dieses Faktum in die Vergangenheit zurückschicken, dann würde man in der Zeitung lesen, dass ein Zimmermann morgen hundert Millionen Euro gewinnen wird, und zwar mit den Zahlen 7, 18, 23, 24, 31, 37. Weil das überall zu lesen ist, würden natürlich viele auf ebendiese Zahlen setzen. Die Folge wäre, dass statt dieser Zimmermann hundert Millionen Euro sehr viele Menschen jeweils nur wenige Euro gewinnen würden. Würde man nun diese Nachricht in die Vergangenheit schicken, würde keiner auf diese Zahlen setzen, weil es die Mühe nicht lohnen würde, also könnte unser Zimmermann wieder seine hundert Millionen gewinnen und so weiter und so fort (Abbildung 36). Wir landen also wieder bei einem endlosen Kreis des Widerspruchs. Entweder setzen alle auf diese Zahlen oder nur einer. Beides kann nicht gleichzeitig zutreffen. Offenbar liegt hier derselbe logische Widerspruch vor, wie wir ihn für den Großvater diskutiert haben. Daher muss es unmöglich sein, Nachrichten schneller als mit Lichtgeschwindigkeit zu übermitteln.

Doch wir müssen uns ein bisschen genauer ausdrücken. Unsere Regel besagt, dass es nicht möglich sein sollte, eine Nachricht schneller als mit Lichtgeschwindigkeit in der Weise zu übermitteln, dass sie die Vergangenheit verändern kann. Um die Vergangenheit zu ändern, muss eine solche Nachricht also von den Empfängern zumindest verstanden werden. Falls die von uns verschickte Nachricht grundsätzlich nicht verstanden werden kann, spricht nichts gegen eine Nachrichtenübermittlung in die Vergangenheit. Nehmen wir an, die Nachricht über den Lotteriegewinn, die wir in die Vergangenheit geschickt haben, sei so unverständlich, dass niemand die Zahlen lesen kann, weil sie auf unknackbare Weise ver-

Abbildung 36 Wenn man Nachrichten schneller als Licht senden könnte, könnte man sie auch in die Vergangenheit schicken. Dann könnte man am 1.4. in der Zeitung vom 2.4. lesen, mit welchen Lotteriezahlen jemand eine riesige Summe gewonnen hat. Der Widerspruch wäre, dass dann viele die richtigen Zahlen setzen würden und damit der Gewinn ganz klein wäre, womit wieder niemand interessiert wäre, die Zahlen zu setzen …

schlüsselt sind. Dann gäbe es nicht das Problem der Veränderung der Vergangenheit, weil die Empfänger der Nachricht sie nicht verstehen würden und den Jackpot nicht knacken könnten.

Tatsächlich haben Physiker Situationen entdeckt, in denen ein Signal schneller als mit Lichtgeschwindigkeit übertragen werden kann, aber in all diesen Situationen wird keine Information übertragen, die vom Empfänger ohne weitere Information verstanden werden kann und die dazu benutzt werden könnte, die Vergangenheit zu verändern. In mehreren Anwendungen der quantenphysikalischen Verschränkung ist dies tatsächlich der Fall, so etwa auch in der Teleportation.

Die fantastische Quantenwelt

Schauen wir noch einmal bei Alice und Bob vorbei, nachdem sie ihre Experimente abgeschlossen haben.

Alice und Bob schrieben einen kurzen Bericht über das Versuchsergebnis und ließen ihn Professor Quantinger zukommen, dem die Arbeit sehr gut gefiel. Er ließ sie wissen, sie könnten jederzeit bei ihm vorbeikommen, um einige der weiterführenden Implikationen mit ihm zu besprechen.

Freitagnachmittag wollen die beiden eine Radtour machen, aber es beginnt zu nieseln. Deshalb beschließen sie, Professor Quantinger anzurufen und zu fragen, ob ihm ihr Besuch jetzt recht wäre. Der Professor zögert zunächst, aber dann gibt er sich einen Ruck: »Eigentlich müsste ich ja an einem größeren Manuskript arbeiten, aber im Moment wäre mir eine Pause ganz recht. Wir könnten uns also bei einer schönen Tasse Kaffee unterhalten.«

Kurze Zeit später sitzen Alice und Bob ihm gegenüber. Während draußen der Regen niedergeht und vor ihnen der dampfende Kaffee steht, gratuliert Professor Quantinger ihnen nochmals zu ihrer Arbeit. »Einige Fragen sind allerdings noch zu klären«, sagt er, »darunter die, wie schnell die Dinge bei Ihrem Experiment ablaufen.«

Nach kurzer Überlegung ergreift Alice das Wort: »Ein wichtiges Resultat ist, dass dann, wenn die Schalterstellung – Plus, Null oder Minus – bei Bob und mir übereinstimmt, immer dasselbe Lämpchen aufleuchtet. Demnach haben die Photonen dieselbe Polarisation. Und diese beiden Messungen können exakt gleichzeitig erfolgen, falls die Quelle von meinem und Bobs Labor gleich weit entfernt ist.«

»Das stimmt«, antwortet Professor Quantinger, »die Entfernung ist dieselbe.«

»Aber dann wird es sehr spannend«, meint Bob. »Wir haben ja gehört, dass keines der Photonen seine Polarisation hat, bevor wir die Messung machen. Bei uns beiden könnte der Schalter beispielsweise auf Oben stehen. Dann beschließt das Photon im allerletzten Moment willkürlich, ob das rote oder das grüne Lämpchen aufleuchten wird, und nimmt willkürlich die für diesen Polarisator horizontale oder vertikale Polarisation an. Daraufhin nimmt das andere, gleichgültig, wie weit es entfernt ist, dieselbe Polarisation an. Daher wird dann im anderen Labor dasselbe Lämpchen aufleuchten, das grüne oder das rote.«

»Das ist genau der Punkt!«, erwidert der Professor. »Bevor eine der beiden Messungen gemacht ist, können wir über die Polarisation des Photons keine Annahme machen, ganz im Gegenteil. John Bell hat uns ja gezeigt, dass die Annahme, das Photon habe irgendeine Eigenschaft, die seine Polarisation festlegt, bevor es beobachtet wird, falsch ist.«

Jetzt hakt Alice ein: »Man kann es noch genauer sagen. Es ist falsch anzunehmen, das Photon oder der Apparat auf meiner Seite oder beide zusammen könnten eine Eigenschaft haben, die unabhängig davon, welche Entscheidung die andere Seite trifft, festlegt, ob das rote oder das grüne Lämpchen aufleuchten wird.«

»Sie erinnern sich ganz richtig, Alice. Die Einzelmessung ist rein zufällig«, antwortet der Professor.

»Aber dann haben wir ein ernstes Problem«, bemerkt Alice. »Diese Messung auf einer Seite muss der anderen Seite sofort, auf der Stelle, also schneller als mit Lichtgeschwindigkeit mitgeteilt werden. Wenn die Entfernung von der Quelle zu meinem und Bobs Labor tatsächlich gleich ist, werden die beiden Photonen gleichzeitig gemessen. Eine etwaige Mitteilung muss demnach augenblicklich erfolgen. Das wäre schneller als die Lichtgeschwindigkeit, die von Einstein als Obergrenze festgelegt wurde. Einstein hatte demnach Unrecht!«

»Möglicherweise«, meint Bob, »aber das ist durch unser Experiment noch nicht erwiesen. Was machen wir denn eigentlich? Wir stellen unsere Schalter auf Oben, Mitte oder Unten ein und lassen dann das Photon ankommen. Daraufhin stellen wir den Schalter wieder ein und so weiter. Dieses Ändern der Schalterstellung geht doch sehr, sehr langsam!«

»Ja«, erwidert Alice, »aber die Messung selbst läuft ja sehr schnell ab.«

»Richtig«, entgegnet Bob, »aber im Prinzip ist es denkbar, dass die einzelnen Teile des Apparats untereinander Informationen austauschen. Es könnte zum Beispiel ein Feld existieren, das sich von Alice' Labor zu meinem erstreckt und von meinem Labor zu dem von Alice, vielleicht sogar bis zu der Quelle. Dadurch würde der anderen Seite irgendwie übermittelt, welche Messung ich gewählt habe. Und da die Lichtgeschwindigkeit so ungeheuer groß ist, besteht reichlich Zeit für diese Information, die andere Seite zu erreichen. So kann der Apparat sich zusammen mit dem Photon entscheiden, das richtige Ergebnis zu liefern. Da zwischen Alice' Labor und meinem gerade mal dreihundert Meter liegen, dauert es nur eine Mikrosekunde, bis ein von meinem Labor ausgehendes Signal ihr Labor erreicht, und so schnell könnten wir niemals umschalten.«

»Eine treffende Bemerkung«, sagt Professor Quantinger. »Das ist ein fundamentales Problem, das schon John Bell selber erkannt hat. Er sagte: ›Die Einstellungen der Instrumente werden frühzeitig genug vorgenommen, sodass diese sich durch Austausch von Signalen untereinander verständigen können, mit einer Geschwindigkeit, die kleiner oder gleich der Geschwindigkeit des Lichtes ist.‹ John Bell bestand auf einem ›Timing-Experiment‹ in der Weise, dass die Einstellungen, also Ihre Schalterstellungen, während des Flugs der Teilchen verändert werden.«

»Ich hätte wirklich Lust, auch dieses Experiment zu machen«, erklärt Bob.

»Hm, das wird sehr schwierig sein«, antwortet der Professor. »Sie brauchen sehr, sehr genaue und schnelle Uhren, auf beiden Seiten, aber die haben Sie ja schon. Was aber noch wichtiger ist: Sie müssen extrem schnell Ihre Schalterstellung ändern können. Sie müssen schneller sein als eine Mikrosekunde, und das ist ein

Millionstel einer Sekunde. Das ist technisch unglaublich schwierig. Trotzdem sind solche Experimente gemacht worden. Gregor Weihs hat mit seinen Kollegen genau dieses Experiment 1998 in Innsbruck gemacht und 1999 darüber berichtet.«

»Aber wie konnte er die Schalterstellung so schnell ändern?«, fragt Alice.

»Der Trick ist im Grunde ganz simpel, aber schwierig durchzuführen«, antwortet der Professor. »Sie wissen ja inzwischen, dass Sie durch die Änderung des Schalters einen Polarisator drehen. Gregor Weihs drehte nicht die Polarisatoren, sondern die Photonen mussten vor dem Polarisator einen elektrooptischen Modulator passieren. Dieser elektrooptische Modulator ist ein Kristall. Er verdreht die Polarisation eines Photons um einen bestimmten Winkel. Dieser Winkel ist proportional zu einer Spannung, die an einen Kristall angelegt wird, den das Photon durchläuft. Der Kristall zusammen mit dem Polarisator ist daher nichts anderes als ein Polarisator, der um einen einstellbaren Winkel gedreht wird.«

»Die Spannung lässt sich vermutlich sehr schnell ändern, und daher lässt sich der Polarisator de facto sehr rasch drehen«, mutmaßt Alice.

»Das ist richtig«, sagt Professor Quantinger. »Gregor Weihs konnte in seinem Experiment den Drehwinkel innerhalb etwa einer Nanosekunde, also einer Milliardstelsekunde, ändern. Das geschah auf beiden Seiten, beim Sender und beim Empfänger, was Ihrer Station und der von Alice entspricht.«

»Die Entscheidung zum Drehen«, sagt Bob, »muss aber von Alice oder mir sehr viel früher getroffen werden, und dann besteht immer noch reichlich Zeit, diese Entscheidung der anderen Seite mitzuteilen.«

»Ganz richtig«, antwortet Professor Quantinger. »Die Entscheidung über die einzustellende Polarisation muss ebenfalls sehr, sehr schnell getroffen werden. Gregor Weihs benutzte einen Quantenzufallszahlengenerator. Er richtete eine schwache Lichtquelle auf einen Strahlteiler. Dieser Strahlteiler erzeugte sehr, sehr schnell Zufallszahlen, weit schneller als die eine Mikrosekunde, die für die Signalübertragung von der einen zur anderen Messstation erforderlich ist. Dadurch wurden die Polarisationseinstellungen auf beiden Seiten alle hundert Nanosekunden geändert.

Während ein Photon unterwegs war, wurde die Einstellung mehrmals geändert, fortwährend. Beide Seiten – und das ist wichtig – operierten vollkommen unabhängig voneinander. Manchmal stimmte die gewählte Einstellung überein, manchmal nicht. Natürlich wurde ganz genau festgehalten, zu welchem Zeitpunkt welche Einstellung gewählt worden war und wann ein Photon registriert wurde. Lange Datenlisten wurden erstellt und miteinander verglichen. All diese Daten enthalten genau die Informationen, die Sie erhielten, als Sie langsam zwischen den Polarisationen hin und her schalteten. Gregor Weihs und seine Kollegen haben beobachtet, dass beide Seiten bei übereinstimmender Einstellung dasselbe Ergebnis produzierten. Bei unterschiedlicher Einstellung verletzte das Ergebnis die Bell'sche Ungleichung«, betont der Professor.

»Damit ist also ein Signal, das sich langsamer oder höchstens mit Lichtgeschwindigkeit ausbreitet, ausgeschlossen«, reagiert Alice. »Das kann also nicht die Erklärung sein.«

»Ganz richtig«, sagt der Professor, »es gab in all diesen Experimenten zwei *Schlupflöcher* für Anhänger der Theorie des lokalen Realismus, zwei Möglichkeiten, wie sie ihre Vorstellung nach wie vor aufrechterhalten können, dass die Welt lokal sei und dass man im Experiment bereits real existierende Eigenschaften der Teilchen misst. Die eine Annahme ist eben, dass die beiden Seiten miteinander kommunizieren. Dies ist das so genannte *Kommunikationsschlupfloch*. Das andere Schlupfloch hat damit zu tun, dass man im Experiment nie alle Photonen misst, sondern nur einen Teil davon.«

»Ach ja, das waren unsere zweiundzwanzig Prozent«, wirft Bob ein, »und warum kann das einem lokalen Realisten helfen?«

»Das werden wir gleich besprechen«, beschwichtigt der Professor. »Gregor Weihs konnte also das so genannte Kommunikationsschlupfloch schließen. Er konnte beweisen, dass eine möglicherweise vorkommende Kommunikation mindestens achtmal so schnell wie das Licht hätte sein müssen. Auf die genaue Zahl kommt es hier nicht an – es genügt, dass dies schneller ist als Einsteins Lichtgeschwindigkeit. In Genf hat eine von Nicolas Gisin geleitete Gruppe vor einiger Zeit ein Experiment durchgeführt und gezeigt, dass das Tempolimit für solche Kommunikation sogar etwa beim Zehnmillionenfachen der Lichtgeschwindigkeit liegt.«

»Das ist wirklich beeindruckend«, meint Bob. »Aber was bestätigt das Experiment eigentlich? Es bestätigt, dass eine Kommunikation, wenn es sie denn gäbe, schneller sein müsste als das Licht. Einstein sagt jedoch, dass eine Kommunikation, die schneller ist als das Licht, nicht den Gesetzen der Relativitätstheorie entspricht, also verboten ist. Was ist hier los?«

»Aus rein logischer Sicht«, antwortet der Professor, »kann man jetzt unterschiedliche Positionen beziehen. Die eine besagt, dass keine Kommunikation stattfindet. Die andere Position besagt, dass eine Kommunikation stattfindet, bei der die Information sich schneller als mit Lichtgeschwindigkeit ausbreitet. Wir müssen nun herausfinden, ob wir uns über diese überlichtschnelle Kommunikation Gedanken machen müssen, ob sie unter Einsteins Verbot fällt oder nicht.«

»Das muss sie!«, behauptet Alice. »Sie muss gegen Einstein verstoßen, der erklärt hat, dass sich nichts schneller als mit Lichtgeschwindigkeit bewegen kann.«

»Nun«, sagt Professor Quantinger, »Einstein sagte, dass sich nichts schneller als mit Lichtgeschwindigkeit bewegen kann, wenn das zu einem Widerspruch wie dem führt, dass man seinen eigenen Großvater tötet, bevor man selbst geboren ist. Zu einem ebensolchen Widerspruch würden Sie gelangen, wenn Sie eine Nachricht zurück in die Vergangenheit schicken würden. Das könnten beispielsweise die Lotteriezahlen sein, die gestern Abend gezogen wurden. Wenn Sie die in die Vergangenheit schicken würden, etwa nach vorgestern, könnten Sie in der Lotterie gewinnen und die Vergangenheit verändern.«

»Ich verstehe«, sagt Bob. »Wir sollen also prüfen, ob wir die Verschränkung benutzen können, um Informationen zurück in die Vergangenheit zu schicken.«

Und Alice fügt hinzu: »Wir brauchen die Information ja nur schneller als mit Lichtgeschwindigkeit zu übertragen.«

»Hervorragend«, erwidert der Professor. »Sie haben völlig Recht. Wie schon gesagt: Wenn wir schneller als mit Lichtgeschwindigkeit reisen, können wir in die Vergangenheit reisen. Wir können auch Informationen in die Vergangenheit schicken, wenn wir ein Signal haben, das sich schneller als mit Lichtgeschwindigkeit fortpflanzt.«

»Aber können wir nicht genau das mit unserer Verschränkung erreichen?«, fragt Alice. »Als Bob und ich bei unserem Experiment dieselbe Schalterstellung gewählt hatten, leuchteten auf beiden Seiten dieselben Lämpchen auf, und vorher war vollkommen offen, welches Lämpchen aufleuchten würde. Mein Photon wusste nicht, in welchen Kanal es gehen sollte, und so entschloss es sich und ging, sagen wir, in den oberen Kanal, sodass das grüne Lämpchen aufleuchtete. Und dann machte das Photon auf Bobs Seite dasselbe. Bobs Photon musste also von meinem Photon erfahren haben, was es tun sollte. Wie hätte das Ganze sonst funktionieren können?«

»Ah, jetzt hab ich's!«, mischt Bob sich voll Eifer ein. »Ich stelle beispielsweise meinen Schalter im letzten Moment auf Unten. Und wenn dann bei mir das grüne Lämpchen aufleuchtet und der Schalter bei Alice ebenfalls auf Unten steht, weiß ich, dass sie ebenfalls Grün hat. Das ist die Nachricht. Ich schicke ihr Grün.«

»Schon, aber wo ist das Signal, wo ist die Nachricht?«, fragt Professor Quantinger. »Angenommen, Sie hätten sich am Morgen getroffen und überlegt, vielleicht zusammen Mittag zu essen. Und um Punkt zwölf würden Sie beschließen, Alice ein Signal zu schicken, um ihr mitzuteilen, ob Sie Zeit haben, mit ihr essen zu gehen oder nicht. Grün bedeutet ja und Rot bedeutet nein. Probieren Sie es mal!«

Bob kratzt sich am Kopf. »Stimmt, das kann ich nicht. Ich kann es einfach nicht. Ich kann bloß zuschauen, ob Rot oder Grün kommt, ganz von selbst, weil es Zufall ist, weil das Photon darüber willkürlich entscheidet, wenn ich so sagen darf. Aber ich habe keinen Einfluss darauf, ich kann dem Photon nicht sagen, was es machen soll. Also kann ich Alice nicht Rot oder Grün senden. Mensch, ist das spannend! Sorgt vielleicht der Zufall dafür, dass diese Verschränkung die Bell'sche Ungleichung verletzt?«

»Das ist in der Tat ganz erstaunlich«, entgegnet der Professor. »Einstein wandte sich unter anderem deshalb gegen die Quantenmechanik, weil dort der Zufall herrscht, weil dort Dinge geschehen, ohne dass es einen Grund dafür gibt, dass sie gerade so geschehen. Und jetzt ist es genau dieser Zufall, der die Verschränkung davor bewahrt, gegen Einsteins eigene Relativitätstheorie zu verstoßen. Ist das nicht komisch?«

Alice und Bob erwidern aufgeregt: »Das ist erstaunlich!« Und: »War Einstein sich dessen bewusst?«

»Das weiß man nicht. Ich zumindest bin in seinen Briefen, Artikeln und Büchern auf nichts gestoßen, dem sich das entnehmen ließe.«

Alice ruft aus: »Ich hab's! Diese Quantenteilchen können schneller als Licht miteinander kommunizieren. Aber wir können davon keinen Gebrauch machen, weil wir ihnen nicht vorschreiben können, was sie signalisieren sollen.«

»Wenn Sie wollen, kann man die Situation so deuten«, erwidert Professor Quantinger. »Wir können etwas sehr Tiefes daraus entnehmen, nämlich welche Bedeutung ein Signal im Sinn von Einsteins Relativitätstheorie hat. Ein Signal muss etwas sein, wodurch wir jemand anderem etwas mitteilen können. Wenn wir auf das, was verschickt wird, keinen Einfluss haben, wenn wir über das, was verschickt wird, keine Macht haben, dann kann es uns eigentlich egal sein, ob sich etwas schneller als das Licht ausbreitet.«

Nach einer kurzen Gedankenpause fährt Professor Quantinger fort. »Wie bereits erwähnt, gab es zwei Schlupflöcher. Das eine war eben das Kommunikationsschlupfloch, das heißt die Frage, ob die beiden Messstationen irgendwie untereinander ausmachen können, welche Eigenschaft sie messen oder dass die Quelle solche Teilchen emittiert, die der quantenphysikalischen Vorhersage für diese Art von Messgrößen, zum Beispiel Polarisationen, entsprechen.

Man könnte nun der Meinung sein, dass es im Weihs'schen Experiment noch immer etwas uns Unbekanntes gibt, das die Zufallszahlengeneratoren auf beiden Seiten beeinflusst. Logisch ist so etwas nicht auszuschließen, und man hat sich von Anfang an in der Bell'schen Ungleichung den Kopf darüber zerbrochen, wie so etwas in einem Experiment auszuschließen wäre. Hier gibt es zwei Vorschläge. Der eine Vorschlag lautet, dass man letztlich menschliche Experimentatoren benötigt, die im allerletzten Moment entscheiden, welche Polarisation an einem Photon gemessen wird. Hier geht man von der Annahme des freien Willens eines Experimentators aus. Natürlich könnte es sein, dass wir keinen freien Willen besitzen. Wenn dies der Fall ist, wäre dies aber wohl das Ende jeder Experimentalphysik, und es wäre auch das Ende vielen Handelns in unserer Gesellschaft. Wie dem auch sei, in einem solchen Experiment müssten die Experimentatoren über sehr große Entfernungen voneinander getrennt sein, da verschiedene Untersuchungen neurophysiologischer Art zeigen, dass es etwa eine Zehntelsekunde dauert, um eine Entscheidung zu treffen. Dies bedeutet, dass die beiden Experimentatoren mehr als dreißigtausend Kilometer voneinander entfernt sein müssten. So ein Experiment könnte also am bequemsten zwischen einer Messstation auf der Erde und einer anderen auf dem Mond durchgeführt werden – oder von zwei Raumfahrern, die zu einem anderen Planeten unterwegs sind.«

»Das klingt sehr spannend«, meint Bob. »Bei so einem Experiment wäre ich gern dabei.«

»Ich auch!«, stimmt Alice zu. »Ist der zweite Lösungsvorschlag auch so aufregend?«

Professor Quantinger erwidert schmunzelnd: »Ich finde den zweiten Lösungsvorschlag mindestens ebenso interessant wie den ersten. Dieser Vorschlag sieht so aus, dass man Signale von Sternen sucht, die bisher nicht miteinander in Verbindung standen. Eine explizite Möglichkeit wäre, jeden der beiden Polarisatoren vom Licht eines Quasars zu steuern, jeweils an entgegengesetzten Punkten des Himmels. Quasare gehören zu den ältesten Objekten im Universum und sind am Rande des beobachtbaren Universums, viele Milliarden Lichtjahre voneinander entfernt. Natürlich könnte man auch wieder annehmen, dass diese Quasare über den Urknall in irgendeiner Form miteinander verbunden sind. Im Prinzip lässt sich ja, wie wir schon argumentiert haben, eine absolut deterministische Erklärung nicht vollkommen ausschließen. Solche Experimente werden sicher einmal gemacht werden. Aber im Prinzip wurde das Kommunikationsschlupfloch durch das Experiment von Weihs und seinen Kollegen geschlossen.«

Alice zwirbelt gedankenverloren ihre Locken und fragt: »Hatten Sie nicht noch ein zweites Schlupfloch erwähnt, Professor Quantinger?«

»Das zweite Schlupfloch«, erwidert Professor Quantinger, »ist das Detektionsschlupfloch. Es bedeutet Folgendes: In allen existierenden Experimenten wird nur ein Teil der Photonen gemessen – typischerweise etwa zwanzig Prozent, in den besten Experimenten etwa fünfzig Prozent aller Photonen. Die gemessenen Photonen entsprechen voll der Vorhersage der Quantenphysik, und die Daten verletzen daher die Bell'sche Ungleichung. Anhänger lokalrealistischer Theorien haben darauf aufmerksam gemacht, dass folgendes Szenario im Prinzip möglich ist: Es könnte durchaus sein, dass, wenn alle Photonenpaare gemessen werden, die Resultate die Bell'sche Ungleichung nicht verletzen, also durch lokalen Realismus erklärbar sind, dass aber durch irgendwelche zusätzlichen verborgenen Variablen der Teilchen in den bisherigen Experimenten nur diejenigen, oder zumindest überwiegend diejenigen, gemessen wurden, die die Vorhersagen der Quantenmechanik widerspiegeln.

Diese Behauptung ist im Prinzip richtig, obwohl sie natürlich etwas seltsam ist. Warum sollte die Welt so konstruiert sein, dass wir einfach deshalb, weil unsere Detektoren nicht zu hundert Prozent effizient sind, verführt werden, über die Art, wie die Welt funktioniert, etwas Falsches zu glauben. Wie dem auch sei, es ist ein logisch korrekter Einwand.

Da für einen lokalen Realisten aber klar ist, dass alle Photonenpaare, die von einer Quelle emittiert werden, alle verschränkten Paare, die in einer experimentellen Situation existieren, gemeinsam die Bell'sche Ungleichung nicht verletzen können, also durch ein klassisches Weltbild erklärbar sind, ist die experimentelle Strategie klar. Man muss lediglich ein Experiment durchführen, bei dem alle Teilchen detektiert werden. Dies ist natürlich im Prinzip unmöglich, jedoch kann man leicht zeigen, dass es nicht notwendig ist, alle Teilchen zu detektieren, sondern es reicht aus, wenn man mehr als etwa drei Viertel aller Teilchen nachweist. Ein solches Experiment ist mit Photonen bis heute noch nicht möglich, da es keine Detektoren gibt, die gut genug sind.

Für die Messung der Zustände von Atomen gibt es aber Detektoren, die gut genug sind. Es wurde im Jahr 2001 von der Gruppe von David Wineland am National Institute of Standards and Technology (NIST) in Boulder, Colorado, USA, ein solches Experiment mit Ionen durchgeführt.

Wineland hatte in seinem Experiment zwei Berylliumionen, geladene Atome, die in einer Ionenfalle eingefangen wurden. Die beiden Ionen waren etwa drei Mikrometer voneinander entfernt. Der Vorteil in diesem Experiment ist, dass man Messungen an Ionen mit sehr hoher Effizienz durchführen kann und damit das Detektionsschlupfloch geschlossen wurde. Erwartungsgemäß hat das Experiment eine Verletzung der Bell'schen Ungleichung gezeigt und damit wieder einmal die lokal realistischen Theorien widerlegt.

Wir sehen daher eine interessante Situation vor uns. Es gibt zwei Experimente, die jedes für sich eines der Schlupflöcher schließen. Das Experiment von Weihs schließt das Kommunikationsschlupfloch, das heißt, das Experiment schließt aus, dass eine unbekannte Kommunikation für die Resultate verantwortlich ist. Das Experiment von David Wineland schließt das Detektionsschlupfloch, das heißt, es schließt aus, dass die Tatsache, dass nur ein Teil der Photonen gemessen wurde, dafür verantwortlich ist, dass wir bisher die Bell'sche Ungleichung verletzt haben. Allerdings lässt jedes dieser Experimente das andere Schlupfloch offen.

Im Weihs'schen Experiment konnten Photonen nur mit einer Wahrscheinlichkeit von etwa vierzig Prozent nachgewiesen werden, das heißt, es hätte durchaus sein können, dass die Natur dort vom Detektionsschlupfloch Gebrauch macht. In Winelands Experiment dagegen saßen die Ionen unmittelbar nebeneinander in einer Ionenfalle. Es hätte also durchaus unbekannte Kommunikation zwischen ihnen oder mit den Detektoren geben können.

Diese Tatsache, dass jedes Experiment zwar ein Schlupfloch

schließt, aber das andere offen lässt, ist ein winziger Strohhalm, an den sich lokale Realisten nach wie vor anklammern können. Es ist aber äußerst unwahrscheinlich und eigentlich unvernünftig, anzunehmen, dass die Natur so hinterlistig ist, dass sie in dem einen Experiment das andere Schlupfloch verwendet und im anderen Experiment das eine. Es ist auch bis heute kein ernsthafter Vorschlag einer physikalischen Beschreibung gemacht worden, der ein so eigenartiges Verhalten der Natur ermöglichen würde. Trotzdem, wahrscheinlich aus Gründen der intellektuellen Klarheit und Vollständigkeit, wäre es vernünftig, eines Tages ein Experiment zu machen, das beide Schlupflöcher gleichzeitig schließt. Dann wäre die Geschichte für immer abgeschlossen.«

Eine Weile sitzen sie schweigend beieinander, jeder in seine eigenen Gedanken versunken.

Alice bricht schließlich das Schweigen: »Das ist wirklich irre. Absolut fantastisch. Anscheinend hat die Wirklichkeit etwas damit zu tun, was wir in der Welt machen können, ob wir ein Signal schicken können oder nicht. Darum geht es bei der Lichtgeschwindigkeit als Tempolimit.«

Bob überlegt: »Ja, und die Entscheidung, die wir treffen, was wir zu messen beschließen, ist eine Entscheidung darüber, welches Merkmal Realität werden kann. Es hat den Anschein, als hätten wir Menschen die Welt weitgehend unter Kontrolle. Das ist erstaunlich. Wie kann das sein? Wie kann die Welt, wie können die Gesetze der Physik so weitgehend von uns Menschen abhängen?«

»Nun«, sagt der Professor abschließend, »das bleibt einstweilen offen. Über all diese Fragen muss man sehr gründlich nachdenken. Ich denke, Sie sollten einmal mit einem Philosophen sprechen.«

In den Tiroler Bergen

Es ist ein schönes Sommerwochenende. Alice und Bob beschließen, zum Bergwandern nach Tirol zu fahren. Ihr Freund Charlie, der Jura studiert, kommt mit. Die drei fahren mit der Seilbahn auf einen Berg bei Alpbach. Aus der Gondel haben sie einen fantastischen Blick auf die schneebedeckten Gipfel des dreitausend Meter hohen Alpenhauptkamms. Zwischen den Bergen sehen sie malerische Täler und Dörfer und an den Abhängen Burgen, Sennhütten und grüne Almwiesen (Bild 7). Oben beginnen sie ihre Wanderung auf einem sehr schmalen Pfad. Nach einiger Zeit erreichen sie einen kleinen Gipfel.

Zwischen den drei Wanderern entspinnt sich folgender Dialog:

Alice: Ist das nicht eine herrliche Aussicht?

Bob: Sie ist aber nur da, wenn wir hinschauen.

Charlie: Quatsch. Natürlich ist sie auch da, wenn wir nicht hinschauen. Oder glaubst du, dass die Berge über Nacht verschwinden?

Bob: Aber wie kannst du beweisen, dass die Berge da sind, wenn niemand hinschaut? Dafür müsstest du hinschauen.

Charlie: Das muss ich nicht. Ich könnte einfach eine automatische Kamera aufstellen, die ein Bild macht, das ich mir später anschaue.

Alice: Ja, du hast Recht. Um ein Bild zu machen, braucht es offenbar keinen Menschen. Aber trotzdem muss jemand das Bild der automatischen Kamera betrachten, und das ist wiederum eine Beobachtung. Ohne jegliche Beobachtung, in welcher Form auch immer, können wir aber nicht behaupten, dass etwas da ist.

Charlie: Aber das ist doch Haarspalterei! Glaubt denn wirklich jemand, die Berge seien nicht da, wenn niemand hinschaut?

Bob: Jetzt redest du genau wie Albert Einstein. In einer Diskussion fragte er einmal den dänischen Physiker Niels Bohr, ob er wirklich glaube, der Mond sei nicht da, wenn niemand hinschaut.

Charlie: Dann befinde ich mich ja zumindest in guter Gesellschaft. Und was hat Niels Bohr geantwortet?

Bob: Bohr forderte Einstein auf, ihn vom Gegenteil zu überzeugen, was du natürlich nicht kannst, denn um herauszubekommen, ob der Mond da ist, musst du hinschauen.

Charlie: Das ist echt verwirrend.

Alice (lacht): Willkommen im Klub. Wir wissen es im Grunde auch nicht, aber es hängt mit einem Projekt zusammen, an dem wir kürzlich für Professor Quantinger gearbeitet haben.

Charlie: Ah, der Quantenphysiker. Und da erwartet ihr, dass ich etwas davon verstehe? Ich bin doch bloß ein armer Jurastudent!

Bob: Im Prinzip ist unser Experiment ganz einfach. John, der bei Professor Quantinger promoviert, hat uns eine Photonenquelle eingerichtet.

Charlie: Photonen? Was ist denn das?

Alice: Photonen sind Lichtteilchen. Licht besteht aus unglaublich kleinen Teilchen, die von einer Lichtquelle emittiert werden.

Charlie: Ach so, und diese Teilchen treffen dann auf meine Augen.

Bob: Genau. Die Quelle, die John für uns eingerichtet hat, sendet Photonen immer paarweise aus, Zwillinge, die einander aufs Haar gleichen.

Charlie: Aha. Wenn du den einen anschaust, und er ist blau, dann ist seine Zwillingsschwester auch blau.

Alice: So ähnlich. In unserem Experiment ist es nicht die Farbe, sondern ein anderes Merkmal, die Polarisation, aber dieses Detail ist unerheblich.

Bob: Wenn wir sie beobachten, sind die beiden einander immer gleich.

Charlie: Demnach wurden sie wohl von der Quelle so gemacht, dass sie einander gleichen. Um das Bild zu benutzen, das ich eben verwendet habe: Bei einem Photonenpaar sind beide blau, bei einem anderen gelb, bei einem dritten rot und so weiter.

Bob: Ja, so etwa haben wir's bei unserem Experiment beobachtet. Beide Teilchen sind stets identisch. Um dein Bild zu benutzen: Sie haben immer dieselbe Farbe, aber die Farbe wechselt von einem Paar zum andern.

Alice: Der Haken ist nur, Charlie, dass deine Erklärung nicht stimmt.

Charlie: Wieso kann mein Bild falsch sein, wenn sie immer dieselbe Farbe haben? Sie müssen, als sie aus der Quelle kamen, von Anfang an dieselbe Farbe gehabt haben und basta.

Bob: Leider nicht...

Charlie: Woher weißt du das?

Bob: Der Beweis ist ein bisschen kompliziert, aber wir konzentrieren uns auf das Ergebnis. Unser Experiment hat gezeigt, dass beide Teilchen nicht mit derselben Farbe entstanden sein können, sondern die Farbe erst angenommen haben, als die Messungen gemacht wurden.

Charlie: Was soll das heißen – die Farbe angenommen? Die Kuh da drüben wird doch nicht erst braun, wenn ich sie anschaue. Sie war doch schon immer braun.

Alice: Was du sagst, verstehe ich vollkommen, aber wie kannst du es beweisen?

Charlie: Als ich vorher hingeschaut habe, habe ich gesehen, dass sie braun war.

Alice: Das ist richtig. Aber was ist, wenn du *nicht* vorher hingeschaut hast? Kannst du auf irgendeine Weise beweisen, dass die Kuh braun war, *bevor* du hingeschaut hast oder bevor irgendjemand hingeschaut hat?

Charlie: Das ist wieder Haarspalterei!

Bob: Aber genau das sagt uns die Quantenmechanik über bestimmte Merkmale von Quantensystemen.

Alice: Das heißt also, wir können nicht beweisen, dass die Kuh bereits vor der ersten Beobachtung braun war. Aber sie könnte durchaus braun gewesen sein. Das ist kein Problem. Dinge könnten also die Eigenschaften, die wir beobachten, vor der Beobachtung bereits besessen haben.

Charlie (wischt sich demonstrativ imaginären Schweiß von der Stirn): Gott sei Dank!

Alice: Aber es kommt noch schlimmer. Man kann beweisen, dass die Annahme, die Dinge hätten die Eigenschaften, die wir beobachten, vorher bereits gehabt, falsch ist.

Charlie: Was? Die Kuh war nicht braun, ehe sie jemand beobachtet?

Bob: Na ja, von der Kuh können wir das nicht behaupten, aber von unseren beiden Photonen schon.

Charlie: Weshalb soll ich dir das glauben?

Alice: Diese Aussage ist das Wesen des Bell'schen Theorems, benannt nach dem irischen Physiker John Bell, der das entdeckt hat.

Charlie: Davon habe ich schon einmal gehört. Aber bloß, weil das von einem berühmten Physiker stammt, muss ich es nicht glauben.

Bob: Klar, das ist das Wesen der Naturwissenschaften, dass man nichts glaubt, was jemand sagt, ganz egal, wie berühmt er ist. Aber könntest du das nicht vorläufig als wahr akzeptieren? Wenn du willst, gibt es da einen einfachen Aufsatz von Professor Quantinger, den ich in meinem Koffer habe und dir am Abend geben will.

Charlie: Um Gottes willen. Eine Physikarbeit will ich nicht lesen. Da glaube ich euch lieber, was ihr sagt.

Alice: Also akzeptierst du vorläufig, dass die beiden Photonen ihre Farbe nicht besitzen, bevor du sie beobachtest?

Charlie: Okay. Meine beiden Photonen haben also ihre Farbe nicht, bevor ich sie beobachte. Aber wenn ich sie beobachte, haben sie dieselbe Farbe. Dann muss es irgendeinen versteckten Mechanismus geben, der sie in dem Moment, wo ich sie beobachte, beispielsweise blau werden lässt. Beide Photonen könnten denselben Mechanismus haben.

Alice: Genau, das ist der zweite Schritt. Nach der Vorstellung, die beiden hätten von Anfang an dieselbe Farbe, besteht der nächste Schritt in der Annahme, es gebe einen inneren Mechanismus.

Charlie: Und dieser Mechanismus bestimmt die Farbe des einzelnen Teilchens, wenn es gemessen wird – so etwas wie ein inneres Uhrwerk.

Bob: Ja, das haben wir auch angenommen. Und dann hat Professor Quantinger uns gezeigt, dass wir auch diese Hypothese experimentell widerlegen können.

Alice (stolz): Und wir konnten sie widerlegen.

Charlie: Klingt ja ganz so, als bekämst du demnächst den Nobelpreis.

Bob: Leider haben andere das schon vor dreißig oder vierzig Jahren gezeigt.

Charlie (glucksend): Schade.

Alice: Aber wir sind sehr stolz auf unser Experiment.

Charlie: Jetzt hast du mich neugierig gemacht. Was habt ihr denn genau entdeckt? Ist es richtig, dass die beiden Photonen dieselbe Farbe haben, wenn wir sie beobachten?

Bob: Richtig.

Charlie: Aber woher kommt es, dass sie dieselbe Farbe haben?

Alice: Bisher wissen wir eigentlich nur, woher es *nicht* kommen kann. Es kann nicht daher kommen, dass die Photonen auf irgendeine Weise wissen, welche Farbe sie haben.

Bob: Richtig. Und sie haben auch nichts an sich, das ihre Farbe bestimmen würde.

Alice: Richtig. Das klingt doch astrein, oder nicht? Aber auch diese Vorstellung stimmt nicht.

Charlie: Nun mal langsam. Du hast gesagt, dass die Photonen keine Farbe haben, bevor sie gemessen werden. Außerdem hast du gesagt, dass keines der beiden Photonen weiß, welche Farbe es zeigen sollte, wenn es gemessen wird.

Bob: Stimmt. Offenbar muss man eine Messung machen, damit sie eine Farbe annehmen.

Charlie: Jetzt hab ich's! Die Photonen bekommen ihre Farbe durch die Messung.

Alice: Ja, das klingt fast schon nach einer Erklärung.

Charlie: Ist doch einfach! Die beiden Messgeräte stimmen insofern überein, als sie beiden Teilchen, wenn es so weit ist, stets dieselbe Farbe verpassen.

Alice: Das bedeutet aber, dass die beiden Messgeräte das Gleiche tun.

Charlie: Ich könnte mir einfach denken, dass die beiden Messgeräte sich irgendwie darüber verständigen, was sie jeweils vorhaben. Sie könnten also gemeinsam beschließen, dass das nächste beobachtete Paar blau sein soll, das folgende gelb und das dann folgende rot.

Alice: Diese Möglichkeit wurde ebenfalls schon ausgeschlossen.

Charlie: Wie denn?

Bob: Ganz einfach: dadurch, dass man die beiden Messgeräte in solcher Entfernung voneinander aufstellt, dass ein Signal vom einen zum anderen viel zu lange unterwegs wäre. Ein Signal kann sich ja nicht schneller ausbreiten als höchstens mit Lichtgeschwindigkeit.

Charlie: Was hat das mit der Lichtgeschwindigkeit zu tun?

Alice: Man kann an einer Messstation im allerletzten Moment entscheiden, was gemessen wird, und dann kann das Signal nicht mehr rechtzeitig an der anderen Seite ankommen.

Charlie: Und diese Experimente haben trotzdem die richtigen Ergebnisse erbracht? Beide Photonen hatten immer die gleiche Farbe?

Bob: Ja, und daher wissen wir jetzt, dass die Eigenschaften von Dingen nicht da sind, bevor wir sie beobachten.

Charlie: Und deshalb hat Einstein Bohr gefragt, ob er wirklich glaubt, dass der Mond nicht da ist, wenn niemand hinschaut?

Alice: Ja. Natürlich waren zu seiner Zeit solche Experimente technisch noch nicht möglich.

Charlie: Wie ist er denn dann zu seiner Schlussfolgerung gelangt?

Bob: Er hat einfach angenommen, dass die Vorhersagen der Quantenphysik für solche Experimente richtig sind.

Charlie: Wie soll man denn das begreifen? Wir sehen die Berge um uns. Und die sollen nicht da sein, wenn niemand hinschaut? Das geht über meinen Horizont.

Bob: Und doch ist es logisch nicht zu widerlegen.

Alice: Ich weiß nicht, ob wir es vollständig verstehen können. Selbst bei Professor Quantinger hatte ich den Eindruck, dass er ein bisschen verwirrt ist.

Charlie: Aber ihr müsst aus alldem doch etwas gelernt haben!

Bob: Ja, und es läuft auf drei oder mehr alternative Schlussfolgerungen hinaus.

Charlie: Eine davon ist offenbar, dass der Mond nicht da ist, wenn niemand hinschaut.

Alice: Richtig. Diese Möglichkeit bedeutet, dass die Realität nicht existiert, wenn wir keine Beobachtungen machen.

Charlie: Das ist doch total verrückt.

Bob: Es ist aber nicht zu widerlegen.

Charlie: Rein logisch hast du vielleicht Recht, aber mir wäre doch eine andere Lösung sehr viel lieber.

Bob: Die zweite Möglichkeit ist, dass alles vorbestimmt ist. Es gibt keinen freien Willen. Die gesamte Zukunft, alle Messergebnisse sind festgelegt. Man kann dann nicht zwischen verschiedenen Messmöglichkeiten entscheiden.

Charlie: Das ist mit aber noch unangenehmer. Irgendwie habe ich das Gefühl, dass das nicht stimmen kann.

Bob: Die dritte Möglichkeit ist, dass wir uns in der Annahme täuschen, weit voneinander entfernte Dinge seien wirklich getrennt.

Charlie: Was soll ich mir darunter vorstellen?

Alice (dozierend): Nun, das würde heißen, dass die Dinge auch über große Entfernungen zusammenhängen, unter Überwindung von Raum und Zeit.

Bob (noch dozierender): Man könnte aber auch allgemeiner annehmen, dass wir eine falsche Vorstellung vom Raum haben, dass beispielsweise der Gipfel dort drüben nicht so weit von uns entfernt ist, wie wir glauben.

Charlie: Wo kommt der Raum denn überhaupt her?

Alice: Und was ist mit der Zeit?

Bob: Was sind Raum und Zeit?

Eine Weile sitzen unsere drei Freunde da und betrachten schweigend die schöne Aussicht, bis Alice auf einmal feststellt, dass es schon nach drei ist. Sie springen auf und eilen zur Bergstation der Seilbahn hinunter, die um vier Uhr Schluss macht. Mit Mühe schaffen sie es gerade noch, die letzte Gondel zu erreichen. Im Tal angekommen, schlendern sie plaudernd in Richtung des Dorfes Alpbach.

Bob: Irgendwo habe ich gelesen, Erwin Schrödinger sei in Alpbach begraben.

Charlie: Wer ist Erwin Schrödinger?

Alice: Wer ist Mozart?

Charlie: Du machst wohl Witze. Jeder kennt Wolfgang Amadeus Mozart. Er ist einer der größten Komponisten, die je gelebt haben.

Alice: Ja, und er war zufällig Österreicher, wie Erwin Schrödinger.

Charlie: Ich kann nicht jeden Österreicher kennen, der je gelebt hat!

Bob: Aber Schrödinger war einer der Erfinder der Quantenmechanik.

Charlie: Na und?

Bob: Nun, er hat eine Gleichung aufgestellt, die Schrödinger-Gleichung, wahrscheinlich die wichtigste Gleichung, die je ein Physiker geschrieben hat.

Charlie: Für euch mag sie ja wichtig sein, aber was geht mich das an?

Alice: Das ist typisch. Dir wäre es äußerst peinlich, Mozart nicht zu kennen, aber es ist dir egal, ob du etwas über Schrödinger weißt.

Bob: Dass die Gleichung, die Schrödinger erfunden hat, die Grundlage von fast allem ist, was wir heute als Hightech kennen, müsstest du wissen. Ohne Kenntnis der Schrödinger-Gleichung ist kein Computer, kein Laser zu verstehen. Sie beschreibt das Verhalten mikroskopischer Teilchen sowohl im isolierten Zustand wie auch als Bestandteil eines Festkörpers oder eines sonstigen Materials, beispielsweise in Computerchips.

Charlie: Schon gut, schon gut, du hast mich überzeugt. Jetzt interessiert es mich doch. Wo ist denn Schrödingers Grab?

Bob: In alten Bauerndörfern wie Alpbach liegen die Friedhöfe immer direkt bei der Kirche. Die Leute wollten in der Nähe des lieben Gottes begraben werden. Dort liegt auch Schrödinger.

Charlie: Dann gehen wir doch hin! Du hast mich neugierig gemacht.

Sie gehen zur Dorfkirche, die umgeben ist von schön geschmückten Gräbern mit schmiedeeisernen Kreuzen. Da sie die Grabstätte von Erwin Schrödinger nicht auf Anhieb finden, fragen sie eine alte Dame, die auf ein kleines, bunt bemaltes Kreuz an der Friedhofsmauer deutet (Bild 8). »Dort drüben«, sagt sie, »in Alpbach kennt ihn jeder.« Als sie an das Grab treten, fällt ihnen noch etwas Ungewöhnliches auf.

Charlie: Die runde Tafel auf dem Kreuz enthält eine Gleichung!

Bob: Das ist die Schrödinger-Gleichung.

Charlie: Aha. Erwartet ihr, dass ich das verstehe? Dieser griechische Buchstabe, es ist wohl ein Phi oder ein Psi...

Alice: Es ist ein Psi. Das ist die Wellenfunktion.

Charlie: Und die anderen Buchstaben, zum Beispiel der dort, ist das ein i...?

Bob: Das ist die Quadratwurzel aus minus 1!

Charlie: O Gott. Und was ist dieses durchgestrichene h?

Bob: Das ist »h-quer«. Die Planck-Konstante, geteilt durch zwei Pi, die fundamentalste Größe der Quantenphysik. Aber mach dir über die Bedeutung der Symbole keine Gedanken. Um sie zu verstehen, müsstest du Physik studieren. Alice und ich sind im Studium auch noch nicht so weit. Quantenphysik kommt erst im sechsten Semester.

Alice: Aber ich finde diese Gleichung schön, auch wenn wir nicht voll verstehen, was sie bedeutet.

Charlie: Du hast Recht, ich muss zugeben, so seltsam diese Symbole auch aussehen, schön ist die Gleichung.

Bob: Ja, das ist etwas ganz Eigenartiges mit der Schönheit mathematischer Gleichungen. Das hängt damit zusammen, dass Physiker versuchen, die Natur möglichst einfach zu beschreiben. Zum Beispiel die Schrödinger-Gleichung hier kommt mit ganz wenigen Symbolen aus und beschreibt unglaublich viele Phänomene.

Alice: Für viele Physiker ist Einfachheit des mathematischen Ausdrucks eine der Möglichkeiten, an der man erkennen kann, ob eine Theorie, die man hat, stimmt oder nicht.

Charlie: Hier mitten unter den Blumen ist auch ein kleines Gedicht.

Denn das, was ist, ist nicht, weil wir es fühlen,
Und ist nicht nicht, weil wir es nicht mehr fühlen.
Weil es besteht, sind wir und sind so dauernd.
So ist denn alles Sein ein einzig Sein.
Und dass es weiter ist, wenn einer stirbt,
Sagt dir, dass er nicht aufgehört zu sein.

E.S. 1942

Das ist von Schrödinger selbst. Ist es nicht hübsch?

Bob: Ja, Erwin Schrödinger war offenbar ein sehr poetischer Mensch.

Charlie: Er war also nicht nur ein gelehrter Physiker. Er hatte sogar ein sehr starkes Interesse an Philosophie.

Bob: Dieses Interesse an Philosophie wird heute jedoch nicht mehr von vielen Physikern geteilt. Obwohl die Begründer der modernen Physik Einstein, Heisenberg, Bohr und gewiss Schrödinger ganz stark an philosophischen Fragen interessiert waren.

Alice: Interessant ist auch, wie es dazu kam, dass Schrödinger hier begraben ist.

Erwin Schrödinger und Alpbach

Erwin Schrödinger wurde 1887 in Wien geboren. Er studierte Physik an der Universität Wien, und nachdem er Assistent geworden war, leitete er abends die Laborpraktika der Studenten. Im Jahr 1926 erhielt er einen Lehrstuhl in Zürich, und im selben Jahr fand er dort seine berühmte Schrödinger-Gleichung. Anschließend wurde er Professor in Berlin, wo er mit einigen der bedeutendsten Physiker der damaligen Zeit wie Max Planck und Albert Einstein verkehrte. 1936 nahm er einen Ruf nach Graz an, nur um die Stadt im Jahr 1938, nach dem Anschluss Österreichs an Nazi-Deutschland, fluchtartig zu verlassen.

Sein Weg führte ihn über Rom und Cambridge schließlich nach Dublin, an das neu gegründete Institute of Advanced Studies, das der irische Präsident Eamon de Valera eigens für Schrödinger geschaffen hatte. 1956 kehrte Schrödinger nach Österreich zurück und wurde Professor an der Universität Wien. Daneben widmete er sich im Tiroler Dorf Alpbach den »Internationalen Hochschulwochen«, die später unter dem Namen »Europäisches Forum Alpbach« bekannt wurden. Dieses Forum war schon 1945 von dem Wiener Studenten Otto Molden und dem Innsbrucker Dozenten für Philosophie, Simon Moser, ins Leben gerufen worden, und Schrödinger wurde ein regelmäßiger Teilnehmer. In Alpbach sollten Studenten und Professoren ein oder zwei Wochen lang ausführlich über alles diskutieren, was von aktuellem Interesse war. Man wanderte zusammen in die Berge und verbrachte die ganze Zeit miteinander.

Als Schrödinger 1961 starb, sollte er in Alpbach begraben werden. Aber da gab es ein kleines Problem: Er war vor langer Zeit aus der katholischen Kirche ausgetreten. Damals war es ausgeschlossen, einen Nichtkatholiken auf dem Friedhof neben der katholischen Kirche zu begraben. Der örtliche Pfarrer lehnte daher ab. Da Schrödinger aber auch Mitglied der Academia Pontificia Scientiarum gewesen war, der wissenschaftlichen Akademie des Heiligen Stuhls, erhielt der Dorfpfarrer einen Hinweis aus dem Vatikan, Schrödinger trotz aller Bedenken auf dem katholischen Friedhof zu bestatten.

Charlie: Das Grab ist sehr gepflegt und schön gestaltet.

Bob: Ja, weil Schrödingers Tochter Ruth Braunizer noch in Alpbach lebt. Sie hält sein letztes Arbeitszimmer und einige seiner Arbeitsunterlagen in Ordnung, als eine wertvolle Information für künftige Generationen von Wissenschaftlern.

Alice: Leute, ich werde müde. Wir sollten uns Zimmer besorgen und dann zu einem gemütlichen Essen irgendwo einkehren und den Abend genießen.

Bob und Charlie (einstimmig): Großartige Idee!

Am Abend treffen einander Alice, Bob und Charlie bei einem Glas Bier. Alice meint verschmitzt: »Ich habe diese ganze Geschichte mit der Verschränkung einmal mit einem kleinen Cartoon aufgezeichnet«, und sie zieht ein kleines Blatt Papier aus ihrer Tasche (Abbildung 37).

Bob (verwundert): Ich wusste gar nicht, dass du so eine künstlerische Ader hast!

Charlie: Was soll das? Was willst du damit erklären?

Alice: Nun, es geht letztlich bei der Verschränkung um den Zusammenhang von Information auf beiden Seiten. Ich habe das dargestellt mit Hilfe von zwei Büchern, die miteinander verschränkt sind.

Charlie: Da kann man ja nichts lesen!

Alice: Nicht so ungeduldig. Im erstem Bild habe ich dargestellt, dass die Texte in den beiden Büchern miteinander verschränkt sind. Keines von beiden trägt mehr einen Text. Es sind sozusagen alle möglichen oder denkbaren Texte noch in dem Buch enthalten. In Bild zwei sieht sich einer der beiden Beobachter das Bild an.

Bob (fährt fort): Ah, klar! Und jetzt nimmt der Text bei ihm einen bestimmten Inhalt an, eben AZ, und gleichzeitig beim zweiten Buch denselben Text. Ah ja, und jetzt sieht auch der Zweite hin, und beide wundern sich, dass sie den gleichen Text vor sich haben.

Charlie: Ja, genauso, wie ich mich über das Ganze wundere. Das ist sicher eines der erstaunlichsten Dinge, von denen ich je gehört habe.

Alice: Und jetzt wirst du sicher verstehen, warum Albert Einstein das nicht mochte und von »Spuk« sprach.

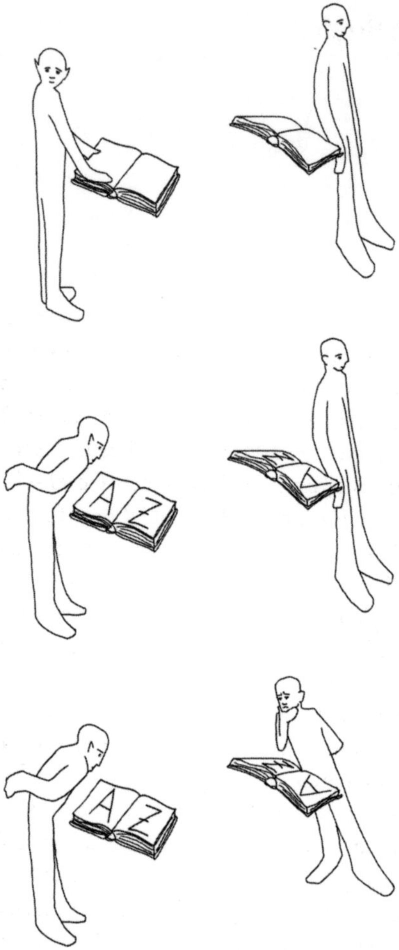

Abbildung 37 Science-Fiction-Idee der Verschränkung von Information in Büchern. Die Texte in zwei Büchern sind miteinander verschränkt (oben), sodass keines der beiden Bücher einen Text trägt. Alles ist möglich. Bei Beobachtung eines der beiden Bücher (Mitte) nimmt dieses spontan einen der Texte aus den vielen Möglichkeiten an. Das andere Buch nimmt dann gleichzeitig den gleichen Text an. Dies ist das Wesen der Verschränkung, von Einstein als »spukhaft« bezeichnet.

Die Quantenlotterie

Wir hatten bereits erwähnt, dass Albert Einstein sehr früh schon die Quantenphysik kritisiert hatte. Der Ansatz seiner Kritik waren immer Aussagen der Quantenphysik, die seiner philosophischen Auffassung widersprachen. Die erste Kritik, die er übte, war die an der neuen Natur des Zufalls. Diese Kritik äußerte er zum ersten Mal bei der Jahrestagung der Deutschen Gesellschaft der Naturforscher und Ärzte im Jahr 1909 in Salzburg. Er drückte dort sein »Unbehagen« über die neue Rolle des Zufalls aus. Albert Einstein hatte nämlich bereits damals erkannt, dass es für das einzelne Quantenereignis keine Ursache gibt, keine genaue Erklärung im Sinne der Kausalität, im Sinne des Ursache-Wirkungs-Prinzips. Daher eben sein berühmter Ausspruch »Gott würfelt nicht.« Heute wissen wir nicht nur, dass dieser Zufall eine fundamentale Eigenschaft in der Quantenphysik ist, sondern wir können uns den Zufall auch zunutze machen.

Wie kann man sich den Quantenzufall zunutze machen? Ein Gebiet, auf dem der Quantenzufall genutzt wurde, sind die Quantenzufallszahlengeneratoren. Zufallszahlengeneratoren sind Geräte, die Folgen von Zufallszahlen erzeugen. Für viele Rechenprobleme in modernen Computern sind diese Folgen sehr wichtig.

Moderne Computer produzieren solche Zufallszahlen mittels aufwändiger mathematischer Verfahren und komplizierter Algorithmen. Diese Algorithmen erzeugen Zahlenfolgen, die zufällig zu sein scheinen, es in Wirklichkeit aber nicht sind, eben weil sie das Ergebnis von Berechnungen sind. Diese bezeichnet man daher als Pseudozufallszahlengeneratoren. Der Haken an Pseudozufallszahlengeneratoren ist, dass sie sich nach einiger Zeit wiederholen.

Viel bessere Ergebnisse liefern Quantenzufallszahlengeneratoren. Hier nützt man die Tatsache, dass, wie schon von Einstein kritisiert, der Zufall in der Quantenphysik von einer Natur ist, dass es eben keine Erklärung dafür gibt, warum das Einzelereignis auftritt. Der Quantenzufall garantiert also, dass kein innerer Mechanismus bestimmt, welche Zufallszahl zu welchem Zeitpunkt erscheint. Die Zahlenfolgen, die von einem Quantenzufallsgenerator erzeugt werden, haben also keine innere Struktur und wiederholen sich auch nicht.

Wir sind dieser neuen Art von Zufall schon in zwei Situationen begegnet. Der eine Fall liegt vor, wenn ein mit 45 Grad polarisiertes Photon auf einen, sagen wir, vertikal orientierten Polarisator trifft. Die Wahrscheinlichkeit, dass das Photon durchgeht oder nicht, beträgt fünfzig zu fünfzig. Wir sagen dann, das Ergebnis sei vollkommen zufällig. Der andere Fall, in dem der Zufall vorkam, war die Frage, an welcher Stelle des Beobachtungsschirms ein Teilchen landet, nachdem es die Doppelspaltvorrichtung durchlaufen hat. Wir haben auch gelernt, dass die Quantenphysik nur Wahrscheinlichkeiten für Ereignisse angibt und nicht mehr. Auf einer fundamentalen Ebene sorgt der Quantenzufall auch dafür, dass die Verschränkung nicht gegen Einsteins Relativitätstheorie verstößt. Man kann ihn sich aber in der profanen Welt der Computer und Zufallszahlengeneratoren zunutze machen.

Ein sehr einfacher Quantenzufallszahlengenerator könnte darin bestehen, dass man eine Anhäufung radioaktiver Atome nimmt und beobachtet, zu welchem Zeitpunkt sie zerfallen. Der Zerfall radioaktiver Atome wird von ihrer Halbwertzeit bestimmt. Die Halbwertzeit ist diejenige Zeit, zu der die Hälfte der Atome zerfallen ist. Nehmen wir die Zahl der Atome mit tausend an. Nach der Halbwertzeit ist nur noch die Hälfte davon übrig, also etwa fünfhundert Atome. Von diesen wird in der nächsten Halbwertzeit wiederum nur die Hälfte zerfallen, sodass etwa zweihundertfünfzig übrig bleiben. Innerhalb der nächsten Halbwertzeit wird wieder die Hälfte zerfallen und so weiter.

Jede radioaktive Substanz hat ihre charakteristische Halbwertzeit. Zu welchem Zeitpunkt wird nun ein bestimmtes Atom, das wir aus den ursprünglichen tausend Atomen auswählen, zerfallen? Hier herrscht wieder der reine Zufall. Es gibt keinen Grund dafür, dass ein bestimmtes Atom gerade zu dem Zeitpunkt zerfällt, an dem es das tut. Es lassen sich nur Wahrscheinlichkeiten angeben. Diese Wahrscheinlichkeiten sind eben derart, dass innerhalb einer Halbwertzeit genau die Hälfte der anfänglich vorhandenen Atome zerfällt, wie wir gerade erläutert haben.

Das Problem, einen technischen Zufallszahlengenerator zu bauen, der auf radioaktivem Zerfall beruht, ist ein psychologisches: Kein Mensch hat gern radioaktive Proben in seiner Nähe, auch nicht in unschädlichen Mengen. Deshalb sind Zufallszahlengeneratoren, die auf radioaktivem Zerfall beruhen, nicht populär geworden.

Eine andere, ebenfalls sehr einfache Methode, einen Zufallszahlengenerator zu bauen, macht sich die Eigenschaften halbreflektierender Spiegel (Abbildung 38) zunutze. Wie der Name schon sagt, reflektiert der Spiegel die Hälfte des Lichtes, das auf ihn fällt, während er die andere Hälfte durchlässt. Der halbreflektierende Spiegel spaltet die Energie des Lichtes in zwei Teile auf. Ein auf einen solchen Spiegel fallender Lichtstrahl wird offenbar in zwei Strahlen aufgespaltet. Deshalb wird ein halbreflektierender Spiegel auch als *Strahlteiler* bezeichnet.

Was passiert, wenn ein einzelnes Photon (Abbildung 39) auf einen halbreflektierenden Spiegel trifft? Es landet entweder hinter dem Spiegel oder wird nach vorn zurückgeworfen. Da beides gleich wahrscheinlich ist, wird es mit einer Wahrscheinlichkeit von jeweils fünfzig Prozent durchgelassen oder reflektiert. Man stellt nun hinter dem Spiegel einen Photonendetektor auf, der das durchgelassene Photon registriert, und vor dem Spiegel ebenfalls einen, der das Photon registriert, falls es reflektiert wird. Einer der Detektoren wird es registrieren und einen elektrischen Puls geben. Es ist jedoch nicht vorauszusagen, was das Photon tun wird, welcher Detektor es registrieren wird. Hier herrscht wieder der reine Zufall.

Diese Eigenschaft von Strahlteilern nutzt man für den Bau von Zufallszahlengeneratoren. Man braucht nur einen Strahl einzelner

Abbildung 38 Alice würde vor einem halbreflektierenden Spiegel sowohl sich selbst sehen als auch Bob, der hinter dem Spiegel steht, beides natürlich nur mit halber Helligkeit.

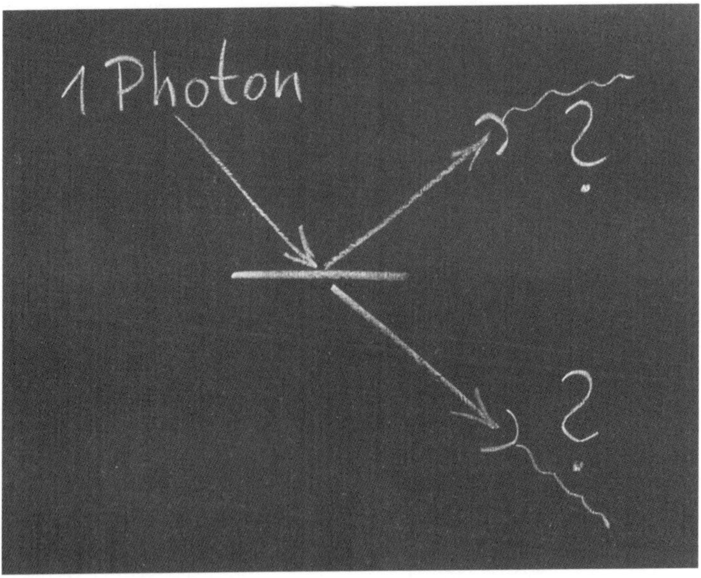

Abbildung 39 Auf einen halbreflektierenden Spiegel trifft ein einzelnes Photon. Wird es reflektiert werden oder wird es durchtreten? Hier herrscht der reine Zufall.

Photonen auf einen solchen Strahlteiler zu richten und an die »Ausgänge« zwei Detektoren zu stellen. Bei jedem Detektor ist die Wahrscheinlichkeit, das einzelne Photon zu registrieren, gleich groß. Lenkt man einen Strom von Photonen auf so einen Strahlteiler, werden die beiden Detektoren in einer zufälligen Folge klicken. Moderne Computer arbeiten mit dem binären System, das auf den Zahlen Null und Eins beruht. Wenn das Photon vom Detektor im durchgehenden Strahl registriert wird, erzeugt es elektronisch eine »0« für das Photon. Wird das Photon im reflektierten Strahl registriert, erzeugt es eine »1«. Unser Strom von vielen Photonen wird daher eine Zufallsfolge von Nullen und Einsen produzieren.

Ein solcher Quantenzufallszahlengenerator wurde vor einigen Jahren von Thomas Jennewein gemeinsam mit Ulrich Achleitner, Gregor Weihs, Harald Weinfurter und dem Autor an der Universität Innsbruck tatsächlich gebaut (Bild 9). Er spuckt lange Zahlenreihen folgender Art aus:

1111011010100101011011110011001110101111111100101
1011001010110001000010010001100001110100101011101 0
0110010011001101101010101000100110001011010111101 1
0100011001011100001100101001100001010110001110010 1
0011011011101101000011001101011010011111100010010 1
0110100010000100001001010101000001100000001010011 01
1010111100110011001101010001001111000000000010011 00
0100011001111011100000000010001100110101010101011 1
1101011001000101100010100100010101

Um festzustellen, ob es sich hier wirklich um einen Zufallszahlengenerator handelt, kann man verschiedene Tests durchführen. So könnte man einfach prüfen, wie oft Nullen und Einsen vorkommen. Oder man könnte – etwas anspruchsvoller – danach schauen, ob die Folgen 00, 01, 10 und 11 mit derselben Häufigkeit vorkommen. Es gibt noch etliche weitere, zum Teil höchst raffinierte Methoden, darunter mathematische Anwendungen der erzeugten Zufallszahlen.

Thomas Jennewein schickte eine lange Folge seiner Zufallszahlen an Spezialisten, die an Zufallsfolgen interessiert sind und daher seine Folge nach allen Regeln der Kunst testeten. Das Ergebnis dieser Untersuchungen war, dass ihm bescheinigt wurde, dies sei die beste Zufallsfolge, die sie je überprüft hätten. Dieser Befund unterstützt nicht nur das Bild der Zufälligkeit individueller Quantenereignisse, sondern es zeigt auch, dass auf dem Quantenzufall basierende Zufallszahlengeneratoren sehr brauchbar sind.

Offen bleibt dabei allerdings eine ganz allgemeine mathematische Frage: Ist es möglich, zu beweisen, dass eine gegebene Zahlenfolge – in unserem Fall eine Folge von Nullen und Einsen – wirklich aus Zufallszahlen besteht und nicht durch eine mathematische Formel, einen Algorithmus erzeugt worden ist? Der Haken ist, dass ein solcher mathematischer Beweis grundsätzlich unmöglich ist. Jede beliebige, durch unseren Zufallszahlengenerator erzeugte Zahlenfolge, sei sie nun regelmäßig, wie etwa 0000000000 oder sähe sie zufällig aus wie etwa 0100101100 kann auch durch einen einfachen Algorithmus erzeugt werden. In der binären Darstellung von Pi kommt irgendwo die Folge 0000000000 vor, an anderer Stelle die Folge 0101010101, die beide nicht zufällig aussehen. An den meisten Stellen finden wir allerdings zufällig erscheinende Folgen wie etwa 0100101100.

Man könnte aber auch dreimal hintereinander würfeln. Wie groß ist die Wahrscheinlichkeit, eine Zufallsfolge wie ⚂ ⚀ ⚄ zu bekommen? Die Wahrscheinlichkeit, beim ersten Wurf ⚂ zu bekommen, ist eindeutig eins zu sechs, und das gilt auch für die beiden anderen Würfe. Die Wahrscheinlichkeit, die genaue Folge ⚂ ⚀ ⚄ zu bekommen, ist daher 1/6 · 1/6 · 1/6 = 1/216. Anders gesagt, wird man im Schnitt bei einem von zweihundertsechzehn Würfen genau die Folge ⚂ ⚀ ⚄ bekommen.

Wie groß ist dann die Wahrscheinlichkeit, ⚅ ⚅ ⚅ zu bekommen? Offenbar ist die Wahrscheinlichkeit genau dieselbe, denn bei jedem Wurf ist die Wahrscheinlichkeit, ⚅ zu bekommen, eins zu sechs. Daher ist die Gesamtwahrscheinlichkeit, ⚅ ⚅ ⚅ zu bekommen, 1/6 · 1/6 · 1/6 = 1/216. Die Wahrscheinlichkeit, dass die zufällig erscheinende Folge ⚂ ⚀ ⚄ erscheint, ist also gleich der Wahrscheinlichkeit der Folge ⚅⚅⚅. Keine der beiden Folgen ist zufälliger als die andere, auch wenn ⚂ ⚀ ⚄ zufälliger erscheint.

Angesichts dessen, dass die Zufälligkeit einer bestimmten Folge mathematisch nicht zu beweisen ist, muss man sich augenscheinlich auf die physikalische Kenntnis der inneren Mechanismen des Zufallszahlengenerators stützen. Ein praktisches Beispiel ist das Roulettespiel. Es geht darum, dass die Roulettekugel immer dieselbe Chance hat, auf jeder der Zahlen zu landen. Die Spielkasinos tun einiges, um sicherzustellen, dass ihre Räder ausgewogen und mechanisch einwandfrei sind, damit keine Zahl gegenüber den anderen bevorzugt wird.

Wir müssen uns auf die inneren Mechanismen und letztlich auf unsere Kenntnis der Quantenmechanik verlassen, in der der Grundsatz gilt, dass das einzelne Ereignis zufällig ist. Wie wir gesehen haben, sprechen zum Glück sehr gute Argumente, insbesondere die Verletzung der Bell'schen Ungleichung, dafür, dass die Annahme eines deterministischen inneren Mechanismus, der das Ergebnis einer bestimmten Messung determiniert, der experimentellen Beobachtung widerspricht.

Quantenlotterie mit zwei Photonen

Oben bemerkten wir, dass Alice und Bob, wenn sie sich vor beziehungsweise hinter einem halbreflektierenden Spiegel (Abbildung 38) befinden, sowohl ihr eigenes reflektiertes Bild im Spiegel als auch den anderen durch den Spiegel hindurch sehen. Von dem Licht, das von jedem ausgeht, wird eine Hälfte vom Spiegel zurückgeworfen, die andere Hälfte geht durch. Auch das ändert sich, wenn wir die Welt der Quanten betreten.

Angenommen, von beiden Seiten fällt je ein Photon auf einen Strahlteiler (Abbildung 40). Was wird geschehen? Für jedes Photon besteht eine gleich große Wahrscheinlichkeit, reflektiert oder durchgelassen zu werden. Es gibt folglich nur vier Möglichkeiten.

- Beide Photonen werden reflektiert und bleiben daher jedes auf seiner Seite des Spiegels.
- Beide Photonen werden durchgelassen, und folglich landet jedes Photon auf der jeweils anderen Seite.
- Das von oben kommende Photon wird reflektiert, das von unten kommende durchgelassen, und so enden beide auf der oberen Seite.
- Das von oben kommende Photon wird durchgelassen, das von unten kommende reflektiert, und so enden beide auf der unteren Seite.

Nun kommen alle vier Möglichkeiten mit gleicher Wahrscheinlichkeit vor, weil jedes Photon eine 50/50-Chance hat, reflektiert zu werden oder durch den halbreflektierenden Spiegel durchzutreten.

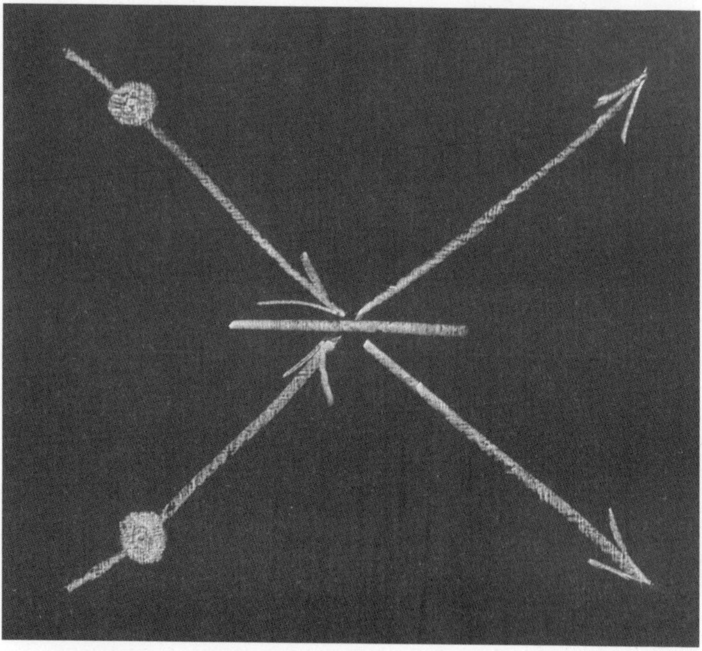

Abbildung 40 Zwei Teilchen treffen einen halbreflektierenden Strahlteiler. In welchen Ausgängen werden wir diese beiden Photonen finden?

Diese Vorstellung wurde auf die Probe gestellt. Chung Ki Hong, Zhe-Yu Ou und Leonard Mandel führten im Jahr 1987 in Rochester ein Experiment durch, mit dem die obige Schlussfolgerung getestet wurde. Es zeigte, dass beide Photonen immer auf derselben Seite landen – entweder beide oben oder beide unten (Abbildung 41). Sie landen nie auf verschiedenen Seiten. Wie kommt das?

Um das zu verstehen, müssen wir das Quantenverhalten der Photonen ins Spiel bringen. Die Vorstellung, ein einzelnes Photon lande mit einer Wahrscheinlichkeit von fünfzig Prozent oben und mit derselben Wahrscheinlichkeit unten, ist zu einfach. In Wirklichkeit kommt es zu einer quantenmechanischen Superposition, einer Überlagerung beider Möglichkeiten. Jedes der beiden Photonen ist nach dem Spiegel in einer Überlagerung der beiden Zustände, oben und unten zu sein. Die Feststellung, dass das Photon oben oder unten ist, kann erst nach einer tatsächlich durchgeführten Messung getroffen werden.

Wir haben auch gelernt, dass eine Überlagerung vorliegt, wenn nicht zu erkennen ist, welcher der zwei (oder mehr) möglichen Fälle tatsächlich eingetreten ist. Wie könnte es also zustande kommen, dass wir in jedem der Strahlen nach dem Strahlteiler je ein Photon beobachten? Dies kann offenbar auf zwei Weisen geschehen: Entweder werden beide Photonen reflektiert, oder beide werden durchgelassen. Wenn die beiden ununterscheidbar sind, müssen wir die beiden Möglichkeiten überlagern. Es kommt dann zu einer quantenmechanischen Superposition.

Was kann es also bedeuten, wenn wir die beiden Möglichkeiten »Beide Photonen wurden reflektiert« und »Beide Photonen sind durch den Strahlteiler durchgetreten« miteinander überlagern? Wir erinnern uns vom Doppelspaltversuch, dass es zwei Extremfälle von Superposition gibt. Entweder löschen die beiden Möglichkeiten einander vollkommen aus, was im Doppelspaltversuch zu den dunklen Streifen führte, oder die beiden verstärken einander maximal, was zu den hellen Streifen führte.

Wenn wir in unserem Beispiel mit beiden Photonen die Idee der Überlagerung anwenden wollen, müssen wir prüfen, ob die beiden

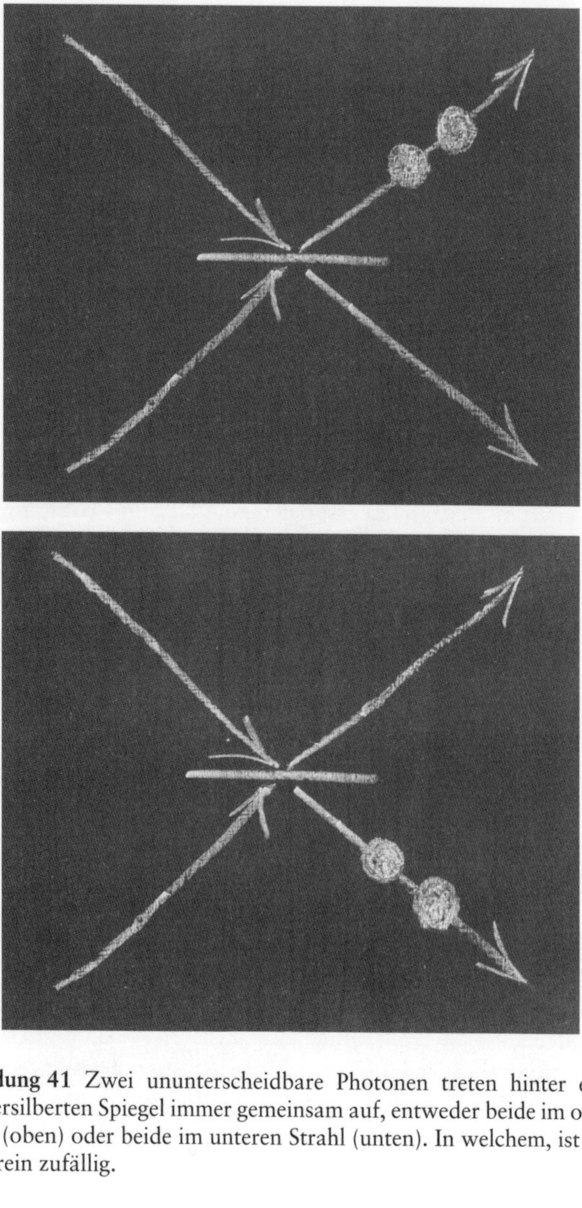

Abbildung 41 Zwei ununterscheidbare Photonen treten hinter einem halbversilberten Spiegel immer gemeinsam auf, entweder beide im oberen Strahl (oben) oder beide im unteren Strahl (unten). In welchem, ist allerdings rein zufällig.

Möglichkeiten wirklich ununterscheidbar sind. Nehmen wir an, sie stimmten in allen Eigenschaften überein. Sie hätten dieselbe Polarisation und dieselbe Frequenz. Wir können also aus Messungen des Photons nicht schließen, ob das Photon, welches wir auf einer der beiden Seiten beobachten, reflektiert wurde oder durch den Spiegel durchtrat. Jetzt bleibt noch eine letzte Möglichkeit, die beiden zu unterscheiden: Sie lassen sich leicht auseinander halten, wenn sie nicht genau gleichzeitig ankommen. Trifft das von oben kommende Photon ein wenig früher ein, braucht man nur den Zeitpunkt der Ankunft des Photons beim Detektor festzuhalten, und schon weiß man, ob es das von oben oder das von unten gekommene war.

Hong, Ou und Mandel schalteten all diese Möglichkeiten, die Photonen zu unterscheiden, sorgfältig aus. Sie stellten sicher, dass die beiden Photonen den Strahlteiler genau gleichzeitig trafen, mit einer Genauigkeit von wenigen Femtosekunden. Eine Femtosekunde ist 10^{-15} Sekunden, ein Millionstel eines Milliardstels einer Sekunde. In ihrem Experiment waren alle Bedingungen der Ununterscheidbarkeit erfüllt. Dann sind die beiden Möglichkeiten, bei denen die Photonen in verschiedenen Ausgangsstrahlen landen, tatsächlich ununterscheidbar, und wir haben eine Superposition.

Jetzt fragt sich nur, ob es eine konstruktive oder destruktive Interferenz ist, ob sich die beiden Möglichkeiten also gegenseitig verstärken oder ob sie einander auslöschen. Wenn man die genauen Rechnungen macht, stellt sich heraus, dass die beiden Möglichkeiten sich gegenseitig vollkommen auslöschen. Das waren ja die einzigen Möglichkeiten, wie die beiden Photonen, jedes für sich, getrennt in einem der beiden Ausgangsstrahlen auftreten können. Entweder wurden sie beide reflektiert, oder sie traten beide durch den Strahlteiler durch. Was heißt das nun für die Photonen, dass sich diese beiden Möglichkeiten gegenseitig vollkommen auslöschen? Das bedeutet, dass die beiden Photonen nie in getrennten Strahlen hinter dem Strahlteiler auftreten können. Sie müssen also eine der beiden anderen Möglichkeiten ausnützen. Sie werden entweder in dem einen oder in dem anderen Strahl gemeinsam auftreten. Genau dieses Verhalten haben Hong, Ou und

Mandel in ihrem Experiment tatsächlich beobachtet. Die beiden Photonen enden nie auf verschiedenen Seiten des Strahlenteilers, sondern immer beide entweder im oberen oder im unteren Ausgangsstrahl (Abbildung 41).

Würden wir ein solches Verhalten bei allen Arten von Teilchen erwarten? Die Antwort ist Nein. Es gibt nämlich zwei grundsätzlich verschiedene Arten von Elementarteilchen: Bosonen und Fermionen. Die Bosonen sind benannt nach dem indischen Physiker Satyendra Nath Bose, die Fermionen nach dem italienisch-amerikanischen Physiker Enrico Fermi. Um Beispiele zu nennen: Die Photonen sind Bosonen, die Elektronen sind Fermionen. Bosonen sind gern beisammen, Fermionen sind gern für sich. Das soeben gesehene Verhalten bestätigt, dass Photonen Bosonen sind. Sie hängen gern zusammen, sie enden in unserem Fall beide im selben Ausgangsstrahl. Wenn wir dasselbe Experiment mit Fermionen machen, stellen wir fest, dass sie nie gemeinsam in einem Ausgangsstrahl auftreten, sondern immer je eines in einem der beiden Strahlen. Es gibt aber auch Fälle, wo sich Photonen wie Fermionen verhalten, und dies ist sehr wichtig für die Experimente zur Quantenteleportation.

Die Sache ist nämlich sehr knifflig. Bei der Erörterung des Verhaltens zweier Photonen, die auf einen Strahlteiler treffen, haben wir eine wichtige Annahme getroffen. Wir sagten, die beiden Photonen müssten in allen Eigenschaften übereinstimmen. Das ist deshalb wichtig, weil sie ununterscheidbar sein müssen. Wir hatten ja zwei Möglichkeiten: Entweder werden beide Photonen reflektiert, oder beide werden durchgelassen. Diese beiden Möglichkeiten müssen sich gegenseitig auslöschen. Das kann nur dann geschehen, wenn sie in einer quantenmechanischen Überlagerung enden. Und die Überlagerung verlangt, dass der eine Prozess vom anderen nicht zu unterscheiden ist. Man sollte demnach nicht sagen können, ob beide Photonen reflektiert oder durchgelassen wurden. Das ist, sagten wir, dann sichergestellt, wenn die beiden Photonen ununterscheidbar sind, wenn sie zum Beispiel dieselbe Polarisation tragen. Dann lässt sich nicht sagen, welches Photon von wo gekommen ist.

Nun können wir aber, nachdem wir von der Verschränkung gehört haben, eine andere Frage stellen. Was ist, wenn die beiden Photonen nicht ihre eigenen, ganz persönlichen Eigenschaften haben, sondern miteinander verschränkt sind? Wir hatten ja gelernt, dass Verschränkung bedeutet, keines der beiden Photonen hat seine eigenen Eigenschaften, aber wenn eines gemessen wird, ist das Ergebnis des anderen festgelegt. Diese Verschränkung muss nicht unbedingt bedeuten, dass beide Photonen immer die gleichen Eigenschaften besitzen. Es können auch verschiedene sein.

Es ist zum Beispiel möglich, dass sich die beiden Photonen in der Polarisation unterscheiden. Das könnte etwa so sein, dass das eine Photon horizontal polarisiert ist, seine Polarisation ist H. Und das andere ist vertikal polarisiert, seine Polarisation ist V. Und wenn es nicht festgelegt ist, welches Photon welche dieser Eigenschaften besitzt, haben wir Verschränkung. Messen wir eines, wird es spontan und rein zufällig zum Beispiel die Antwort H geben, dann wird das andere die Antwort V geben oder umgekehrt. Wir könnten also aus der Polarisationsmessung die Photonen wieder nicht unterscheiden, da es ja nicht festgelegt ist, welche Polarisation welches Photon vor der Messung getragen hat.

Nehmen wir nun an, dass zwei Photonen in einem solchen verschränkten Zustand auf unseren halbreflektierenden Strahlteiler treffen, eines von oben und eines von unten. Könnten wir nun im Prinzip die zwei Möglichkeiten unterscheiden, dass beide Photonen reflektiert oder beide durchgelassen wurden? Wie würden wir das anstellen? Ganz einfach: Wir würden die Polarisation der Photonen messen. Angenommen, wir beobachten, dass das Photon im einen Ausgangsstrahl horizontal polarisiert ist. Dann wissen wir, dass das Photon im anderen Ausgangsstrahl vertikal polarisiert ist. Sagt uns das aber etwas über ihre Herkunft? Eindeutig nicht, denn die Photonen hatten vorher keine eigene Polarisation, es war nur festgelegt, dass sie verschieden sein muss. Daher wissen wir nicht – und auch die Photonen selbst wissen nicht –, ob dasjenige, das sich als horizontal polarisiert erwiesen hat, von oben oder von unten gekommen ist. Wir gelangen daher tatsächlich zu dem Schluss, dass die beiden Möglichkeiten sich überlagern. Wir haben also wieder eine quantenmechanische Superposition, obwohl die Photonen nicht die gleiche Polarisation zeigen.

Und jetzt kommt die entscheidende Frage: Handelt es sich hier um eine konstruktive oder eine destruktive Interferenz? Werden die beiden Möglichkeiten, dass beide Photonen reflektiert oder durch den Strahlteiler durchgelassen werden, sich jetzt gegenseitig auslöschen oder verstärken? Die Antwort ist eine große Überraschung: Beide Möglichkeiten kommen vor! Aber wie kann das sein? Weiß die Natur nicht, was sie zu tun hat? Nun, die Natur weiß durchaus, was sie zu tun hat, aber wir haben den Quantenzustand noch nicht vollständig spezifiziert. Wir wissen bisher lediglich, dass die beiden Photonen eine unterschiedliche Polarisation haben, sie müssen also entweder HV oder VH sein. Wenn wir HV schreiben, meinen wir, dass das Photon von oben H trägt und das von unten V. Bei VH ist es umgekehrt.

Aber wie rechnen wir die beiden Möglichkeiten zusammen? Ist der Zustand HV+VH? Oder HV–VH? Es gibt beides, je nachdem, wie man den Zustand der Photonen am Anfang herstellt. Welcher von beiden es ist, hat aber großen Einfluss auf die Natur der Superposition.

Wenn der Zustand HV+VH ist, löschen sich die beiden Möglichkeiten – beide Photonen werden reflektiert, und beide Photonen treten durch – gegenseitig aus, und die beiden Photonen kommen zusammen heraus, so wie es sich für anständige Bosonen eben gehört.

Ist der Zustand aber – und das ist jetzt das Spannende – HV–VH, dann ergibt die Berechnung eine konstruktive Interferenz der beiden Möglichkeiten: Sie verstärken einander. Sie verstärken einander so sehr, dass für die beiden Photonen keine Chance mehr besteht, gemeinsam herauszukommen. Sie werden stets auf verschiedenen Seiten herauskommen. Wir erhalten also je ein Photon in jedem Ausgangsstrahl (Abbildung 42). Sie treten nie gemeinsam auf.

Der Zustand, der dieses eigenartige Fermionenverhalten zeigt, ist eine Besonderheit. Es ist der einzige Zustand, in dem die beiden Photonen in jedem beliebigen Bezugssystem, das heißt für jede be-

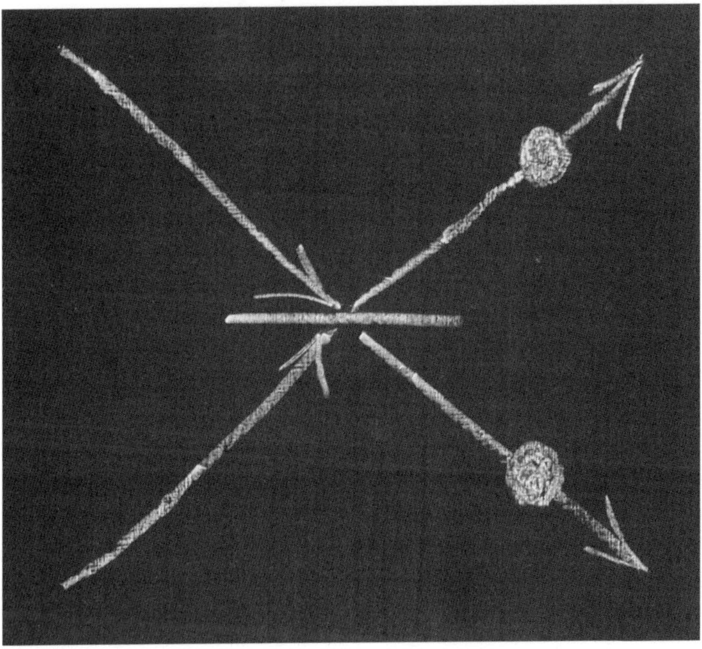

Abbildung 42 Zwei Photonen, die in der Weise miteinander verschränkt sind, dass ihre Polarisationen immer verschieden sind, verhalten sich so, dass sie hinter dem Strahlteiler immer in getrennten Ausgängen zu finden sind. Sie verhalten sich, als ob sie Fermionen wären und dem Pauli-Prinzip folgten.

liebige Orientierung der Polarisatoren, die wir wählen könnten, zueinander orthogonale Polarisation besitzen. Die Polarisation ist also immer verschieden, egal, was wir tun. Das bedeutet aber nicht Unterscheidbarkeit der Photonen, denn wegen der Verschränkung ist es nicht festgelegt, welches Photon welche Polarisation trägt.

Wir sind somit zu einer sehr interessanten Schlussfolgerung gelangt: Wenn wir zwei Photonen getrennt in einen Strahlteiler schicken, verhalten sie sich meistens artig, wie es sich für Bosonen gehört. In den meisten Fällen landen sie zusammen in dem einen oder anderen Ausgangsstrahl. Es gibt jedoch einen Fall, in dem sich die Photonen völlig anders verhalten: Befinden sie sich anfangs im verschränkten Zustand HV–VH, indem ihre Polarisation immer verschieden ist, so landen sie stets in getrennten Ausgangsstrahlen.

Das hat weit reichende experimentelle Folgen. Nehmen wir einfach einen Strahlteiler, und schicken wir zwei Photonen genau gleichzeitig hinein, je eines von jeder Seite. Nun machen wir auf beiden Seiten genau gleichzeitig eine Messung und bestimmen, ob die Photonen in getrennten Strahlen herauskommen. Ist das der Fall, so wissen wir definitiv, dass die Photonen sich im verschränkten Zustand HV–VH befinden. Damit haben wir ein ganz einfaches Mittel, um experimentell festzustellen, in welchem verschränkten Zustand zwei Photonen sind. Wegen der Einfachheit des Verfahrens hat dieser Befund in zahlreichen Experimenten vielfältige Anwendung gefunden, darunter auch in der Quantenteleportation.

Quantengeld – Das Ende der Geldfälscher

Manchmal kommen Ideen einfach zu früh für ihre Zeit. Oft ist noch nicht die Technik verfügbar, mit der sich das, was man sich vorstellt, bauen lässt. Das galt beispielsweise für viele der Einfälle des französischen Schriftstellers Jules Verne, dessen Erzählungen man sicherlich als Science-Fiction bezeichnet hätte, wenn es den Begriff damals schon gegeben hätte. Doch oft lösen solche Ideen auch neue Entwicklungen aus. Genau das geschah in der Quantenphysik, als zum ersten Mal die Idee auftrat, Information mit Quantenzuständen darzustellen.

Im Jahr 1970 kam der junge Physiker Stephen Wiesner, der damals an der Columbia University in New York arbeitete, auf eine solche Idee. Sie hat bis heute, über dreißig Jahre später, keine experimentelle Bestätigung gefunden: Wiesner erfand absolut fälschungssicheres Quantengeld. Man könnte meinen, dass viele Organisationen, beispielsweise die amerikanische Federal Reserve Bank, sich sofort auf diese Idee gestürzt hätten. Schließlich tauchen ja alljährlich falsche US-Banknoten im Wert von ungefähr zweihundert Millionen Dollar auf.

Doch Wiesners Idee löste keine Reaktion aus. Schlimmer noch: Er konnte seine wissenschaftliche Arbeit in keiner Zeitschrift publizieren. Es dauerte mehr als zehn Jahre, bis die Arbeit endlich in der Zeitschrift *Sig.Act.News* (Special Interest Group on Algorithms and Computing Theory) der Association for Computing Machinery (ACM), erschien. Dennoch gab Wiesners Artikel den Anstoß zu einem neuen Forschungsbereich: der Verbindung der Grundlagen der Quantenmechanik mit der Verschlüsselung und Übermittlung von Informationen.

Die Idee von Stephen Wiesner ist im Grunde ganz einfach: Auf jeder Banknote ist bereits heute eine einmalige Nummer aufgedruckt. Anhand dieser Nummern können die Banken den Weg des Geldes verfolgen. Sie sind außerdem nützlich, um etwa Geld aufzuspüren, das aus Lösegeldzahlungen oder Erpressungen stammt. Die Nummern auf den Banknoten sind deutlich zu sehen, jedermann kann sie lesen.

Stephen Wiesner hatte die Idee, für die Seriennummern auf den Banknoten Quantenzustände zu verwenden (Abbildung 43). Die Idee ist technisch zwar noch nicht durchführbar, aber man könnte sich schon ungefähr vorstellen, wie das gehen könnte: Man könnte beispielsweise irgendwo auf dem Schein einige polarisierte Photonen anbringen. Jedes Photon ließe sich zwischen zwei ganz winzigen Superspiegeln auf der Vorder- und der Rückseite der Banknote einfangen. Man könnte aber statt Photonen auch andere Teilchen nehmen, zum Beispiel Elektronen, die in ihrer spezifischen Spin-Eigenschaft verschränkt sind. Doch keine dieser Möglichkeiten ist heute technisch realisierbar. Wir bleiben, da die physikalischen Gesetze für alle Teilchen dieselben sind und da wir sie bereits kennen, bei unseren Photonen.

Nun nutzt die Idee von Stephen Wiesner nicht nur horizontal und vertikal polarisierte Photonen, sondern außerdem Photonen, die unter plus 45 Grad und unter minus 45 Grad polarisiert sind. Diese bezeichnen wir mit S und T. Eine typische Folge auf der Banknote könnte etwa HSVVSTHSV... lauten. Um eine solche Banknote zu fälschen, also eine neue Note mit derselben Nummer zu drucken, müsste die Nummer gelesen werden. Für eine »gute« Fälschung ist die Seriennummer unbedingt erforderlich, da jede Nationalbank nur Banknoten mit einer begrenzten Zahl möglicher Zahlenfolgen in Umlauf bringt.

Aber wie würde man es anstellen, die Quantenzahl auf einer solchen neuartigen Banknote zu lesen?

Um die Folge HSVVSTHSV zu lesen, müsste unser Fälscher die Polarisation jedes einzelnen Photons messen. Für das erste Photon bekommt er die Antwort H. Aber schon das nächste Photon stellt ihn vor ein Problem: Er müsste seinen Polarisator jetzt um 45 Grad

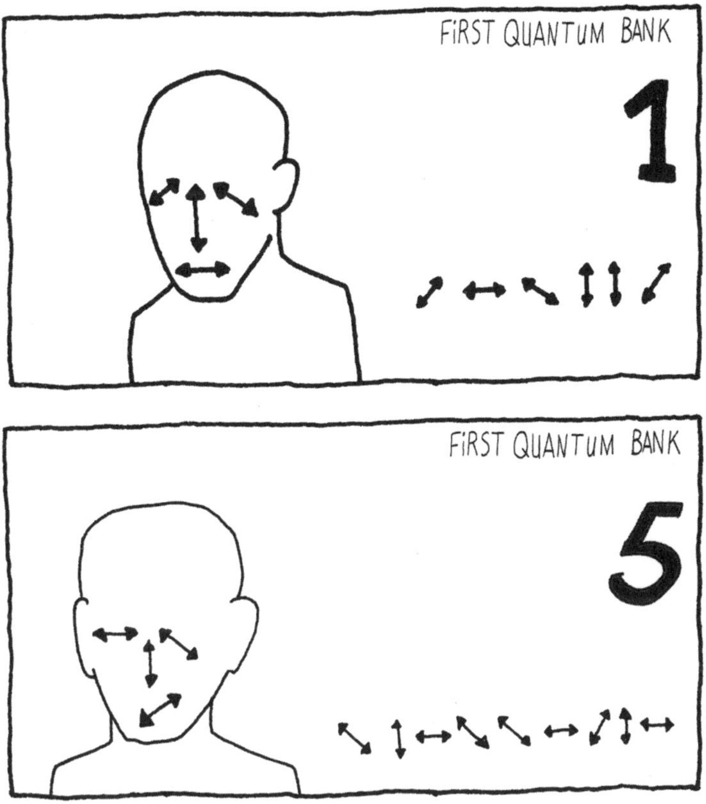

Abbildung 43 Auf einem Quantengeldschein würden Ziffern in Quantenbits dargestellt sein. Da Quanten nicht geklont werden können, wäre ein solches Quantengeld nicht fälschbar.

drehen, um das Resultat S zu bekommen. Dreht er ihn nicht, wird er für die zweite Stelle rein zufällig entweder H oder V bekommen, aber keinesfalls S.

Um also alle Quantenziffern korrekt zu lesen, muss der Fälscher wissen, für welche Stelle er welche Orientierung des Polarisators nehmen muss. Diese Information hat aber nur die Nationalbank. Wir könnten zum Beispiel annehmen, dass jede Banknote ein weiteres Erkennungszeichen trägt, vielleicht noch eine andere Nummer, die speziell ihr und nur ihr zugeordnet ist, und dass die Nationalbank, die das Geld druckt, eine lange Liste darüber führt, welche Banknote wie verschlüsselt wurde. Ein Fälscher, der diese Liste nicht hat, wäre hilflos und würde Banknoten mit unerlaubten Zahlenfolgen produzieren.

In Stephen Wiesners Idee für fälschungssicheres Quantengeld tauchen einige grundlegende Ideen zum ersten Mal auf.

Die erste Idee ist die, die Information in zwei verschiedenen Arten von orthogonalen Zuständen, H–V oder S–T, zu verschlüsseln. Die Messung eines Quantensystems mit dem falschen Polarisator liefert keinerlei Information, sondern nur zufällige Antworten. Diese Methode bezeichnet man heute als konjugierte Kodierung.

Die zweite, in Wiesners Artikel unausgesprochen enthaltene Idee ist die, dass Quantenzustände nicht geklont werden können. Dieses berühmte No-Cloning-Theorem wurde von William K. Wootters, damals an der University of Texas, und Wojciech Hubert Zurek, damals am California Institute of Technology, mathematisch bewiesen. Dem No-Cloning-Theorem zufolge ist es unmöglich, eine Maschine zu bauen, in die man einen beliebigen Quantenzustand hineinschickt, und heraus kommen zwei Exemplare desselben Zustands. Man kann das No-Cloning-Theorem als eine Konsequenz aus der Tatsache betrachten, dass beim Klonen der Quantenzustand gemessen werden muss, jede Messung aber unvermeidlich mit einer Störung verbunden ist. Das No-Cloning-Theorem wurde von Wiesner nicht mathematisch bewiesen, aber es ist in seiner Idee vom Quantengeld enthalten. Das No-Cloning-Theorem garantiert nämlich, dass es nicht möglich ist, einen Kopierer zu bauen, der das Quantengeld kopiert, ohne dabei unvermeidliche Fehler zu machen.

Aus dem No-Cloning-Theorem ergibt sich auch eine merkwürdige Folgerung: Sollte die Erbinformation lebender Systeme zumindest gelegentlich in Quantenzuständen verschlüsselt sein, wäre Klonen unmöglich. Unter Biologen ist man sich allerdings heute einig, dass die in unserer DNS enthaltene Information eine klassische Information in dem Sinne ist, dass sie einen wohl definierten Zustand hat. Aber wer weiß? Vielleicht wird man eines Tages eine Ausnahme entdecken.

Quantenbits

Stephen Wiesner führt mit seinen orthogonalen Quantenzuständen, zum Beispiel H–V, die Idee (wenn auch noch nicht den Begriff) dessen ein, was man heute *Quantenbit* oder *Qubit* nennt.

Alle modernen Digitalrechner arbeiten mit Bits als den Grundelementen der Information. Ein Bit hat zwei Zustände, »0« oder »1«. Im Computer sind diese Bits physikalisch realisiert. Das einfachste Bit ist ein Knoten im Taschentuch, wobei das Nichtvorhandensein eines Knotens »0« und der Knoten »1« bedeutet. Auch die Stellung eines Schalters kann man als physische Realisierung eines Bits betrachten: »Aus« bedeutet »0«, »An« bedeutet »1«. In einigen der ersten Computer wurden Schalter tatsächlich in der Form von Relais verwendet. In modernen Computern kann das Bit realisiert sein als eine bestimmte Spannung in einem elektronischen Schaltkreis, als Grübchen in einer CD oder als Magnetisierung. Aus physikalischer Sicht kommt es bei der physikalischen Realisierung des Bits vor allem auf zwei Merkmale an. Erstens sollten die »0« und »1« entsprechenden Zustände stabil sein und sich nicht selbstständig ineinander verwandeln. Zweitens sollten sie leicht identifizierbar sein.

Für die Kommunikationstechnik gilt dasselbe. Die Hochgeschwindigkeitskommunikation arbeitet heute, wie bereits erwähnt, hauptsächlich mit Licht. Durch Modulation wird einem Lichtstrahl die Information aufgeprägt, zum Beispiel Sprache oder eine Fernsehsendung. Es ist zu erwarten, dass sich unsere Technologien in Zukunft weiterentwickeln, sodass immer weniger Lichtteilchen benötigt werden, um ein Bit an Information zu kodieren. Wenn ein Bit schließlich von einem einzigen Photon, einem Lichtquant, getragen wird, ist offensichtlich eine Grenze erreicht. Um beim Beispiel der Polarisation zu bleiben: Man könnte die Polarisation eines Photons benutzen, um Information zu kodieren. Die H-Polarisation könnte dann »0« entsprechen, die V-Polarisation »1«. Wie bei einem klassischen Bit haben wir zwei Zustände, die leicht als Träger von Information zu identifizieren sind.

Wir sind unversehens im Quantenbereich gelandet, wo völlig neue Phänomene auftreten können. Eines davon ist die Quantensuperposition. Ein Photon kann, wie wir schon wissen, nicht nur in den Polarisationen H und V sein, sondern auch in Überlagerungen, beispielsweise mit 45 Grad polarisiert. Ein solches Photon trägt dann sozusagen die Überlagerung von »0« und »1«. Dazu gibt es keine Entsprechung mit klassischen Bits, das gibt es nur im Quantenbereich. Damit haben wir hier neue Wege der Kodierung und Übermittlung von Information.

Das Photon ist also ein Zweizustandssystem, wenn man seine Polarisation betrachtet. Die Idee eines solchen Zweizustandssystems gibt es in der Physik seit langem, und solche Systeme gehören zu den einfachsten, an denen man etwas über die grundlegenden Züge der Quantenmechanik erfahren kann. Früher nannte man sie eben nur Zweizustandssysteme. Als Ben Schumacher vom Kenyon College im Jahr 1993 dafür den Namen Qubit erfand, prägte er damit praktisch einen Markennamen für die gesamte Quanteninformationsgemeinschaft. So hieß zum Beispiel die Homepage der Quantum Computation Group an der Universität Oxford www.qubit.org; heutiger Name: oxfordquantum.org.

Stephen Wiesner hat genau diese Möglichkeit genutzt, als er Qubits entweder in der H–V- oder in der S–T-Basis verwendete, um eine Nummer auf seine Banknote zu schreiben.

Jedenfalls folgten auf Stephen Wiesners Idee des fälschungssicheren Quantengelds später weitere Vorschläge, zur Informationsübertragung und -verarbeitung Quantenzustände zu benutzen. Es sei hier nur die Quantenkryptographie genannt, für die von Charles Bennett von IBM in Yorktown Heights und Gilles Brassard von der Universität Montreal 1984 die Benutzung einzelner Qubits und 1991 von

Artur Ekert von der Universität Oxford die Benutzung verschränkter Zustände vorgeschlagen wurde. Es würde jedoch den Rahmen dieses Buches sprengen, näher auf die Quantenkryptographie einzugehen.

Qubits können auch miteinander verschränkt sein, ein weiteres Merkmal, das über die klassische Physik hinausgeht. Eine sehr interessante Anwendung verschränkter Qubits ist die 1992 von Charles Bennett und Stephen Wiesner erfundene hyperdichte Kodierung *(hyper-dense coding)*, der wir uns jetzt zuwenden.

Ein Quantenbit kann mehr übertragen, als es tragen kann

Was heißt das eigentlich, wenn wir sagen, die Information werde durch Bits repräsentiert, deren Wert »0« oder »1« ist? Was ist »0« oder »1« für eine Art von Information?

Besonders sinnvoll ist diese Frage offenbar nicht. Wir müssen darüber reden, was Information *an sich* bedeutet. Was die Bedeutung oder den Sinn von Information angeht, gibt es keine allgemeine Regel. Generell kann man sagen, dass unser Wissen über die Welt in Aussagen ausgedrückt wird.

Eine solche Aussage könnte sein: »Heute regnet es.«

Eine andere mögliche Aussage wäre die Bell'sche Ungleichung: »Die Zahl der großen blauäugigen Zwillinge kann nicht größer sein als die Zahl der großen schwarzhaarigen Zwillinge plus die Zahl der blauäugigen blonden Zwillinge.«

Jede derartige Aussage ist entweder wahr oder falsch. Schwer entscheidbare Fälle lassen wir außer Acht: Manchmal weiß man nicht genau, ob es regnet oder nicht. In anderen Fällen wären wir nicht einmal im Prinzip fähig, eine Frage wie: »Wie viele Engel haben auf einer Nadelspitze Platz?« klar zu beantworten. Betrachten wir aber der Einfachheit halber nur solche Aussagen, die entweder falsch oder wahr sind. Hier einige Beispiele:

Heute regnet es.	FALSCH, jedenfalls zur Zeit der Niederschrift
Der Dollar ist die Währung der Vereinigten Staaten.	WAHR

Dieses Buch hat weniger als zehn Seiten.	FALSCH
Die Zahl der großen blauäugigen Zwillinge kann nicht größer sein als die Zahl der großen schwarzhaarigen Zwillinge plus die Zahl der blauäugigen blonden Zwillinge.	WAHR außer für Quantenzwillinge

Es gibt also nur zwei Möglichkeiten: WAHR oder FALSCH. Unser Bit hat ebenfalls nur zwei Möglichkeiten: »0« oder »1«. Deshalb lassen sich die Antworten WAHR oder FALSCH leicht als Bitwerte darstellen. Wir müssen nur herausbekommen, ob »0« WAHR oder FALSCH bedeutet. »1« bedeutet dann das Gegenteil. Doch herauszufinden ist hier nicht viel. Bedeutungen sind eine Sache der Vereinbarung. Wir müssen vereinbaren, was »0« und »1« bedeuten. Üblicherweise – aber das ist keineswegs notwendig – trifft man die folgende Festlegung:

WAHR	–	1
FALSCH	–	0

Ebenso können wir mit JA und NEIN verfahren. Wir können festlegen, dass »0« für NEIN und »1« für JA steht. Wenn wir nun etwas zu kommunizieren wünschen, müssen wir einen Informationsträger wählen. Alice, die Absenderin, möchte Bob eine Nachricht senden. Dieses Etwas muss von dem »0«- oder »1«-Wert des Bits repräsentiert werden. Alice und Bob können sich für Photonen entscheiden. Sie beschließen, dass ein Photon bei horizontaler Polarisation »0« und bei vertikaler Polarisation »1« bedeutet.

Bob fragt nun bei Alice an: »Gehst du heute Mittag mit mir essen?«

Erhält er von Alice ein vertikal polarisiertes Photon, so freut er sich, denn Alice hat ihm mit JA geantwortet. Ist das Photon horizontal polarisiert, muss er sich zum Essen jemand anderen suchen.

Die Quantennatur des Photons haben wir bislang noch nicht berücksichtigt. Wenn wir darauf eingehen und die Verschränkung einbeziehen, ergibt sich nach Bennett und Wiesner eine sehr interessante Möglichkeit. Diese ihre Idee der hyperdichten Kodierung ist im Prinzip recht einfach. Wir werden sie nun diskutieren (Abbildung 44).

Alice und Bob beginnen ihr Experiment damit, dass sie verschränkte Paare von Qubits erzeugen. Von jedem Paar bekommt Alice das eine und Bob direkt das andere. Der Einfachheit halber nehmen wir an, dass alle Paare in gleicher Weise verschränkt sind.

Alice möchte ihr Qubit nun mit Information kodieren. Ein verschränktes Photon hat aber, wie wir ja schon wissen, für sich keinen eigenen Quantenzustand. Tatsächlich erhalten wir bei der Messung eines maximal verschränkten Qubits in einer beliebigen Basis immer eine zufällige Antwort. Wie können wir aber Information kodieren, wenn wir immer eine zufällige Antwort erhalten? Entscheidend ist, dass, obgleich das Qubit keinen eigenen Quantenzustand hat, sein Verhältnis zum anderen Qubit klar definiert ist. Zusammen bilden sie einen einzigartigen verschränkten Zustand. Daher kann Alice, indem sie ihr Qubit verändert, den gemeinsamen Zustand der beiden Qubits, die sie und Bob haben, verändern, sodass ein anderer verschränkter Zustand, ein anderer Bellzustand, entsteht. Alice kann also Information übertragen, indem sie ihr Qubit ändert.

Man sollte nun meinen, dass sie damit nur ein Bit an Information übertragen kann, eben »0« oder »1«, da ja ein Photon nur zwei orthogonale Polarisationen besitzt. Der Witz bei der dichten Quantenkodierung ist, dass sie tatsächlich mehr Information an Bob senden kann, obwohl sie nur ein Qubit manipuliert. Je nachdem, in welcher Weise sie dies tut, kann sie erreichen, dass sich ihr Qubit und das von Bob gemeinsam in einem von vier verschränkten Zuständen, den so genannten Bellzuständen, befinden. Wenn sie nichts tut, bleibt der ursprüngliche Bellzustand erhalten. Die anderen drei Zustände kann sie dadurch erreichen, dass sie ihr Qubit in geeigneter Weise längs der drei möglichen Achsen rotieren lässt: rechts-links, vorne-hinten, oben-unten. Alice manipuliert ihr Qubit also auf eine der vier möglichen Weisen und schickt es zu Bob. Bob bestimmt

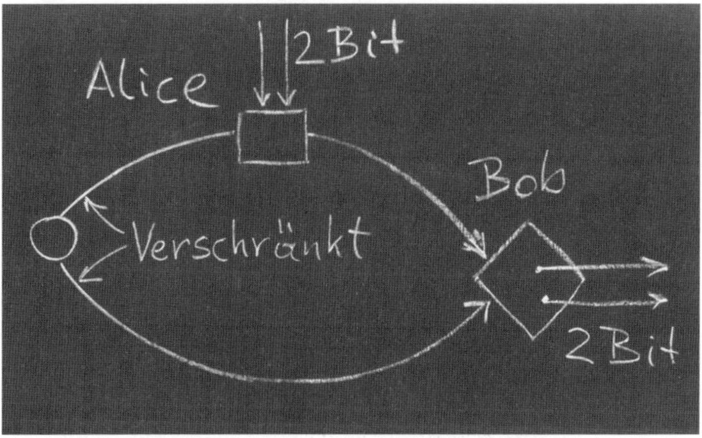

Abbildung 44 Prinzip der dichten Quantenkodierung. Eine Quelle erzeugt ein verschränktes Paar an Photonen. Alice hat nur Zugang zu einem der beiden. Sie kann jedoch trotzdem zwei Bit an Information zu Bob übertragen, da sie durch Manipulation an ihrem Photon den Verschränkungszustand beider Photonen ändern kann. Bob erhält beide Photonen, bestimmt, in welchem von vier verschränkten Zuständen sie sich befinden. Damit kann er die beiden Bit an Information, die von Alice aufgeprägt wurden, auslesen.

dann, in welcher Weise sein ursprüngliches Qubit und dasjenige gemeinsam verschränkt sind, das er von Alice erhalten hat.

Jetzt kommt der wirklich spannende Punkt: Bob kann nun durch Ermittlung des verschränkten Zustands der beiden Qubits vier mögliche Nachrichten herausbekommen. Das ist mehr, als wenn Alice ihm nur ein nicht verschränktes Qubit geschickt hätte, nämlich die Antwort auf eine Ja-Nein-Frage.

Diese vier möglichen Antworten entsprechen tatsächlich zwei Bits, denn wenn wir zwei Bits betrachten, die jeweils die Zustände »0« und »1« haben können, erhalten wir vier Möglichkeiten: 00, 01, 10, 11. Um die zwei Bit an Information zu übertragen, benötigen wir zwar insgesamt zwei Qubits, aber das Interessante ist, dass Alice nur eines der beiden zu manipulieren braucht. Ein Qubit allein kann also nur ein Bit tragen, aber wenn es mit einem anderen Qubit verschränkt ist, kann es zwei Bit übertragen.

Das von Bennett und Wiesner vorgeschlagene Experiment wurde 1995 von Klaus Mattle, Harald Weinfurter, Paul G. Kwiat und dem Autor an der Universität Innsbruck durchgeführt. Dessen Protokoll war etwas einfacher, denn weil die als Qubits verwendeten Photonen unspeicherbar sind, benutzten Alice und Bob eine Quelle, die diese verschränkten Photonenpaare erzeugte.

Die erzeugten Photonenpaare waren in der Polarisation verschränkt. Alice übertrug dann die Information auf ihr Photon, indem sie entweder nichts tat oder die Polarisation auf zwei verschiedene Weisen rotierte. Bob erhielt dann Alice' Photon und das Zwillingsteilchen des ursprünglich verschränkten Paares und bestimmte, in welchem Bellzustand die beiden miteinander verschränkt sind. Aus technischen Gründen konnte Bob nur drei verschiedene Möglichkeiten unterscheiden.

Letztlich konnte Bob also drei verschiedene Botschaften identifizieren, was schon erheblich mehr ist als die zwei Botschaften, die ohne Nutzung der Verschränkung übertragen werden können. Dies wurde denn auch durch das Experiment bestätigt. Ein verschränktes Photon kann also gewissermaßen mehr Informationen übertragen, als es tragen kann. Ein Photon kann nur ein Bit an Information tragen. Ein verschränktes kann zwei Bit übertragen.

Die erste Quelle und die ersten Experimente

Wie werden Teilchen miteinander verschränkt? Die erste, weithin genutzte Möglichkeit, verschränkte Photonenpaare zu erzeugen, war es, Atome zu verwenden, die unmittelbar hintereinander fast gleichzeitig zwei Photonen aussenden. Diese Photonen sind zirkular polarisiert (siehe Seite 124). Man sucht sich Fälle aus, bei denen ein Photon rechtshändig R und das andere linkshändig L polarisiert ist. Man kann nun erreichen, dass es nicht festliegt, welches Photon welche Polarisation trägt. Es kann also das erste Photon rechtshändig polarisiert sein, dann ist das zweite linkshändig polarisiert, oder es kann das erste linkshändig polarisiert sein, dann ist das zweite rechtshändig polarisiert. Wählt man die experimentelle Anordnung so, dass nicht festgelegt ist, was von beiden Möglichkeiten der Fall ist, dann haben wir eine Superposition beider vor uns, also Verschränkung. Diese Art von verschränkter Quelle wurde in den ersten Experimenten, die eine Verletzung der Bell'schen Ungleichung zeigten, eingesetzt. Diese Experimente wollen wir jetzt kurz diskutieren.

Das Experiment, welches zum ersten Mal zeigte, dass die Bell'sche Ungleichung verletzt ist, die Natur also nicht auf »vernünftige«, also lokal realistische Weise verstanden werden kann, wurde 1972 von Stuart J. Freedman und John F. Clauser durchgeführt. Clauser war ein Student an der Universität von Kalifornien in Berkeley, der mit Professor Freedman zusammenarbeitete. Das Experiment hat übrigens eine interessante Vorgeschichte. John Bells Arbeit von 1964 fand zuerst keine große Beachtung unter den Physikern. Einer, der die Bedeutung der Arbeit sofort erkannte, war Abner Shimony. Shimony ist einer jener seltenen Glücksfälle in der Wissenschaftsgeschichte, wo jemand in zwei Gebieten so ausgebildet ist, dass er diese beiden Fähigkeiten tatsächlich miteinander kombiniert. Abner Shimony wurde als Physiker von dem Nobelpreisträger Eugene Wigner ausgebildet und als Philosoph von Rudolf Carnap. Carnap war ein Mitglied des Wiener Kreises, einer philosophischen Gruppe, die die Philosophie des 20. Jahrhunderts auf den Kopf stellte, und er war wegen der Nazis in die USA emigriert, wo er Professor an der University of Chicago wurde.

Abner Shimony erkannte die Bedeutung der Bell'schen Arbeit, und als ein junger Student, Mike Horne, zu ihm kam und ihn um eine interessante Dissertation auf dem Gebiet der Grundlagen der Quantenphysik bat, zeigte ihm Shimony Bells Arbeit und fragte ihn: »Warum suchen wir nicht nach einer Möglichkeit, wie wir das im Experiment umsetzen können?« Mike Horne fand tatsächlich eine experimentelle Möglichkeit unter der Ausnutzung von Photonenpaaren, die von Atomen ausgesandt werden können. Als er dies entdeckt hatte, bemerkte er, dass an der Westküste der USA in Kalifornien ein anderer junger Student, John Clauser, an demselben Problem arbeitete. Shimony und Horne befanden sich in Boston an der Ostküste.

Anstatt in fruchtlosen Wettbewerb zu treten, beschlossen sie, gemeinsam zu arbeiten, und veröffentlichten eine Reihe von wichtigen Publikationen, die zeigten, wie John Bells Ideen in die experimentelle Wirklichkeit umgesetzt werden konnten. Im Jahr 1972 erschien dann die wissenschaftliche Veröffentlichung der Ergebnisse des Experiments von Clauser gemeinsam mit Freedman, die eindeutig zeigten, dass die Bell'sche Ungleichung verletzt war, die Welt also nicht lokal ist, wie es von den meisten Physikern gesehen wird. Das ist aber, wie wir diskutiert haben, nicht die einzig mögliche Interpretation.

Eine bemerkenswerte Tatsache ist übrigens, dass John Clauser erwartet hatte, dass seine Experimente die Bell'sche Ungleichung nicht verletzen würden. Er hielt es nicht für möglich, dass die Welt so verrückt sein kann. Dies ist das Zeichen eines exzellenten Experimentalphysikers, dass er im Laboratorium etwas entdecken kann, was er nicht nur nicht erwartet hatte, sondern was seinen Erwartungen vollkommen entgegenläuft.

Auf das erste Experiment von Freedman und Clauser folgten eine ganze Serie von weiteren Experimenten, die die Verletzungen der Bell'schen Ungleichung in größerer Genauigkeit, größerem Detail zeigten und viele neue Aspekte einbrachten. Am schönsten und klarsten waren für eine lange Zeit die Experimente der Gruppe um Alain Aspect, damals an der Ecole Normale Supérieure in Paris. Sein wichtigster Mitarbeiter war Philippe Grangier. Aspect und Grangier sind heute an der Université de Paris Sud, beide mit ihren eigenen Forschergruppen.

Als Aspect sich überlegte, solche Experimente zu machen, diskutierte er dies kurz mit John Bell. Dessen erste Gegenfrage war: »Haben Sie eine Dauerstelle?« Erst als Aspect bejahte, ermutigte Bell ihn, das Experiment durchzuführen. John Bells Reaktion war weniger dadurch motiviert, dass das Experiment eine sehr große Herausforderung darstellte und daher viel Zeit in Anspruch nehmen würde, sondern mehr durch die Einstellung der Physikergemeinde zu der damaligen Zeit. Arbeiten an den Grundlagen der Quantenphysik wurden als unschick angesehen, eine Erfahrung, die der Autor dieses Buches etwa zu derselben Zeit auch machte. Die Situation hat sich zum Glück inzwischen vollkommen gewandelt. Aus diesen Arbeiten ist ein neues, blühendes Forschungsgebiet entstanden.

Aspects Experimente enthalten drei wesentliche Punkte. Zum Ersten gelang es ihm, eine viel präzisere Verletzung der Bell'schen Ungleichung zu zeigen im Sinne einer größeren experimentellen Genauigkeit. Zum Zweiten verwendete er als Erster polarisierende Strahlteiler, das heißt, er konnte die Polarisationen beider Photonen messen. Vorher waren immer nur Polarisationsfilter verwendet worden. Man konnte da nur eine Polarisation beobachten. Und zum Dritten machte er das erste Experiment, bei dem die Entscheidung, welche Polarisation gemessen wird, im letzten Moment getroffen werden sollte.

Die Frage ist ja, ob die Messstationen voneinander wissen können, welche Messung durchgeführt werden wird. Dann könnte es eine unbekannte Kommunikation geben, die sicherstellt, dass die von der Quantenphysik vorhergesagten Resultate tatsächlich im Experiment auftreten. Das ist zwar eine sehr unwahrscheinliche Möglichkeit, aber im Prinzip logisch nicht ausgeschlossen.

Aspect schaltete die Messung jedes Photons periodisch zwischen zwei Polarisationsmessungen hin und her, und das mit einer Häufigkeit, die größer war als die Zeit, die die Photonen benötigten, um von der Quelle zur Detektorstation zu fliegen. Die Idee wäre eben, dass, falls die Quelle Photonen der richtigen Sorte aussendet, diese die falsche Polarisation besitzen, da zu dem Zeitpunkt, wo sie am Detektor ankommen, etwas anderes gemessen wird. Durch einen unglücklichen Zufall ist dieses Experiment jedoch zwar hochelegant, jedoch experimentell nicht schlüssig. Der einfache Grund ist, dass die Entfernung zwischen der Quelle und jedem der beiden Polarisatoren sechs Meter betrug. Dafür benötigten bei der Lichtgeschwindigkeit die Photonen natürlich jeweils zwanzig Nanosekunden. Die Detektoren wurden allerdings periodisch geschaltet, sodass sie alle zwanzig Nanosekunden denselben Zustand hatten.

Wenn die Quelle also Photonen aussendet in einem Zustand, der dem entspricht, den die Polarisatoren eben messen wollen, kommen die Photonen zu einem Zeitpunkt am Detektor an, an dem der Polarisator wieder im gleichen Zustand ist. Das Experiment ist trotzdem sehr wichtig, da es das erste Mal den Finger auf diese Wunde legt.

Jahre später haben Gregor Weihs, Thomas Jennewein, Christoph Simon, Harald Weinfurter und der Autor in ihrem Experiment an der Universität Innsbruck (Seite 224) mit statistisch geschalteten Polarisationen die Möglichkeit unbekannter Kommunikation definitiv ausgeschlossen.

Die Superquelle

Die bisherige Quelle, bei der Photonenpaare von Atomen ausgesendet werden, hat einen großen Nachteil. Die ausgesandten Photonen werden in alle Richtungen geschickt, und nicht nur in die Richtung, in der man sie beim Experiment haben möchte. Überdies ist es sehr aufwändig, diese Quelle zu realisieren. Man benötigt dazu Atomwolken, die man in sehr gutem Vakuum hält. Es ist daher wichtig, einfachere und bessere Quellen für verschränkte Photonen zu besitzen.

Die heute besten Quellen für verschränkte Photonenpaare beruhen auf einem ganz speziellen Prozess in Kristallen, der so genannten *spontanen parametrischen Fluoreszenz* (oder *down-conversion*). Sehen wir uns an, was dabei passiert. Man richtet einen starken Laserstrahl auf einen Kristall. Dabei kann ein Photon des Pumpstrahls umgewandelt werden in zwei Photonen, die aus dem Kristall heraustreten. Es sieht etwa so aus, als würde ein Photon in zwei zerfallen. Damit dieser Prozess ablaufen kann, muss der Kristall bestimmte Eigenschaften haben. Die für das Verfahren am besten geeigneten Kristalle werden künstlich hergestellt.

Für diese Umwandlung gelten bestimmte Gesetze, im Besonderen die Energieerhaltung. Das bedeutet, dass die Summe der Energien der beiden neuen Photonen gleich der Energie eines Pumpphotons sein muss. Da die Energie eines Photons proportional zu seiner Frequenz ist, heißt dies, dass die Summe der Frequenzen der beiden neuen Photonen gleich der Frequenz des ursprünglichen Photons sein muss. Doch im Übrigen sind die Frequenzen der beiden Photonen frei. Keines der beiden Photonen hat eine wohl definierte Frequenz. Wird eines gemessen, so ist seine Frequenz augenblicklich definiert. Das andere Photon muss dann die entsprechende Frequenz annehmen, um der Energieerhaltung zu genügen. Auf diese Weise werden energie- oder frequenzverschränkte Photonen erzeugt.

Eine vielseitiger verwendbare Quelle erzeugt polarisationsverschränkte Photonen ebenfalls durch den Prozess der spontanen Fluoreszenz. Man nimmt hierzu andere Kristalle. Aus dem Kristall kann jedes der beiden Photonen längs eigener Kegel herauskommen (siehe Bild 10 und Bild 11). In jedem seiner Kegel ist das Photon polarisiert. In dem einen ist das Photon V-polarisiert, in dem anderen ist es H-polarisiert. Höchst bedeutsam ist, dass diese Kegel sich überschneiden können. Längs der Schnittlinie kann man entweder H- oder V-polarisierte Photonen finden. Die Photonen werden paarweise erzeugt. Entlang der beiden Schnittlinien muss also eines der beiden Photonen horizontal, das andere vertikal polarisiert sein. Es ist aber nicht klar, welches von beiden welche Polarisation besitzt. Damit haben wir wieder Verschränkung.

Diese Quelle hat viele Vorteile. Erstens kann ihre Stärke durch Änderung der Intensität des ankommenden Strahls verändert werden. Zweitens ist die Polarisationskorrelation von höchster Reinheit. Das bedeutet: Stellt man fest, dass ein Photon beispielsweise vertikal polarisiert ist, so wird das andere Photon mit nahezu hundertprozentiger Sicherheit horizontal polarisiert sein. Und drittens kommen die zwei Photonen in sehr klar definierten Richtungen heraus, sodass sie leicht zu komplizierten Apparaten geschickt, durch Spiegel um Ecken gelenkt und in Glasfasern gekoppelt werden können. Diese Art von Quelle ist zum Arbeitspferd für zahlreiche Verschränkungsexperimente geworden.

Die Teleportation an der Donau

Jetzt sind wir so weit, uns wieder dem Teleportationsversuch zuzuwenden, den Rupert uns zu Beginn dieses Buches an der Donau in Wien zeigte. Wir kennen inzwischen alles, was zu den Experimenten gehört, und fügen es jetzt zusammen.

Es ist Mai geworden, wir fahren wieder zur Donauinsel, auf der sich Ruperts Labor befindet. Der Frühling ist schön in Wien. Wir passieren eine herrliche Kastanienallee, die Bäume stehen in voller Blüte. Wieder gehen wir mit Rupert hinunter in sein mit Lasern und optischen Geräten voll gestelltes unterirdisches Labor. Jetzt hoffen wir zu verstehen, was hier eigentlich geschieht. Die wesentlichen Bestandteile der Teleportationsversuche, von denen wir gehört haben, stehen in voller Größe vor uns. Rupert, sichtlich stolz auf sein Experiment, erläutert uns die einzelnen Komponenten (Bild 12). Das Experiment, erklärt er, läuft im Wesentlichen in Glasfasern ab. Zunächst zeigt er uns die Quelle, ein gewaltiges, ziemlich kostspieliges Lasersystem. »Für das Geld«, sagt Rupert mit einem stolzen Lächeln, »bekommen Sie ein kleines Einfamilienhaus.«

»Wichtig ist, dass das Lasersystem nicht einen kontinuierlichen Strahl erzeugt, sondern Pulse von Laserlicht in sehr rascher Folge«, erklärt er. »Der einzelne Puls hat eine Dauer von rund 150 Femtosekunden, und das System erzeugt jede Sekunde etwa 80 Millionen Lichtpulse. Eine Femtosekunde ist 10^{-15} Sekunden«, ergänzt er, als er sieht, dass wir mit dieser Zahl nichts anfangen konnten.

»Der zeitliche Abstand zwischen zwei Pulsen«, fährt Rupert fort, »ist rund hunderttausendmal so groß wie die Dauer des einzelnen Pulses – so als würde zwischen den einzelnen Lichtsignalen eines Leuchtturms ein ganzer Tag vergehen. Dies wäre zwar ein sehr schlechter Leuchtturm, aber jeder Seemann weiß, dass das Signal umso wichtiger ist, je seltener es kommt. Daran, dass in unserem Fall pro Sekunde rund 80 Millionen Signale kommen und das einzelne Signal hunderttausendmal kürzer ist als der Abstand zwischen zwei Signalen, können Sie ermessen, wie kurz der einzelne Laserpuls ist.«

Angesichts unserer fragenden Blicke geht Rupert näher darauf ein. »Wahrscheinlich fragen Sie sich, warum wir so kurze Lichtpulse erzeugen. Es geht nicht um die Wichtigkeit des einzelnen Signals, sondern um die quantenmechanische Ununterscheidbarkeit. Das werden Sie gleich verstehen.« Und er fährt in seiner Erläuterung der Versuchsanordnung fort (Abbildung 45).

»Wenden wir uns jetzt dem einzelnen Lichtpuls zu. Wenn er aus dem Laser kommt, durchläuft er diesen winzigen Kristall hier. Es ist ein spezieller Kristall, der die verschränkten Photonen erzeugt. Er ist nur zwei Millimeter dick, aber was hier passiert, ist sehr wichtig für unser Experiment. Heraus kommen zwei Photonen mit einem bestimmten Winkelabstand. Beide sind miteinander verschränkt. Wir fangen sie mit kleinen Linsen ein und leiten sie in Glasfasern. Was wir soeben erzeugt haben, war das verschränkte ›Zwillingspaar‹. Das ist der Quantenkanal, den Alice und Bob benutzen werden, um ein weiteres Photon zu teleportieren.

Eines der beiden Zwillingsphotonen, Photon A, geht zu Alice auf dem Tisch gleich nebenan, das andere, Photon B, über den Quantenkanal zu Bob am anderen Flussufer. Aber zurück zu unserem Puls. Er trifft anschließend auf diesen sehr kleinen Spiegel.«

Rupert zeigt auf einen kleinen Glaswürfel. »Ich weiß, er sieht nicht gerade wie ein Spiegel aus, und er scheint durchsichtig zu sein. Sichtbares Licht wird in der Tat nicht reflektiert. Aber die Spezialbeschichtung dieses Würfels vermag die Lichtfarbe der Pulse sehr wirksam zu reflektieren. Daher wird der Lichtpuls reflektiert und wandert erneut durch den Kristall, wobei wieder ein Paar Photonen erzeugt wird. Die sind zwar im Prinzip verschränkt, doch machen wir von der Verschränkung keinen Gebrauch. Eines der beiden Photonen, Photon Y,« – er fährt mit sei-

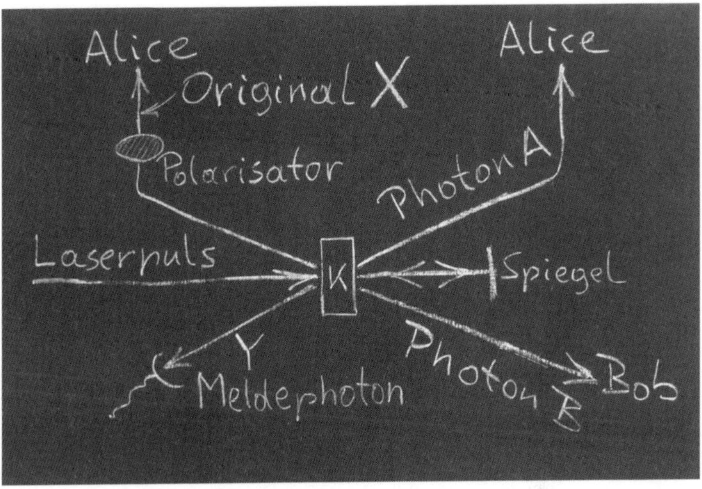

Abbildung 45 Erzeugung der Photonen im Teleportationsexperiment. Ein Laserpuls passiert einen Kristall K und erzeugt dabei ein Paar an Photonen A und B, die miteinander verschränkt sind. Dies ist der Quantenkanal. Alice erhält Photon A, Bob erhält Photon B. Der Puls wird durch einen Spiegel zurückgeworfen. Bei seinem zweiten Durchtritt durch den Kristall K erzeugt er wieder ein Paar an Photonen. Das Meldephoton Y teilt mit, dass ein Photon erzeugt wurde, das zur Teleportation bereitsteht. Dieses zweite Photon tritt durch einen Polarisator, mit dem ihm verschiedene Polarisationen aufgeprägt werden können. Das so erhaltene Original X wird Alice zur Teleportation übergeben.

nem Finger den Weg entlang, den dieses Photon nimmt – »wird detektiert und dient einfach als Meldephoton. Wenn dieses Photon registriert wird, wissen wir, dass ein Paar erzeugt wurde. Das andere Photon, Photon X, wandert durch den Strahlengang dort hinüber. Es gelangt zu einer Reihe von Polarisatoren, sodass wir ihm jede beliebige Polarisation aufprägen können. Und danach wird es ebenfalls in eine Glasfaser eingekoppelt. Es geht zu Alice und wird schließlich teleportiert.

Um es noch einmal zusammenzufassen«, fährt Rupert nach einer kurzen Pause fort, »wir haben jetzt das Photon Y, das vom Auslöser registriert wurde, und drei Photonen in den Glasfasern. Eines ist auf dem Weg zu Bobs Station am anderen Flussufer, und die beiden anderen Photonen steuern einem Treffpunkt zu. Dieser Treffpunkt ist ein Faserkoppler, ein Strahlteiler, der in die Glasfaser eingebaut ist (Abbildung 46). Er wirkt wie ein halbreflektierender Spiegel. Er funktioniert ganz einfach: Zwei Glasfasern liegen so nahe aneinander, dass ihre Kerne sich fast berühren. Dadurch kann Licht aus der einen Faser in die andere übergehen.«

Wir werfen ein, dass das Licht ja im jeweiligen Kern bleiben wird, wenn die Kerne nach wie vor getrennt sind.

»Das ist gerade der Witz«, antwortet Rupert. »Woher weiß denn das Licht, dass es im Kern bleiben muss und nicht in den optisch dünneren Mantel darf? Das kann es nur wissen, wenn es ein wenig in den Mantel eindringt und dann umdrehen muss. Das ist genau das, was Feynman meinte: dass ein Teilchen, wenn es sich ausbreitet, ›ausschnüffelt‹, welchen Weg es nehmen muss. Wenn also in der kurzen Distanz, die das Photon in den Mantel eindringt, bereits der nächste Kern ist, kann es dort hinübertreten. Das ist der berühmte quantenmechanische Tunneleffekt. Wenn man es richtig macht, wirkt dieser Faserkoppler wie ein 50/50-Strahlteiler. Von jedem der beiden Inputs landet daher eine Hälfte im einen und die andere Hälfte im anderen Ausgang. Ein einzelnes Photon hat eine 50/50-Chance, den einen oder anderen Ausgang zu nehmen.

Durch die Benutzung der Fasern wird das Experiment sehr viel stabiler. Wir hätten den ganzen Versuch im Prinzip mit Spiegeln

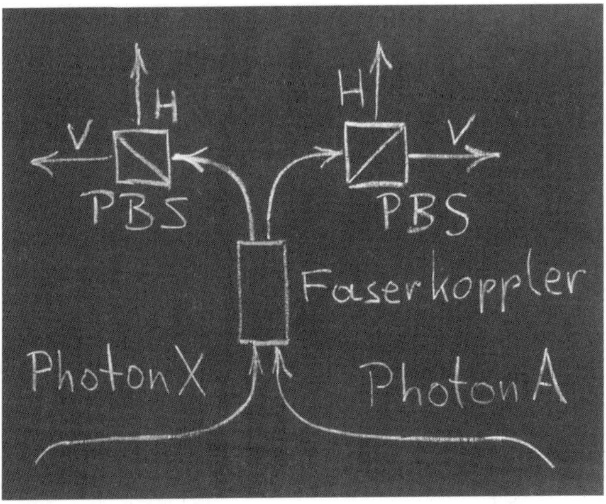

Abbildung 46 Alices Verschränkungsmessung zum Zweck der Teleportation von Photon X. Sie erhält dieses Photon und das Photon A, das mit Bobs Photon B verschränkt ist, jedes in einer Glasfaser. Im Faserkoppler werden die Photonen miteinander verschränkt. Jedes Photon für sich hat danach die gleiche Chance, in einer der beiden herauskommenden Fasern zu sein. Es können zwei Bellzustände, zwei Arten der Verschränkung, im Experiment identifiziert werden. In einem der beiden Bellzustände gehen beide Photonen zum selben polarisierenden Strahlteiler PBS, entweder rechts oder links. Der eine verschränkte Zustand liegt dann vor, wenn in jedem der beiden Strahlen, H und V, nach demselben PBS gleichzeitig je ein Photon gefunden wird. Im anderen verschränkten Zustand geht je ein Photon zu einem der beiden PBS. Dieser Zustand liegt dann vor, wenn im H-Strahl links und im V-Strahl rechts je ein Photon gefunden wird oder umgekehrt. Das Resultat wird Bob mitgeteilt.

oder Strahlteilern im freien Raum durchführen können, aber die könnten sich ja gegeneinander bewegen, durch Temperaturänderungen und Ähnliches. Die Faserkopplerlösung ist sehr viel stabiler. Das ist der Strahlteiler, an dem Alice' Bellmessung passiert. Das Ganze«, schließt er mit einem Schmunzeln, »ist Alice' Laboratorium.

Die beiden Ausgangsfasern die das Originalphoton X und Alice' verschränktes Photon A tragen« – Rupert zeigt auf sie (Abbildung 46) – »führen jetzt zu zwei Polarisatoren, um die verschränkten Zustände zu identifizieren, welche die beiden eingehenden Photonen haben. Tatsächlich können wir zwei solcher Bellzustände eindeutig identifizieren«, erklärt er. »Diese Botschaft, welchen der beiden Zustände wir erhalten haben, muss über den klassischen Kanal an Bob übermittelt werden. Das geschieht durch eine Mikrowellen-Funkverbindung.« Rupert deutet auf das Kabel, das von seiner Versuchsanordnung nach oben verläuft, und erklärt dazu: »Die Antenne befindet sich auf dem Dach unseres Gebäudes. Bob bekommt dann diese Nachricht und schaltet seinen Apparat so, dass sein Photon B genau den Zustand des Originals X erhält.«

Rupert schlägt vor, zur Antenne hinaufzugehen. Mit dem Aufzug fahren wir ins oberste Stockwerk, steigen über eine schmale Leiter aufs Dach und genießen den Blick über die Donau. Die Antenne erscheint äußerst einfach. »Auf Bobs Seite am anderen Flussufer«, erklärt Rupert, »befindet sich genau die gleiche Antenne.«

Auf dem Rückweg ins Labor erläutert Rupert, dass es bei dem Experiment entscheidend auf das Timing ankomme. »Wir benutzen die kurzen Pulse, um zu erreichen, dass die beiden Photonen, das zu teleportierende Originalphoton X und Alice' Zwilling A aus dem verschränkten Paar, absolut gleichzeitig beim Faserkoppler eintreffen. Sie müssen ja gleichzeitig beim Strahlteiler eintreffen, weil Alice sie miteinander verschränken möchte, um ihre Bellmessung zu machen. Würden sie nicht gleichzeitig eintreffen, könnte man sie aufgrund ihres zeitlichen Auftretens unterscheiden.

Wir können unter korrekter Berücksichtigung der Flugzeiten

dafür sorgen, dass sie gleichzeitig beim Strahlteiler eintreffen. Das beim ersten Durchgang erzeugte Photon muss eine etwas längere Distanz bis zu dem Faserkoppler zurücklegen als das andere, weil dieses erst später beim zweiten Durchgang unseres Pulses erzeugt wird. Die eigentliche Schwierigkeit des Experiments bestand darin, diese Strahlwege bis auf wenige Mikrometer gleich lang zu machen. Bei den ersten Teleportationsexperimenten vor ein paar Jahren«, Rupert tut so, als ob das schon eine Ewigkeit her wäre, obwohl es nur acht Jahre sind, »war das äußerst schwer. Es war eine große experimentelle Herausforderung. Aber inzwischen haben wir gelernt, dass Ganze perfekt zu machen.

Auch noch unter einem anderen Aspekt ist das Timing entscheidend. Das Funksignal mit den Anweisungen für die richtige Einstellung des Apparats auf Bobs Seite muss vor Photon B in Bobs Labor am anderen Flussufer eintreffen. Bob muss ja seinen Zwilling aus dem verschränkten Paar ändern, je nachdem, welches Resultat Alice bei der Bellmessung erhalten hat. Unsere Elektronik muss daher extrem schnell sein. Und was das betrifft«, bemerkt Rupert stolz, »haben wir hier eine ultraschnelle Elektronik. Alle Detektoren arbeiten innerhalb von wenigen Nanosekunden. Eine Nanosekunde ist ein Milliardstel einer Sekunde!

Alice' Identifizierung des Bellzustandes funktioniert im Prinzip auf sehr einfache Weise«, und Rupert zeigt auf die Skizze an der Tafel (Abbildung 46). »In jedem der beiden Ausgänge des Faserkopplers befindet sich ein polarisierender Strahlteiler, an dem das Photon, je nachdem, ob es horizontal oder vertikal polarisiert ist, den einen oder den anderen Weg nimmt.

In den von uns identifizierten verschränkten Zuständen sind die beiden Photonen stets unterschiedlich polarisiert, also ist das eine stets horizontal, das andere stets vertikal polarisiert. Diese beiden verschränkten Zustände unterscheiden sich aber in einem wichtigen Punkt. In einem der beiden verhalten sich die beiden Photonen wie Bosonen, sie nehmen also den gleichen Ausgang im Faserkoppler. Im anderen Zustand verhalten sie sich wie Fermionen, sie nehmen also verschiedene Ausgänge.

Daraus ergibt sich eine ganz einfache Folgerung: Wenn zwei Detektoren einer im V-Strahl hinter einem polarisierenden Strahlteiler, der andere im H-Strahl hinter dem anderen gleichzeitig ›klick‹ machen, haben wir den Fermionenzustand. Registrieren beide Detektoren hinter demselben polarisierenden Strahlteiler ein Photon, haben wir den Bosonen-Zustand.

Unsere Elektronik«, fährt Rupert fort, »ermittelt, welche der Detektoren zusammen ›klick‹ machen, und sendet unverzüglich das entscheidende Signal an Bob, und das alles in weniger als einer Zehntelmikrosekunde.

Wie erreichen wir aber nun, dass das Radiosignal vor dem Photon bei Bobs Station eintrifft? Dafür kommen uns zwei Dinge zustatten: Erstens beträgt die Lichtgeschwindigkeit innerhalb einer Glasfaser nur rund zweihunderttausend Kilometer pro Sekunde, während die Lichtgeschwindigkeit in der Luft – und damit die Geschwindigkeit unseres Funksignals – rund dreihunderttausend Kilometer pro Sekunde beträgt. Die Entfernung zwischen Alice und Bob beträgt rund sechshundert Meter. Das Funksignal benötigt dafür rund zwei Mikrosekunden – zwei Millionstelsekunden –, und das Photon innerhalb der Glasfaser benötigt rund drei Mikrosekunden. Wir haben also einen Vorsprung von einer Mikrosekunde gewonnen, und der sollte reichen, um den ganzen elektronischen Kram zu bewältigen.

Aber«, fährt er lächelnd fort, »um ganz sicher zu gehen und weil ich noch Kabel übrig hatte, habe ich die Glasfaser hier unter dem Tisch eingerollt, und so kamen zu der gesamten Länge nochmals zweihundert Meter hinzu. Es bleibt also reichlich Zeit – ganze zwei Mikrosekunden –, in der unsere Elektronik ihre Aufgaben erfüllen kann. Jetzt sollten wir aber auf die andere Seite gehen und uns Bobs Versuchsanordnung anschauen.«

Diesmal fahren wir mit dem Auto auf die andere Seite der Donau. Bobs Versuchsanordnung ist tatsächlich ganz einfach. »Aufs Dach brauchen wir nicht zu steigen«, erklärt Rupert, »denn die Antenne sieht genauso aus wie bei Alice.«

Rupert zeigt uns das von der Antenne herabführende Kabel und das aus der Wand kommende Glasfaserkabel. Die Anordnung besteht aus einem Computer und einem kleinen optischen Tisch.

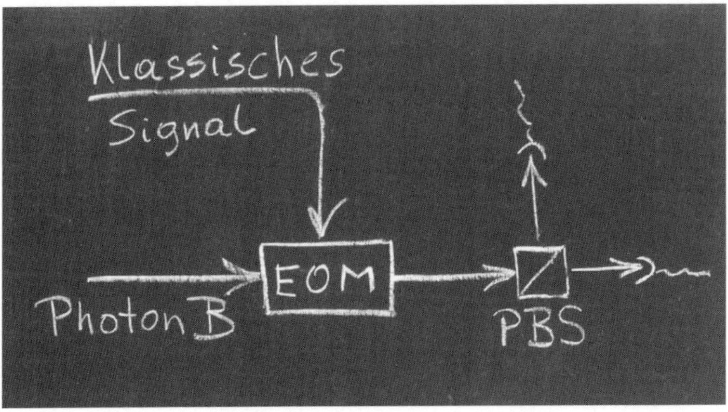

Abbildung 47 Bobs experimenteller Aufbau bei der Teleportation. Er erhält aus der Glasfaser sein Photon B, das ursprünglich mit Alices Photon A verschränkt war. Über den klassischen Kanal wird ihm mitgeteilt, welchen Bellzustand Alice gemessen hat. In einem der beiden Fälle ist Photon B sofort im Originalzustand des Photons X, und Bob muss nichts tun. Im anderen Fall muss die Polarisation des Photons gedreht werden. Dies geschieht durch den elektrooptischen Modulator EOM, an den in diesem Fall eine elektrische Spannung angelegt wird, im ersten Fall nicht. In beiden Fällen ist das Photon nach Durchtritt durch den EOM im Zustand des Originales. Dies wird überprüft durch eine Polarisationsmessung mit dem polarisierenden Strahlteiler PBS. Dieser kann um die Strahlachse gedreht werden entsprechend der Polarisationsrichtung des ursprünglichen Photons. Die Teleportation ist geglückt, wenn nur einer der beiden Detektoren hinter dem PBS das Photon registrieren kann.

»Dies ist unser ›Breadboard‹, unser ›Brotschneidebrett‹«, sagt Rupert und grinst. »Komischer Name, nicht wahr? Hat mit Brot nichts zu tun. Aber so heißt es halt in der Optics Community. Für mich ist es aber wohl ein Brotverdiener.«

Verglichen mit dem optischen Tisch bei Alice wirkt das Breadboard fast leer. Nur ein paar optische Komponenten sind darauf befestigt (Abbildung 47).

»Hier ist das Kabel, das von der Antenne kommt«, erläutert Rupert. »Das ist der klassische Kanal, über den wir erfahren, in welchem Bellzustand sich Alice' Messergebnisse befinden. Wenn wir den fermionischen Bellzustand bekommen, ist das Photon bereits in dem von uns gewünschten Zustand – wir haben Teleportation erreicht. Befindet das Photon sich in dem anderen Bellzustand, müssen wir an dem ankommenden Photon eine kleine Operation vornehmen, um es in den Zustand des Originals zu versetzen. Wir müssen seine Polarisation drehen. Dafür brauchen wir einen speziellen Kristall, einen elektrooptischen Modulator. Er ist im Grunde ein ganz einfaches Gerät. Legt man an den Kristall eine elektrische Spannung an, wird die Polarisation eines ankommenden Photons in Abhängigkeit von der Spannung um einen bestimmten Winkel gedreht.«

Rupert fährt mit der Erklärung des Experiments fort: »In unserem Fall wird an den Modulator keine Spannung angelegt, wenn der Bellzustand, den wir über Funk von Alice erhalten, der fermionische ist. Dann ist nämlich Bobs Photon bereits im richtigen Quantenzustand. Die Teleportation hat geklappt. Es hat alle Eigenschaften von Alice' Original übernommen. Wird uns aber der andere Bellzustand übermittelt, müssen wir eine Spannung von etwa 2400 Volt anlegen. Dadurch wird die Polarisation um 45 Grad gedreht, genau das, was wir wollen. Damit haben wir erreicht, dass auch in diesem Fall die Teleportation geklappt hat. Schließlich messen wir« – und dabei deutet Rupert auf ein paar Polarisatoren – »die Polarisation des ausgehenden Photons, um zu überprüfen, ob das ausgehende Photon wirklich den Originalzustand hat.«

Rupert schweigt, aber offenbar ist er noch nicht überzeugt, dass wir alles verstanden haben, denn er fährt fort: »Das, was bei unserem Teleportationsversuch passiert, ist im Grunde ganz einfach. Alice gibt verschiedenen Originalphotonen verschiedene Polarisationen. Das kann sie ganz leicht mit ihren Polarisatoren tun. Anschließend beweisen wir, dass das auf Bobs Seite herauskommende Photon tatsächlich genau dieselbe Polarisation hat, die Alice ihrem Photon gegeben hatte. Sie sehen selbst« – er deutet auf das Bild der Versuchsanordnung (Bild 12) –, »dass es nicht das originale teleportierte Photon ist, das am Ausgang ankommt. Es ist Bobs Zwilling B von dem verschränkten Paar.

Wichtig ist, dass Alice' Original X all seine individuellen Merkmale völlig verliert, wenn es bei der Bellmessung verschränkt wird, und ein vollständig verschränktes Teilchen hat keine individuellen Merkmale. In unserem Fall hat es keine Polarisation. Sein Merkmal der Polarisation wird auf doppeltem Weg auf Bobs Photon teleportiert, über den Quantenkanal und den klassischen Kanal. Das Original wird zerstört, aber wir erhalten auf der anderen Seite der Donau ein Photon, das perfekt alle Eigenschaften trägt, die Alice' Original besaß. Damit haben wir also Teleportation erreicht.

Unser Experiment hat allerdings Verbesserungsmöglichkeiten wie jedes Experiment, weil die reale Welt nicht so perfekt ist wie die ideale, die sich unsere Theoriekollegen ausgedacht haben.« Wieder grinst Rupert. »Erstens detektieren wir nur rund dreißig Prozent der Photonen, weil unsere Detektoren nicht perfekt sind. Perfekte Detektoren gibt es schlichtweg nicht. Aber damit können wir leben. Eigentlich bedeutet das, dass unsere Teleportationsvorrichtung besser ist, als wir zu erkennen vermögen, weil uns eine Menge von erfolgreichen Teleportationsereignissen einfach entgeht, da die entsprechenden Photonen nicht registriert werden.

Eine gewisse Beschränkung besteht darin, dass wir nur zwei der vier verschränkten Zustände zu identifizieren vermögen. Unsere Vorrichtung wird also nur in fünfzig Prozent der Fälle wirksam, weil es völlig vom Zufall abhängt, welcher verschränkte Zustand auftritt, und wir keinen Einfluss darauf haben. Daraus folgt schlicht, dass nur die Hälfte der anfänglichen Photonen tatsächlich teleportiert wird, die andere Hälfte geht verloren.

Doch das Wichtigste ist, dass die Teleportation mit Sicherheit immer funktioniert hat, wenn wir einen Bellzustand identifizieren. Dass uns ein Teil der Photonen entgeht und wir nicht alle Bellzustände zu identifizieren vermögen, tut der Qualität der Teleportation keinen Abbruch. Vermindert ist lediglich die Quantität, die Zahl der Fälle, bei denen es zur Teleportation kommt. Es bleibt«, sagt er schmunzelnd, »künftigen Doktoranden überlassen, das Experiment so zu verbessern, dass alle Kritiker zufrieden sind.«

Der verschlungene Pfad zum Experiment

Nach dem Vorschlag von Charles H. Bennett, Gilles Brassard, Claude Crépeau, Richard Jozsa, Asher Peres und William K. Wootters, der im Kapitel »Rettung kommt von der Quantenverschränkung« erwähnt wurde, vergingen vier Jahre bis zur Verwirklichung im ersten Teleportationsexperiment. Sie wurden 1997 von einem Team unter Leitung des Autors dieses Buches in Innsbruck unternommen. Es dauerte so lange, weil die meisten der verwendeten Instrumente erst noch entwickelt werden mussten. Welches würde die beste Quelle für verschränkte Photonen sein? Wie konnte man einen Bellzustand messen? Besonders wichtig: Niemand hatte bis dahin ein Experiment mit mehr als zwei Photonen gemacht. Es gab zwar einige hübsche Experimente zur Bell'schen Ungleichung, aber dabei war es immer nur um zwei Photonen gegangen.

Zum Glück bewogen uns schon früher ganz andere Gründe als die Teleportation zu dem Versuch, mit drei oder mehr Photonen zu experimentieren. 1987 hatte mich mein Freund und Kollege Dan Greenberger vom City College in New York auf ein Semester in Wien besucht. Wir machten uns gemeinsam Gedanken über ein geeignetes Forschungsprojekt, und dabei zeigte sich, dass wir beide uns gefragt hatten, wie man über die gängigen Verschränkungsexperimente hinausgehen könnte. Bis dahin hatten sich ja alle Experimente und die gesamte Theorie auf die Verschränkung zwischen zwei Teilchen beschränkt. Warum sollten wir es nicht mit einer Drei-Teilchen-Verschränkung probieren? Dann gingen wir gleich an die Verschränkung von vier Teilchen, weil wir uns nicht vorstellen konnten, wie man eine Verschränkung von dreien bewerkstelligen könnte. Wir dachten an ein erstes Teilchen, das in zwei zerfällt, die dann jedes wiederum in zwei zerfallen.

Wir wandten uns den Korrelationen zwischen diesen vier Teilchen zu. Der mathematische Ausdruck der Korrelationen zwischen den vier Teilchen, den wir erhielten, war natürlich sehr kompliziert, weil es so viele Variationsmöglichkeiten gibt. Statt zweier Teilchen misst man vier Teilchen, und an allen vieren kann man sich entscheiden, welche Messung man durchführt. Die mathematischen Gleichungen, die wir aufgrund unserer Überlegungen erhielten, waren so unüberschaubar, dass wir beschlossen, uns auf die perfekten Korrelationen zwischen den vier Teilchen zu konzentrieren.

Perfekte Korrelationen sind ja zentral in den Überlegungen von Einstein, Podolsky und Rosen und im Bell-Argument. Der Ausgangspunkt dort sind die perfekten Korrelationen zwischen den Messergebnissen an zwei verschränkten Teilchen. Aufgrund dieser perfekten Korrelationen hatten Einstein, Podolsky und Rosen ja vorgeschlagen, dass den entsprechenden Messergebnissen Elemente der Realität entsprechen. Das Ergebnis der Messung am zweiten Teilchen kann man also mit Sicherheit voraussagen – es ist vom Ergebnis der ersten determiniert. Bell nahm diese Idee auf und zeigte, dass die Voraussagen der Quantenmechanik für andere Messungen unvereinbar mit dieser Vorstellung sind.

Unser Ziel war, für unser verschränktes Vier-Teilchen-System so etwas wie Bell'sche Ungleichungen herzuleiten. Wir besannen uns also der Tatsache, dass die perfekten Korrelationen der Ausgangspunkt für Bells Argument sind, und beschlossen, uns zuerst mit diesen zu beschäftigen. Das Ziel war herauszufinden, bei welchen Messungen an den vier Teilchen man aufgrund von drei Messungen weiß, was die vierte liefern wird. In anderen Worten: Wir suchten nach Situationen, in denen man aufgrund der Messergebnisse von drei Teilchen das Ergebnis für das vierte mit Sicherheit voraussagen kann. Ein weiterer Vorteil der Beschäftigung mit perfekten Korrelationen war, dass sich dafür die mathematischen Ausdrücke sehr stark vereinfachten.

Wir waren allerdings sehr überrascht, als sich zeigte, dass diese perfekten Korrelationen in sich widersprüchlich sind: Auf der Grundlage einer Messung an drei Teilchen würde ein Verfechter des lokalen Realismus ein bestimmtes Ergebnis für das vierte Teilchen voraussagen, ein Quantenmechaniker aber das genau entgegengesetzte Ergebnis. Bei einem Experiment mit vier Photonen würde der lokale Realist also voraussagen, dass das vierte Photon beispielsweise horizontal polarisiert sei, und der Quantenmechaniker würde voraussagen, dass es vertikal polarisiert sei! Schon für drei Photonen kann man einen solchen Widerspruch finden (Abbildung 48).

Für Danny Greenberger, Mike Horne (er war in den Vereinigten Staaten, und wir standen mit ihm telefonisch in Verbindung) und mich war das ein sehr aufregendes Ergebnis – aufregend in philosophischer und theoretischer Hinsicht. Bells Theorem schien uns etwas mehr oder weniger Natürliches zu sagen. Für jene Experimente, bei denen man perfekte Korrelationen beobachtet, ließ sich ein realistisches Modell konstruieren. Der Widerspruch trat nur bei statistischen Korrelationen zwischen beiden Seiten auf. Das konnte als natürlich aufgefasst werden, weil die Quantenmechanik ja eigentlich eine statistische Theorie ist, und es ist tröstlich zu sehen, dass sie, was perfekte Korrelationen angeht, mit der klassischen Theorie übereinstimmt.

Doch bei Drei- oder Vier-Teilchen-Korrelationen versagt dieses Konzept. Die Quantenmechanik ist mit einem klassischen, lokalrealistischen Bild selbst in Situationen, wo ein Messergebnis mit absoluter Sicherheit vorhergesagt werden konnte, nicht zu vereinbaren! Wir hatten also den maximal möglichen Widerspruch zwischen Quantenphysik und einem »vernünftigen« klassischen Weltbild gefunden, einem Weltbild, in dem Einsteins Spuk nicht auftreten würde.

Wir stellten uns sofort die Frage, ob sich die Natur tatsächlich so verhält, wie es unsere Berechnungen vorhersagen. Nach eingehendem Studium der wissenschaftlichen Literatur mussten wir feststellen, dass es keine Experimente gab, bei denen Messungen irgendeiner Art an verschränkten Mehrteilchensystemen durchgeführt worden wären. Es wurde daher mein Ziel, den experimen-

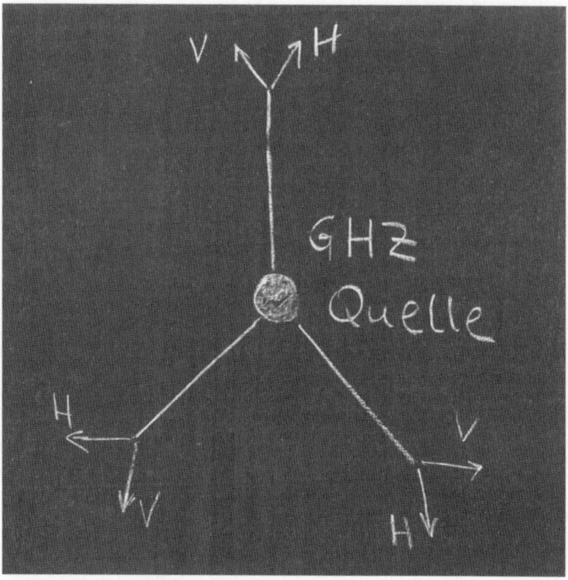

Abbildung 48 Bei einem verschränkten Zustand von drei Photonen, einem sogenannten GHZ-Zustand, tritt der maximal mögliche Widerspruch zwischen zwei Weisen, die Welt zu beschreiben, auf: zwischen der Sichtweise des lokalen Realismus und der Beschreibung der Quantenphysik. Auf die Details kann hier nicht eingegangen werden. Der wesentliche Punkt ist aber folgender. Man macht Polarisationsmessungen an zwei Photonen, zum Beispiel den beiden unteren. Aufgrund der Ergebnisse sagt ein lokaler Realist für das dritte Photon eine definitive Polarisation mit Sicherheit voraus, zum Beispiel H-Polarisation. Quantenphysikalische Berechnungen zeigen aber, dass das dritte Photon mit Sicherheit V-polarisiert sein muss. Das Experiment bestätigt die Vorhersagen der Quantenphysik und widerlegt lokalen Realismus sogar dann, wenn dieser sichere Vorhersagen, also Vorhersagen mit Wahrscheinlichkeit 1, macht.

tellen Nachweis dieser Korrelationen zu führen, die man nach unseren Namen (Greenberger – Horne – Zeilinger) als GHZ-Korrelationen bezeichnet (Bild 13). Das war eine große experimentelle Herausforderung, da die meisten für das Experiment notwendigen Komponenten noch nicht existierten. So dauerte es von 1987 an auch elf Jahre, bis wir 1998 endlich GHZ-Korrelationen im Laboratorium beobachten konnten. Sozusagen als »Nebenprodukt« fiel entlang des Weges die Quantenteleportation ab.

Um das Experiment durchführen zu können, mussten wir Wege finden, wie eine Verschränkung zwischen mehr als zwei Teilchen zu beobachten ist, wie sie erzeugt wird, wie sie gemessen wird und wie man mit Quantenzuständen in diesen Experimenten umgeht. Dabei entwickelten wir – eben anfangs unbeabsichtigt – alle Instrumente, die für die Durchführung unseres Teleportationsexperiments erforderlich sind. Sehr wichtige theoretische Beiträge lieferte unser Kollege Marek Zukowski von der Universität Gdansk in Polen, mit dem wir in endlosen Diskussionen Ideen für die experimentelle Realisierung verschränkter Zustände mit drei oder mehr Photonen entwickelten – und oft wieder verwarfen. Aber am Ende fanden wir eine Lösung.

Trotzdem ist es auch heute noch nicht möglich, solche Zustände direkt herzustellen. Man muss zunächst von verschränkten Zuständen zweier Photonen ausgehen. Wir entdeckten einen Weg, aus zwei Paaren verschränkter Photonen eine Verschränkung dreier Photonen herzustellen. Dazu muss man ein Photon derart messen, dass man nicht weiß, zu welchem Paar es gehört. Man muss ferner die erforderlichen Technologien entwickeln, um die Photonen genau gleichzeitig zu messen, um durch einen Kristall zwei Paare zu erzeugen, um beliebige Bellzustände zu erzeugen, um sie ineinander überzuführen und um sie experimentell zu identifizieren – um nur einige dieser Herausforderungen zu nennen.

Ein wichtiger Schritt vorwärts gelang im Jahr 1995 mit der Entwicklung einer polarisationsverschränkten Quelle (Seite 279). Die wesentliche Arbeit leistete Paul Kwiat, der damals nach seiner Promotion zwei Jahre bei uns am Institut für Experimentalphysik an der Universität Innsbruck verbrachte. An diesem Experiment arbeiteten auch Klaus Mattle, Harald Weinfurter und der Autor mit. Mit dieser neuen Quelle führten wir dann sehr bald das Experiment mit der hyperdichten Kodierung durch (siehe Seite 270). Danach wandten wir uns der Teleportation zu, in dem Wissen, dass wir bereits über die wichtigsten Instrumente verfügten.

Eine wichtige Rolle bei diesen Experimenten spielte Harald Weinfurter, der unmittelbar nach Abschluss der Experimente zur dichten Kodierung auf unserer Homepage schrieb: »*Und als Nächstes natürlich die Teleportation.*«

Das Team, das die erste Teleportation dann tatsächlich durchführte, bestand aus Dik Bouwmeester, der kurz vorher als Postdoc zu uns gestoßen war, aus Jian-Wei Pan, damals ein junger Doktorand, der sich bei dem Experiment seine ersten Sporen verdiente, aus Klaus Mattle, ebenfalls einem Doktoranden, der sich schon einige Zeit mit der Messung von Bellzuständen beschäftigt hatte, aus Manfred Eibl, einem jungen Diplomstudenten, aus Harald Weinfurter, der eine sehr wesentliche Rolle beim Aufbau des Labors und bei der Sammlung all der Erfahrungen hatte, die bei der Durchführung des Teleportationsexperiments notwendig waren, und mir (Bild 14).

Beim diesem ersten Teleportationsexperiment wurde der Zustand eines Photons über eine Entfernung von etwa einem Meter teleportiert (Bild 15). Um zu demonstrieren, dass die Teleportation tatsächlich funktioniert, reicht es natürlich nicht, einen einzigen Zustand zu übertragen, zum Beispiel horizontal oder vertikal polarisiert. Dieses Resultat hatten wir sehr bald erreicht. Die Teleportation ist aber nur dann erfolgreich, wenn es gelingt, jeden beliebigen Zustand eines Photons zu teleportieren, also mit jeder beliebigen Polarisation.

Man kann jetzt natürlich nicht alle nur denkbaren Polarisationen erzeugen und übertragen. Das würde ewig dauern. Es reicht aber, dies für einige wenige charakteristische zu tun. In unserem Experiment waren das neben H und V auch plus 45 Grad und minus 45 Grad sowie ein zirkular polarisiertes Photon. In diesen letzten Fällen wurde gezeigt, dass man auch Superpositionen der Grundzustände H und V teleportieren kann, und das ist der eigentliche Beweis, dass man das Experiment im Griff hat. Dies deshalb, weil Superpositionen äußerst empfindlich gegenüber Störungen sind. Nach diesem ersten Experiment wandten wir uns einerseits der Teleportation von Verschränkung zu und andererseits der schon erwähnten Realisierung von GHZ-Zuständen.

Teleportation von Nichts

Eine ganz neue Situation entsteht, wenn man ein Photon teleportiert, das selbst mit einem anderen verschränkt ist. Was passiert dann? In den bisherigen Experimenten wurde ja die Polarisation eines Photons teleportiert. Das Originalphoton verlor seine Polarisation, und das teleportierte Photon nahm genau diese Polarisation an. Mit dieser Erklärung, dass der Zustand des ursprünglichen Photons originalgetreu auf Bobs Seite erscheint, kommt man offenbar bei der Teleportation eines verschränkten Photons nicht weiter. Ein verschränktes Photon hat ja keinen eigenen Zustand. Unsere polarisationsverschränkten Photonen hatten ja keine eigene Polarisation. Wenn man eines der Photonen misst, bekommt man ein rein zufälliges Ergebnis, zum Beispiel horizontal oder vertikal.

Was wird also teleportiert, wenn man ein Photon, das mit einem anderen Photon verschränkt ist, in den Bell-Apparat zur Teleportation schickt? Was da teleportiert wird, ist demnach ein Un-Zustand, etwas Nichtvorhandenes. Erörtern wir also das Experiment selbst (Abbildung 49). Wir haben also in diesem Fall zwei verschränkte Paare. Wir nehmen dann an je einem Photon aus jedem Paar eine gemeinsame Messung des Bellzustands vor. Damit verschränken wir diese beiden offenbar miteinander. Dann entsteht eine sehr merkwürdige Situation: Die beiden äußeren Photonen, die einander nie begegnet sind, werden miteinander verschränkt!

Das eine Anfangspaar besteht aus Photon X und Photon Y, wobei X das zu teleportierende Photon ist. Nun bezeichnen wir im anderen Anfangspaar die Photonen mit A und B, wobei, wie früher, das Photon A zu Alice geht und das Photon B zu Bob. Alice

Abbildung 49 Teleportation von Verschränkung. Man beginnt mit zwei verschränkten Paaren, A-B und X-Y. Durch die Bellzustandsmessung BSA kann der Zustand von X nach B teleportiert werden oder, gleichbedeutend, der Zustand von A nach Y. Dadurch werden die zwei Photonen B und Y miteinander verschränkt, obwohl sie keinerlei Zusammenhang in der Vergangenheit miteinander hatten.

Anmerkung: Im Gegensatz zur Standard-Teleportation, wie in Abbildung 45 dargestellt, ist Y hier nicht ein Meldephoton.

nimmt nun an Photon X und an Photon A eine Bellzustandsmessung vor. Sie verschränkt die beiden miteinander. Dadurch teleportiert sie die ursprüngliche Verschränkung, die Photon X mit Photon Y hatte, auf eine Verschränkung von Bobs Photon B mit Photon Y. Es sind also plötzlich zwei Photonen miteinander verschränkt, Y und B, die keinerlei gemeinsame Geschichte besitzen. Dieses Experiment wurde 1993 in einem gemeinsamen Artikel von Marek Zukowski, Mike Horne, Artur Ekert und mir als *entanglement swapping* bezeichnet, also als Austausch der Verschränkung, weil die Verschränkung von Y–X und A–B auf X–A (Alice' Ergebnisse) und Y–B überging.

Bemerkenswert ist hier die Verschränkung der Photonen Y und B, die nicht aus derselben Quelle stammen müssen und einander nie begegnet sind. Demnach stimmt die gängige Vorstellung nicht, dass Verschränkung entsteht, wenn zwei Systeme miteinander in Wechselwirkung treten oder wenn sie irgendwie zusammen erzeugt wurden. Viele Physiker sind der Ansicht, die Verschränkung sei eine Folge eines Erhaltungssatzes, so wie etwa – wir sprachen schon davon – beim Verfahren der spontanen Fluoreszenz die Energie erhalten bleibt und in einem der Verfahren damit energieverschränkte Photonen erzeugt werden können. Dies ist aber, wie wir jetzt sehen, keine notwendige Bedingung, um Verschränkung zu beobachten.

Der Versuch der Teleportation eines verschränkten Zustands wurde 1998 kurz nach unserem ersten Teleportationsversuch durchgeführt. Mit dabei waren wieder Jian-Wei Pan, Dik Bouwmeester und Harald Weinfurter. Die Experimente zeigen eindeutig, dass solch ein verschränkter Zustand selbst teleportiert werden kann. Wie konnte man dies im Experiment tatsächlich zeigen? Im Prinzip ist es sehr einfach. Man macht nach der Teleportation Messungen an Photon Y und an Bobs teleportiertem Photon B und zeigt, dass sie verschränkt sind, etwa, dass aufgrund einer bestimmten Polarisationsmessung, sagen wir, an Photon Y, das Photon B genau die richtige Polarisation annimmt.

Bei diesen ersten Experimenten war die Qualität der Teleportation noch nicht sehr gut. Es trat manchmal eine falsche Polarisation beim teleportierten Photon auf. Im Prinzip müssten ja nach der Teleportation die Messergebnisse an Photon Y und Photon B so stark korreliert sein, dass wieder eine Bell'sche Ungleichung verletzt ist. Das war jedoch bei diesen ersten Experimenten wegen der geringen Qualität des teleportierten Zustands nicht möglich.

Einige Jahre später, im Jahr 2001, hatten wir das Experiment so weit verbessert, dass die Qualität der teleportierten Photonen viel höher war. Mit von der Partie waren damals Thomas Jennewein, Gregor Weihs und Jian-Wei Pan. Da konnten wir tatsächlich zeigen, dass Photon Y und Photon B, die nie miteinander in Wechselwirkung waren, so stark verschränkt sind, dass die Bell'sche Ungleichung nicht mehr gilt. Das heißt, dass sie durch Einsteins spukhafte Fernwirkung miteinander verbunden sind.

Bei den bisherigen Überlegungen war es so, dass Alice' Bellmessung an Photon X und Photon A entscheidet, ob die später gemessenen Photonen Y und B miteinander verschränkt sind. Es ist aber eine noch viel verrücktere Situation denkbar, die unser Verständnis noch weitaus mehr herausfordert. Im Jahr 2000 hatte Asher Peres vom Technion in Israel etwas Eigenartiges vorgeschlagen. Er meinte, es sollte möglich sein, dass die Messungen an Photon Y und Photon B zuerst durchgeführt werden. Erst nachher, wenn deren Messergebnisse bereits vorliegen, entscheidet sich Alice, an den Photonen X und A ihre Bellzustandsmessung auszuführen (Abbildung 50). Damit entscheidet Alice zu einem Zeitpunkt, an dem die beiden Photonen Y und B gar nicht mehr existieren und ihre gemessene Polarisation schon längst irgendwo niedergeschrieben ist, ob diese Photonen verschränkt waren oder nicht.

Wie kann das sein? Wirkt Alice' Messung in die Vergangenheit und beeinflusst sie die früher stattgefundenen Messungen an den Photonen Y und B? Oder verändert ihre Messung die Ergebnisse, die bereits ausgedruckt oder niedergeschrieben existieren? Das kann offenkundig beides nicht sein. Was hier geschieht, ist sehr viel interessanter.

Bobs Messungen an den Photonen Y und B ergeben Zufallsfolgen von »0« und »1«. Sie sind ja Messungen der Polarisation der einzelnen Photonen, und hier ist das einzelne Resultat ja zufällig.

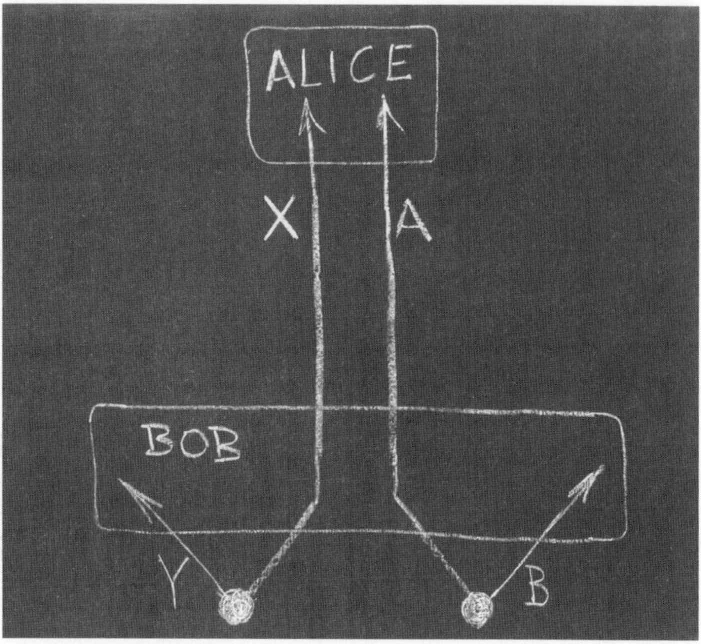

Abbildung 50 Zeitverzögerte Teleportation. Alice und Bob erzeugen sich zwei verschränkte Paare von Photonen, A–B und X–Y. Bob misst je eines aus jedem Paar, B und Y. Die anderen beiden, A und X, erhält Alice, die sich zu einem späteren Zeitpunkt entscheidet, welche Messung sie an den beiden durchführt. Sie kann die beiden zum Beispiel miteinander verschränken wie bei der Teleportation. Dadurch werden die beiden äußeren Photonen B und Y, die von Bob bereits registriert worden waren, im Nachhinein miteinander verschränkt. Andererseits kann sich Alice aber auch entscheiden, an A und X getrennte Messungen jede für sich allein durchzuführen. Dann werden B und Y nicht miteinander verschränkt. Die Daten zeigen dagegen die Verschränkung von A mit B und von X mit Y. In diesem Fall ergeben die früher erhaltenen Messergebnisse von B und Y eine ganz andere Bedeutung. Dieses Experiment, das auch schon realisiert wurde, zeigt, dass ein Unterschied in der Quantenphysik besteht zwischen den beobachteten Ereignissen und der Interpretation, die wir ihnen geben. Die Ereignisse B und Y existieren unabhängig von Alices Entscheidung. Ihre Bedeutung, ihre Interpretation durch uns, hängt jedoch von dieser zu einem späteren Zeitpunkt getroffenen Entscheidung ab.

Die große Frage ist: Was bedeuten diese Zufallsfolgen? Wie sind sie zu interpretieren? Wenn Alice' Photonen X und A nie von jemandem gemessen werden, dann sind Bobs Ergebnisse an den Photonen Y und B, für sich genommen, nichts als zufällige Zahlen, die keinerlei Information enthalten.

Wir werden nun sehen, dass die einzelnen Ergebnisse für die Photonen Y und B auf verschiedene Weise interpretiert werden können, je nachdem, für welche Art der Messung an den Photonen X und A sich Alice entscheidet. Es wird sich herausstellen, dass die schon vorhandenen Messresultate der äußeren Photonen, Y und B, eine ganz verschiedene Bedeutung haben, in Abhängigkeit von Alice' Entscheidung.

Einerseits könnte Alice entscheiden, an Photon X und Photon A jeweils für sich die Polarisation zu messen. Diese Messung ändert nicht die Verschränkungen von X–Y und A–B. Die jeweiligen Messresultate, die Alice erhält, werden wieder zwei Listen von Zufallsfolgen sein, eine für Photon X und eine für Photon A. Diese werden jedoch stark korreliert mit den Resultaten des jeweiligen Zwillingsphotons sein. Letzten Endes, falls bei diesen Messungen die entsprechenden Polarisatorstellungen gewählt werden, kann gezeigt werden, dass sowohl die Resultate für Photonen Y und X als auch für Photonen A und B die Bell'sche Ungleichung verletzen. Diese Paare sind also sehr gut verschränkt. Zwischen den Resultaten der Messungen an den Paaren Y-X und A-B besteht jedoch keinerlei Zusammenhang.

Andererseits könnte Alice sich eben entscheiden, an den Photonen X und A gemeinsam eine Bellzustandsmessung durchzuführen, wodurch diese beiden Photonen miteinander verschränkt werden. Nun erhalten aber die von Bob früher schon erhaltenen Zufallsfolgen für die Photonen Y und B eine ganz andere Bedeutung. Sie müssen nun plötzlich die Tatsache reflektieren, dass die Photonen X und A nun verschränkt sind. Wie ist das möglich? Wie können diese Zufallsfolgen nun plötzlich eine andere Verschränkung zeigen, als wenn Alice die Polarisationen ihrer Photonen einzeln gemessen hätte?

Die Antwort ist sehr spannend. Bei Alice' Bellmessung tritt ja nicht nur ein verschränkter Zustand auf. Wie wir früher bereits gelernt haben, gibt es ja vier verschränkte Zustände, die Bellzustände. Alice hat keinen Einfluss darauf, welcher der vier in einem bestimmten Fall beobachtet wird. Wenn das Experiment mehrfach hintereinander durchgeführt wird, jeweils mit zwei neuen Paaren, werden die Resultate immer rein zufällig sein. Es entsteht also hier eine Zufallsfolge von vier verschiedenen Ergebnissen.

Aufgrund dieser Liste an Resultaten, die Alice erhalten hat, können nun die schon früher erhaltenen Resultate von Bob an Photon Y und Photon B in vier Datensätze zerlegt werden, einen für jedes der vier Bellresultate von Alice. Und jetzt, plötzlich, sieht man, dass innerhalb jedes Datensatzes die Resultate Verschränkung anzeigen. Es ist also die Zufälligkeit des Resultats, das Alice bekommt, verantwortlich dafür, dass die zufälligen Listen, die Bob früher für die Photonen Y und B erhalten hat, nun auf eine Weise verstanden werden können, die Verschränkung zwischen ihnen anzeigt. Die Verschränkung wird also durch den Zufall in diesen Datensätzen so verschlüsselt, dass man sie erst herauslesen kann, wenn man den Schlüssel kennt, nämlich die Abfolge der Resultate, die Alice erhalten hat.

Die Idee, Alice' Messung zu verschieben, bis Bob die zwei Photonen gemessen hat, wurde von uns im Jahr 2001 ebenfalls in dem schon erwähnten Experiment in die Tat umgesetzt.

Das Experiment wurde wieder in Glasfasern durchgeführt. Die Bellmessung fand an einem Faserkoppler statt. Um diese Bellmessung an einen Zeitpunkt zu verschieben, nach dem die beiden äußeren Photonen bereits registriert worden waren, wurden Alice' Photonen vor dem Faserkoppler durch zehn Meter lange Glasfasern geschickt. Die experimentellen Resultate zeigten eindeutig, dass die schon zu einem früheren Zeitpunkt erhaltenen Messergebnisse an Bobs Photonen Y und B unter der Annahme, sie seien durch Alice' spätere Messung verschränkt worden, gut zu verstehen sind.

Solche Experimente sind nicht nur von philosophischem Interesse – aus ihnen könnten sich vielmehr bedeutsame technische Anwendungen in der Zukunft ergeben. Die Grundidee ist, Quantencomputer, die es künftig einmal geben könnte, durch verschränkte Zustände miteinander zu verbinden. Der Output eines Quantencomputers ist ja in irgendeinem Quantenzustand. Diesen Output wird vielleicht ein weiter weg befindlicher, anderer Quantencomputer als Input benötigen. Eine einfache Möglichkeit wäre nun, den Ausgangszustand des ersten Quantencomputers zum zweiten Quantencomputer zu teleportieren.

Ein Problem bei der Teleportation über größere Entfernungen ist die Tatsache, dass die Photonen irgendwann einmal verloren gehen. Mit Glasfasern kommt man höchstens bis zu Entfernungen von etwa hundert Kilometern. Eine ebensolche Grenze ist der Übertragung von Information durch Licht in der Luft gesetzt. Wie könnte man also zu größeren Entfernungen kommen? Eine mögliche Lösung wäre eine Verallgemeinerung der Teleportation von Verschränkung oder, wie wir es auch genannt haben, des *entanglement swapping*, des Austauschs von Verschränkung (Abbildung 51). Durch Ketten solcher Teleportationen kann man offenbar größere Entfernungen zurücklegen.

Das Problem bei der Überwindung größerer Entfernungen ist, dass man Quantenzustände nicht verstärken kann. Das ist, wie wir schon erwähnt haben, eine Konsequenz des No-Cloning-Theorems, also der Tatsache, dass man Quantenzustände nicht klonen kann. Die in dieser Kette von Teleportationen vorgesehenen Zwischenstationen sind daher auch keine Verstärker des Quantensignals, sondern so etwas wie Wiederholstationen, die zwei Dinge machen. Zum einen führen sie eine Bellmessung durch und teleportieren daher Verschränkung, zum anderen kann man dort Mini-Quantencomputer anbringen, die die hereinkommenden Quantenzustände reinigen. Es ist nämlich möglich, durch Vergleich mehrerer verschränkter Paare herauszufinden, welche Störungen entlang des Quantenkanals auftreten, und diese zu eliminieren. Einige der Grundprinzipien, die dafür notwendig sind, wurden bereits im Experiment gezeigt. Eine gesamte Quantenwiederholstation ist jedoch derzeit experimentell noch nicht möglich.

Die Teleportation eines verschränkten Zustands ist wohl der klarste Beweis für die Quantennatur der Teleportation. Sie wirft

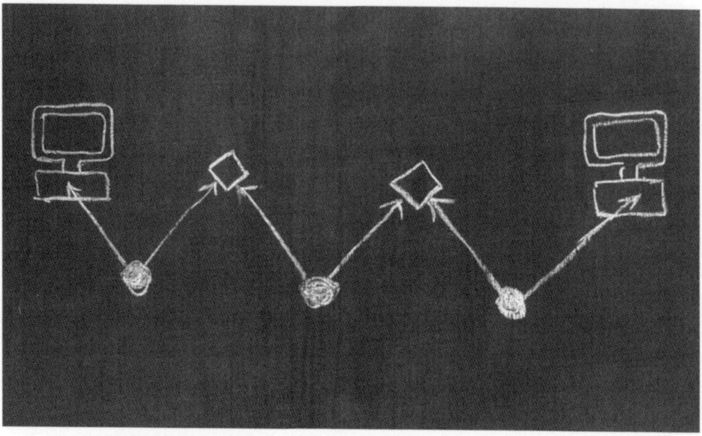

Abbildung 51 Durch einen Quantenrepeater können zwei weit voneinander entfernte Quantencomputer in Zukunft miteinander verbunden sein. Im Prinzip handelt es sich hier um mehrfache Teleportation von Verschränkung, wobei gleichzeitig bei den Zwischenstationen auch noch eine Reinigung der Quantenzustände von Störfaktoren gemacht werden kann (nach Ignacio Cirac und Peter Zoller).

außerdem ein sehr helles Licht auf das Verhältnis unserer Naturbeschreibung zur physikalischen Wirklichkeit. Es ist eine Tatsache, dass die Ereignisse, die Bob an den Photonen Y und B registriert, objektive Ereignisse sind, die an sich keiner Interpretation bedürfen. Ereignisse sind eben Ereignisse und stehen für sich. Wenn wir als Physiker diese Ergebnisse verstehen möchten, müssen wir eine Erklärung, eine konsistente Interpretation präsentieren. Und diese Interpretation dreht sich in unserem Fall um die Verschränkung.

Das Interessante ist aber, dass wir für die Resultate von Bob zwei Interpretationen präsentieren können, je nachdem, was sich Alice zu einem späteren Zeitpunkt entscheidet zu tun. Es ist also nicht daran zu rütteln, dass die Ereignisse Ereignisse sind, aber die Begründung, warum sie so ausfallen, wie sie ausfallen, die Erklärung ihrer Bedeutung, eben ihre Interpretation, hängt offenbar von unseren Handlungen und Entscheidungen ab.

An dieser Stelle ist ein wichtiger Hinweis angebracht. Die Erklärungen, die wir für Bobs Ergebnisse je nach der Entscheidung, die Alice traf, gefunden haben, sind völlig korrekt. Die Quantenphysik beschreibt beide Situationen sehr gut. Diese beiden Situationen waren eben, je nach Alice' Entscheidung, entweder die Messung der Polarisationen ihrer beiden Photonen separat oder die gemeinsame Bellmessung der beiden, wodurch sie verschränkt werden. In beiden Fällen ist der Quantenzustand, also die mathematische Beschreibung der Photonen Y und B, die schon früher gemessen wurden, ganz verschieden. Dies bedeutet, dass der Quantenzustand, den wir verwenden und den wir als Erklärung eines Ereignisses benützen, nichts Absolutes ist. Er hängt von allen Einzelheiten der Versuchsanordnung ab. Dies kann Einzelheiten einschließen, die erst in der Zukunft entschieden werden.

Dies unterstützt eine Ansicht, die insbesondere in der Kopenhagener Interpretation der Quantenphysik, die vor allem durch Niels Bohr begründet wurde, vertreten wird. Danach ist der quantenphysikalische Zustand eines Systems nicht ein Feld oder eine sonstige Entität, die sich in Raum und Zeit, sozusagen »da draußen«, ausbreitet. Im Gegenteil. Sie ist lediglich unsere Darstellung des Wissens, das wir über die konkrete physikalische Situation, die wir untersuchen, besitzen. Diese Darstellung des Wissens hängt natürlich davon ab, welche Situation wir vor uns haben und welche Messresultate wir erhalten.

In unserem konkreten Fall ist unser Wissen über die Situation und auch unser Wissen über die früher erhaltenen Ergebnisse der Messungen an den Photonen Y und B davon beeinflusst, welche Messung Alice später durchführt und welche Resultate sie dabei erhält. Diese später durchgeführte Messung und ihr Resultat beeinflussen also nicht die Wirklichkeit der von Bob früher erhaltenen Resultate an Photon Y und B. Sie ändern aber, was wir darüber sagen können, sie ändern unsere Interpretation der physikalischen Situation. Dies erinnert sehr an eine berühmte Aussage von Niels Bohr, die durch Aage Petersen übermittelt wurde.

»Es gibt keine Quantenwelt. Es gibt nur eine abstrakte quantenphysikalische Beschreibung. Es ist falsch zu glauben, es sei die Aufgabe der Physik, herauszufinden, wie die Natur beschaffen ist. Die Physik betrifft, was wir über die Natur sagen können.«

Andere Experimente

Die Teleportation ist nicht grundsätzlich beschränkt auf die Teleportation von Polarisationszuständen von Photonen, wie sie in unseren Innsbrucker und Wiener Experimenten erreicht wurde. Man kann auch andere Eigenschaften oder physikalische Größen teleportieren, etwa die Energie und den Impuls eines Photons oder den Quantenzustand eines Atoms. Es ist auch möglich, Zustände komplexerer Systeme zu teleportieren.

In unseren Experimenten konnten wir höchstens zwei Bellzustände identifizieren, sodass die Ausbeute unseres Verfahrens allenfalls fünfzig Prozent betrug. In den übrigen Fällen ging das Photon, das wir teleportieren wollten, einfach verloren. Derzeit gibt es leider kein experimentelles Verfahren, das es uns erlauben würde, die Ausbeute der Teleportation von Zuständen einzelner Photonen bis zu den theoretisch erwünschten hundert Prozent zu steigern.

Im Jahr 1994 schlug Sandu Popescu, damals an der Universität Cambridge, ein anderes Konzept vor, das eine experimentelle Verwirklichung der mathematischen Theorie darstellt, aber nicht die Teleportation eines Zustands eines unabhängigen Photons ermöglicht. Er regte an, den zu teleportierenden Quantenzustand »huckepack« auf Alice' verschränktem Photon mitreisen zu lassen. Diese Idee wurde 1997 von der Gruppe um Francesco De Martini von der Università degli Studi di Roma »La Sapienza« experimentell umgesetzt. Das zusätzliche verschränkte Photonenpaar war im Photonenimpuls verschränkt. Alice' Photon trat in zwei verschiedenen Impulszuständen auf, die mit ähnlichen Zuständen an Bobs Photon verschränkt waren. Der zu teleportierende Zustand wurde dann durch geeignete Polarisatoren und Polarisationsrotatoren auf Alice' Photon aufgeprägt. Für die Identifikation eines Bellzustands mussten nicht zwei Photonen gemessen werden, sondern nur die Korrelation von Polarisation und Ort von Alice' Photon – eine einfache Ein-Teilchen-Messung, die leicht im Labor zu realisieren ist. Der springende Punkt ist, dass man Alice' Photon nur an zwei verschiedenen Orten und mit zwei verschiedenen Polarisationen zu detektieren braucht. Dies versetzt dann Bobs Photon in den entsprechenden Polarisationszustand. Das Experiment kann nicht zu einer wirklichen Teleportation führen, weil man dazu den Polarisationszustand eines unabhängigen, separaten Photons auf das von Alice übertragen müsste, was genauso schwierig ist wie die Bellzustandsmessung zweier Photonen, die beim Innsbrucker Experiment die große Herausforderung war. Dennoch ist der römische Versuch interessant. Ein passenderer Name für ihn wäre zum Beispiel »Telepräparation«, denn letztlich kann man die an Alice' Photon vorgenommene Präparation so auffassen, dass sie Bobs fernes Photon, das mit dem von Alice verschränkt ist, präpariert. Harald Weinfurters Gruppe an der Ludwig-Maximilians-Universität München hat kürzlich Experimente zur Telepräparation durchgeführt.

Bei der Teleportation der Polarisation geht es um eine diskrete, nicht kontinuierliche Eigenschaft. Das Photon zeigt zwei mögliche Polarisationen, horizontal oder vertikal. Photonen haben aber auch stetige, kontinuierliche Merkmale wie etwa ihre Frequenz. Interessanterweise kann man Licht als Überlagerung einer sehr großen, theoretisch sogar unendlich großen Zahl von Schwingungen des elektromagnetischen Feldes betrachten. Wegen der Quantennatur dieses elektromagnetischen Feldes ist seine Schwingung auch mit einer quantenmechanischen Unschärfe analog der Heisenberg'schen Unschärfebeziehung behaftet. Dies bedeutet de facto ein gewisses Rauschen. Höchst interessant ist, dass man das Rauschen des Lichtes in einem Schwingungsmodus reduzieren kann. Weil Heisenbergs Unschärfebeziehung sich aber nicht verhindern lässt, nimmt das Rauschen in anderen Schwingungsmoden dann stark zu. Die Zustände mit reduziertem Rauschen nennt man »gequetschte Zustände«, und sie sind immer wieder auf großes Interesse gestoßen. Manche Forscher hoffen nämlich, künftig genauere Messungen verschiedener physikalischer Größen mit Hilfe gequetschter Zustände durchführen zu können, als es mit der heutigen Technik möglich ist. Eine konkrete Anwendung wäre der Nachweis von Gravitationswellen. Solche Gravitationswellen werden von Einsteins Allgemeiner Relativitätstheorie vorhergesagt. Ihre Messung erfolgt durch genaue Positionsbestimmung hochpräziser Spiegel, und man hofft eben, die Position solcher Spiegel mit gequetschtem Licht genauer messen zu können, als es derzeit möglich ist.

Gequetschtes Licht hat auch in der Teleportation seine Anwendung gefunden. Der Gruppe um Jeff Kimble am California Institute of Technology ist es jedenfalls im Jahr 1998 gelungen, die Eigenschaft »Gequetschtheit« von einem Lichtstrahl auf einen anderen zu teleportieren. Das Experiment folgte im Wesentlichen den Überlegungen des ursprünglichen Teleportationsvorschlags, wobei man natürlich die Sprache in die der gequetschten Zustände des Lichtes übersetzen muss.

Im Jahr 2001 gelang es der Gruppe um Eugene Polzik, damals an der Universität Aarhus, jetzt in Kopenhagen, einen gemeinsamen gequetschten Spinzustand vieler Cäsiumatome einer Atomwolke mit dem Spinzustand einer anderen Wolke zu verschränken. Die einzelnen Atome in einer ultrakalten Wolke, die in einer geeigneten Falle aus elektrischen und magnetischen Feldern festgehalten wird, haben ein quantenmechanisches Merkmal namens »Spin«, das in etwa der Vorstellung entspricht, dass jedes Atom einen kleinen Magneten trägt. Die Spins mehrerer Atome lassen sich bis zu einem gewissen Grad ausrichten. Je stärker die Ausrichtung der Spins, desto gequetschter wird die Bewegung des Spins der Atome.

Ein wichtiger Fortschritt war 2004, als unabhängig voneinander die Gruppe von Rainer Blatt an der Universität Innsbruck und von David Wineland am National Institute of Standards and Technology (NIST) in Boulder, Colorado, gleichzeitig die Teleportation von »Atomen« berichteten, wie es zum Beispiel in der Presseaussendung des NIST hieß. Natürlich ist damit die Teleportation eines

Quantenzustands, und nicht eines ganzen Atoms gemeint, da ja Teleportation nie Materie überträgt. In beiden Experimenten verwendete man Atome, genauer gesagt geladene Atome, also Ionen, die in einer geeigneten Anordnung von elektromagnetischen Feldern gefangen sind.

In solchen Ionenfallen kann man Ionen beliebig lange aufbewahren. Sie sind von ihrer Umgebung sehr gut abgeschirmt, das heißt, die Quantenzustände können sehr lange leben, und man kann mit Lasern Information auf die Ionen übertragen beziehungsweise diese Information wieder auslesen. Die Gruppe in Innsbruck verwendete Kalziumatome, und die NIST-Gruppe verwendete Berylliumatome. Die Verschränkung zwischen den Quantenzuständen zweier Atome war der Quantenkanal. Ein drittes Atom ist dann das Atom, dessen Zustand teleportiert wird. Mit Hilfe einer Bellmessung an diesem Atom und einem der beiden verschränkten Atome wird sein Quantenzustand auf das zweite verschränkte Atom übertragen. Die Entfernungen, über die Teleportation in diesen Experimenten realisiert wurde, sind allerdings nur von der Größenordnung von zehn Mikrometern, da die Atome in den Ionenfallen sehr nahe beieinander sitzen.

Die Experimente von Blatt und von Wineland übertragen Eigenschaften von Atomen. Das einfachste Bild davon wäre etwa der Spin eines Atoms, das ist eine Verallgemeinerung des Drehimpulses. Während eine Eisläuferin sich nur entweder nach rechts oder nach links drehen kann (Abbildung 52), kann ein Atom tatsächlich in einer Überlagerung von beiden Möglichkeiten existieren. In einer breiteren Perspektive gesehen, sind die Experimente von Blatt und Wineland beide Teil von Forschungsprogrammen dieser Gruppen, Quantencomputer mit Hilfe von Ionenfallen zu realisieren.

In einem Quantencomputer wäre die Information selbst verschränkt. Sie würde in Superposition existieren, und es gibt einige Probleme, die von Quantencomputern gelöst werden könnten, für die klassische Computer viel zu lange Zeit benötigen. Quantenteleportation gilt als eine der Methoden, wie Information nicht nur zwischen zwei Quantencomputern übertragen werden kann,

Abbildung 52 Quantenpirouette.
Während eine Eistänzerin nach der klassischen Physik und natürlich auch im Alltagsleben sich nur entweder nach rechts oder nach links drehen kann, könnte eine Quanteneistänzerin in einer Überlagerung beider Möglichkeiten existieren. Für Eistänzerinnen ist dies natürlich Fantasie, für Atome oder andere Quantenteilchen jedoch heute schon Wirklichkeit.

sondern auch innerhalb eines Quantencomputers von einem Bereich des Computers in einen anderen. Überdies kann man sehen, dass für die Realisierung eines Quantencomputers dieselben Methoden notwendig sind, wie für die Realisierung von Quantenteleportation.

Da Quantenteleportation mit Photonen allein schon funktioniert, ist es nahe liegend, auch einen Quantencomputer zu erwarten, der auf diesen Prinzipien beruht, also in seinen Rechenoperationen ohne Verwendung von Ionen oder Atomen oder überhaupt Materie auskommt. Dies ist tatsächlich möglich, wie 2001 von Emanuel Knill, Raymond Laflamme und Gerald Milburn theoretisch gezeigt wurde. Seither gibt es bereits einige Demonstrationen elementarer Schritte des Quantencomputers, die ausschließlich Photonen verwenden.

Das Problem dieses Quantencomputers ist, dass er nach dem Zufallsprinzip arbeitet. Dies bedeutet, dass das Resultat der Messung nicht immer am Ende vorliegt, sondern meistens der Computer zufällig in einen Zustand geht, der für die Berechnung nicht brauchbar ist. Dieses Problem wurde überwunden durch den theoretischen Vorschlag von Robert Raussendorf und Hans Briegel im Jahr 2001, die zeigten, dass es möglich ist, einen Quantencomputer zu bauen, bei dem der Einfluss des Zufalls ausgeschalten wird.

Die erste Demonstration dieses so genannten *One-Way-Quantencomputers* gelang einer internationalen Zusammenarbeit an der Universität Wien im Jahr 2005. An dieser Arbeit waren die Wissenschaftler Philip Walther, Kevin Resch, Markus Aspelmeyer, Emmanuel Schenck und der Autor von der Universität Wien sowie Vlatko Vedral und Terry Rudolph vom Imperial College London beteiligt. Es sollte daher im Prinzip möglich sein, in Zukunft auch einen Quantencomputer zu bauen, der nur mit Licht funktioniert.

Die Zukunft der Quantenteleportation

Die Entwicklung der Quanteninformationstechnologie ist international ein sehr »heißes« Gebiet, an dem viele Gruppen weltweit arbeiten. Es ist zu erwarten, dass Methoden der Quantenkryptographie, also der absolut sicheren Verschlüsselung geheimer Nachrichten, in den nächsten Jahren so weit entwickelt sein werden, dass ihre technologische Anwendung möglich ist.

Die Entwicklung des Quantencomputers wird wohl noch etwas mehr Zeit in Anspruch nehmen. Es gibt sehr viele skeptische Stimmen, die der Meinung sind, dass die Probleme beim Bau eines Quantencomputers viel zu groß sind, um eine echte technologische Realisierung erwarten zu können. Hier sollte man doch wohl etwas optimistischer sein und die Kreativität von Experimentalphysikern nicht unterschätzen.

Es gibt einen weiteren Grund, zu erwarten, dass eines Tages *alle* Computer Quantencomputer sein werden. Wenn man die heutige Entwicklung der Informationstechnologie betrachtet, bemerkt man, dass die Computerchips immer schneller werden und immer mehr Daten speichern können. Dies wird wiedergegeben im Moore'schen Gesetz, dem Gesetz, das der Mitbegründer der Intel Corporation, Gordon Moore, aufgestellt hat. Es besagt, dass die Zahl der Transistoren auf einem Computerchip sich alle eineinhalb bis zwei Jahre verdoppelt. Dies bedeutet gleichzeitig, dass immer weniger Atome, Ionen oder Elektronen an der physikalischen Darstellung eines einzelnen Bits beteiligt sind. Wenn man das Moore'sche Gesetz in die Zukunft projiziert, erkennt man, dass in etwa zwanzig bis dreißig Jahren das absolute Limit der Möglichkeiten von konventionellen Computerbauteilen erreicht sein wird. Ein

Bit würde dann von einem einzigen Elektron repräsentiert. Dann wird automatisch die Quantengrenze erreicht sein.

Zur Frage des Optimismus für die Zukunft gibt es ein bekanntes Zitat unter Wissenschaftlern: »Wenn ein hinreichend anerkannter Wissenschaftler sagt, dass etwas in der Zukunft möglich sein wird, hat er wahrscheinlich Recht. Wenn derselbe Wissenschaftler sagt, dass etwas in der Zukunft nicht möglich sein wird, hat er wahrscheinlich Unrecht.«

In absehbarer Zukunft, also in den nächsten paar Jahren, werden sich Teleportationsversuche offenkundig über weit größere Entfernungen erstrecken als heute. Eine der Ideen ist, den Quantenzustand von Photonen von einer Bodenstation auf der Erde zu Satelliten hinauf oder von Satelliten herab zur Erde zu teleportieren. Das sollte grundsätzlich möglich sein, ist die Atmosphäre doch nur wenige Kilometer dick. Ein Photon, das von der Bodenstation zum Satelliten hinaufwandert, pflanzt sich überwiegend durch leeren Raum fort, nachdem es die Atmosphäre hinter sich gebracht hat. Das ist überhaupt kein Problem.

Trotzdem werden die Experimente bestimmt sehr kompliziert sein, denn es wird gar nicht einfach sein, ein einzelnes Photon, ein einzelnes Lichtteilchen, einzufangen, das von einem Satelliten, der ja einige hundert oder tausend Kilometer entfernt ist und sich schnell bewegt, zur Erde herabgeschickt wird. Man braucht dafür sehr gute Teleskope, und man muss sehr, sehr geduldig sein. Aber es wird mit Sicherheit zu solchen Experimenten kommen. Ihr Wert besteht nicht nur im Nachweis der Teleportation über größere Entfernungen, sondern – sehr wichtig – in der Überprüfung der Quantenmechanik in einem bisher unerreichbaren Maßstab. Im Prinzip müssen zwei Teilchen miteinander verschränkt bleiben, mögen sie auch durch eine noch so große Entfernung voneinander getrennt sein.

Es ist interessant, sich zu überlegen, ob eine solche Verschränkung auch im kosmischen Maßstab weitergilt. Dass die Messung eines Photons hier auf der Erde den Quantenzustand eines Photons in der Weite unserer Galaxis oder womöglich darüber hinaus beeinflussen könnte, ist ein faszinierender Gedanke. Solche Experimente wird die Technik in absehbarer Zeit sicherlich nicht ermöglichen, aber eine erhebliche Steigerung der Reichweite ist gewiss möglich.

Es ist eine verlockende Möglichkeit, an eine künftige Marsreise zu denken. Auf einem Flug zum Mars könnten die Astronauten zweihundertsechzig Tage lang Däumchen drehen, denn so lange dauert es, von der Erdbahn aus die Bahn des Mars zu erreichen. Warum sollte man ihnen nicht ein bisschen Spaß gönnen und sie mit Quantenteleportation spielen lassen?

Eine andere, ziemlich sichere künftige Entwicklung wird die Teleportation der Zustände komplexerer Systeme sein, etwa von Atomen oder gar Molekülen. Je größer und komplexer ein Objekt ist, desto größer werden die experimentellen Herausforderungen. Und diese Herausforderungen sind nicht nur proportional zur Zahl der Teilchen, aus denen ein Objekt besteht. Wie weiter oben bereits erörtert, müssen für eine vollständige Beschreibung eines Objekts nicht nur die Merkmale der einzelnen Komponenten beschrieben werden, sondern auch deren Verknüpfungen untereinander. Man muss zum Beispiel wissen, wie sie räumlich zueinander angeordnet sind oder wie ihre gemeinsamen Zustände aussehen könnten. Letztlich bedeutet das, dass die verschränkten Zustände, die man erzeugen muss, um Teleportation zu erreichen, ungeheuer kompliziert werden. Außerdem geht es nicht mehr nur um vier Bellzustände, wie wir sie bei der Polarisation zweier Photonen hatten, sondern um sehr viel komplexere verschränkte Zustände vieler Teilchen, die derartige Systeme beschreiben.

Andererseits hat es bei den Experimenten in den letzten Jahren ungeheure Fortschritte gegeben, und es ist vieles erreicht worden, was für frühere Generationen von Physikern unvorstellbar war. Dass Anlass zu Hoffnung besteht, zeigt die Tatsache, dass sogar sehr große Moleküle, die aus einigen hundert Atomen bestehen, wie etwa die so genannten Buckyballs (Fullerene), die fußballähnlichen Kohlenstoffmoleküle, nachweislich Quanteninterferenz aufweisen.

Quanteninterferenz ist ein grundlegendes Quantenmerkmal und ein notwendiger erster Schritt zur Quantenverschränkung. Heute weiß niemand, wie man einen verschränkten Zustand zweier komplizierter Moleküle erzeugt und wie man, was noch schwieriger ist, zwei Moleküle auf einen verschränkten Zustand projiziert. Aber es gibt keinen Grund, warum dies nicht im Experiment erreicht werden sollte. Wahrscheinlich wird das früher der Fall sein, als viele denken.

Reisen durch Teleportation?

Science-Fiction-Autoren haben die Teleportation erfunden, um Menschen im Handumdrehen von einem Ort zum anderen zu bringen. Diese Erfindung war, wie schon erwähnt, sehr hilfreich, um die riesigen Entfernungen des Weltalls zu überwinden. Noch wichtiger war allerdings, dass Science-Fiction-Filmemacher und besonders die Schöpfer von *Star Trek* den Trick der Teleportation aus schlicht wirtschaftlichen Gründen benutzten: Teleportation lässt sich einfach und billig im Schneideraum bewerkstelligen, während die komplizierten Vorkehrungen, die für die Simulation der Landung eines Raumschiffs auf der Oberfläche eines Planeten erforderlich sind, die für Spezialeffekte vorgesehenen Kosten gewaltig in die Höhe treiben.

Die Idee der Teleportation ist unbestreitbar zu einem Riesenerfolg geworden. Doch wie sieht es in der Realität aus? Haben die bisher beschriebenen Experimente uns der Möglichkeit, Menschen zu teleportieren, näher gebracht?

Die Antwort ist ein schlichtes NEIN.

Stellen wir einmal eine Liste all dessen zusammen, was notwendig wäre, um Menschen zu teleportieren. Was dabei herauskommen wird, ist eine Liste von Unmöglichkeiten.

1. Der zu teleportierende Mensch muss sich in einem Quantenzustand befinden. Ein Quantenzustand lässt sich nur erreichen, wenn das System vollkommen von der Umgebung isoliert ist. Die meisten Wechselwirkungen mit der Umgebung würde den Quantenzustand unseres zu teleportierenden Systems zerstören und es in einen klassischen Zustand befördern.

Der springende Punkt ist, dass ein solcher Quantenzustand eines lebenden Menschen Überlagerungen, Superpositionen verschiedener Zustände zu berücksichtigen hätte, wobei es nicht einmal klar ist, was das bedeuten könnte. Der österreichische Physiker Erwin Schrödinger hat solche Überlagerungen am Beispiel einer Katze erörtert, die sich in einer Überlagerung der Zustände »tot« und »lebendig« befindet. Natürlich weiß niemand, was für einen Sinn solche Zustände haben würden – abgesehen davon, dass es niemandem klar ist, wie man solche Zustände herstellen könnte und wie man sie im Experiment messen würde. Überdies würde ein zu teleportierender Mensch ein Bewusstsein haben, und damit seine eigene Umgebung beobachten. Diese Beobachtung allein würde wahrscheinlich schon die quantenmechanische Überlagerung zerstören und damit Teleportation unmöglich machen.

2. Aber lassen wir alle unter Punkt 1 erwähnten Probleme außer Acht und nehmen wir an, es sei gelungen, einen Menschen in einen Quantenzustand zu versetzen. Gemäß Quantenteleportationsprotokoll brauchen wir dann ein zusätzliches Zwillingspaar verschränkter Menschen. Verschränkung bedeutet aber nicht, dass es sich um normale identische Zwillinge handelt. Wenn wir uns kurz erinnern, bedeutet Verschränkung, dass keines der beiden miteinander verschränkten Systeme irgendwelche persönlichen Eigenschaften besitzt. Vor der Beobachtung hätten also unsere verschränkten Quantensignale keine Haarfarbe, keine Augenfarbe und auch sonst keine individuellen Merkmale. Selbstverständlich würden viele, viele weitere Merkmale vollkommen undefiniert sein müssen. Die beiden Menschen müssten jedoch perfekt korreliert in dem Sinne sein, dass dann, wenn einer gemessen, wenn einer beobachtet wird, wenn etwa festgestellt wird, welche Haarfarbe er hat, seine Haare augenblicklich eine Farbe annehmen würden, etwa schwarz, und das würde den verschränkten Quantenzwilling in einen Zustand derselben Farbe versetzen und bewirken, dass seine Haare auch die Farbe Schwarz annehmen. Das muss dann auch für alle sonstigen Merkmale gelten.

Das klingt natürlich nicht nur lächerlich, sondern es ist aus physikalischer Sicht kompletter Unsinn, von den ethischen Problemen gar nicht zu reden. Wer in aller Welt würde wünschen, dass zwei Menschen miteinander verschränkt sind und keine persönlichen Eigenschaften haben, wer würde wünschen, dass ihre bloße Existenz von der Gnade eines künftigen Experimentators abhängt, der vielleicht beschließt, Beobachtungen an ihnen zu machen?

3. Das Schlimmste ist schließlich die Übertragung der Verschränkung, die Bellzustandsmessung des zu Teleportierenden und des einen der beiden verschränkten Menschen. Man weiß so wenig, es ist so unvorstellbar, an solche Experimente auch nur zu denken, dass man nicht einmal ironisch darüber sprechen kann, wie wir es unter den Punkten 1 und 2 getan haben.

Daher ist nachdrücklich davon abzuraten, Geld in Unternehmen zu stecken, die beabsichtigen, Transportprobleme künftig mittels Teleportation zu lösen. Dass Quantenteleportation aber für Informationsübertragung genutzt werden kann, ist eine ganz andere Sache.

Signale vom Himmel über Teneriffa

Ein kleines Auto klettert durch lichte Wälder die gewundene Straße empor. Es ist Mai, und bunte Blumen beleben mit ihren Farben das üppige Grün des Waldes und das rötliche Braun des felsigen Bodens. Erst vor einer halben Stunde sind wir am Flughafen von Teneriffa losgefahren, und schon befinden wir uns auf fast zweitausend Metern Höhe. Jetzt ändert sich schlagartig die Landschaft: Wir erreichen ein gigantisch großes Hochplateau mit bizarren Felsformationen. Vor uns erhebt sich El Teide.

»Dies ist der höchste Berg Spaniens«, erklärt Zoran, und unser junger spanischer Freund Josep fügt hinzu: »Jeder Spanier ist stolz, wenn er den 3720 Meter hohen Gipfel erklommen hat…«

»…auch wenn es nur das kleine Stück von der Bergstation der Seilbahn bis zum Gipfel ist«, dämpft Zoran meine Bewunderung für die unbekannten Bergsteiger.

Zoran Sodnik und Josep Perdiguez arbeiten als Wissenschaftler für die Europäische Weltraumbehörde ESA und sind für die wissenschaftlichen und technischen Programme auf einem sich neuerdings entwickelnden Gebiet zuständig: der optischen Kommunikation mit Satelliten.

Der Name einer der Felsformationen, »La Catedral«, versetzt mich in Gedanken um Jahrmillionen in die Vergangenheit zurück, als El Teide ein äußerst aktiver Vulkan war, der die Insel Teneriffa schuf, indem er riesige Massen flüssigen Gesteins ausspie.

»Man kann aber nicht einfach mit der Seilbahn hinauffahren und dann zum Gipfel laufen«, erklärt Josep. »Man braucht eine Genehmigung, und die bekommt man nur bei einem Amt in Santa Cruz, unten am Meer. Man muss also schon etwas tun, um sie zu kriegen.« Meine Achtung für die Bergsteiger nimmt wieder etwas zu.

Zoran lächelt. »Man kann sie aber auch umgehen. Der Kerl, der die Genehmigungen prüft, fährt um neun Uhr morgens mit der ersten Seilbahn hinauf. Wer den ganzen Weg zu Fuß macht und vor neun an der Bergstation vorbeikommt, kann ohne Genehmigung hinauf. Das ist die Belohnung für die wirklich Entschlossenen.«

Von hier unten, bei der Talstation der Seilbahn, nimmt sich die Entfernung von der Bergstation, die sich auf 3550 Metern Höhe befindet, zum Gipfel nicht sonderlich beeindruckend aus. Doch kann es in einer Höhe von über 3500 Metern recht anstrengend sein.

Als wir um eine Kurve biegen, wird die Szenerie plötzlich futuristisch. Wir erblicken wir in einiger Entfernung ein halbes Dutzend strahlend weißer, seltsam geformter Gebäude, von denen einige offensichtlich Teleskope beherbergen. Wir sind am Ziel: Es sind die auf den Himmel gerichteten Teleskope des El-Teide-Observatoriums, das zum Instituto de Astrofísica de Canarias (IAC) gehört, dem Astrophysikalischen Institut der Kanaren.

Die meisten der Teleskope hier wurden speziell dafür gebaut, verschiedene Aspekte der Sonne zu erforschen. Betrieben werden sie von verschiedenen europäischen Ländern, die sich zusammengetan haben, um dieses Institut zu schaffen. Es hat eine weitere Zweigstelle auf der ebenfalls zu den Kanaren gehörenden Insel La Palma, rund 144 Kilometer von Teneriffa entfernt. Auf La Palma werden die Teleskope auch zur Erforschung des Nachthimmels benutzt. Wegen der hohen Bevölkerungsdichte auf Teneriffa ist der Himmel nachts nicht dunkel genug, um die lichtschwächsten Objekte in großer Entfernung zu erkennen.

»Die Verbindung mit ARTEMIS ist für halb zehn abends geplant, also können wir noch etwas essen«, schlägt Josep vor. »Es wird auch Zeit, denn zu Mittag hatte ich nur ein Sandwich.«

Jetzt kann ich mich nicht mehr des Verdachts erwehren, dass Joseps Fahrweise, die sich immer mehr beschleunigte, je näher wir unserem Ziel kamen, etwas mit den Bedürfnissen seines Magens zu tun hatte.

Wir beziehen unsere Zimmer in der Unterkunft des IAC, die an eine Berghütte in den Alpen erinnert: kräftige Holzbalken und einfache Möbel, aber eine gemütliche Atmosphäre. Den einzigen Unterschied bilden die Satellitenfotos vom Observatoriumsgelände an den Wänden und der Anblick der Teleskope draußen. Wir genießen unser Abendessen, das schlicht ist, aber von allen sehr geschätzt wird, nicht nur von Josep. Danach sind wir bereit, zu unserem eigentlichen Ziel hinüberzugehen, der Optical Ground Station (OGS), die der Europäischen Weltraumbehörde (European Space Agency, ESA) gehört und von ihr betrieben wird (Bild 16). Zoran ist für OGS verantwortlich und ständig bestrebt, dort neue wissenschaftliche Ideen zu verwirklichen.

Als wir aus dem Unterkunftsgebäude treten, ist es stockdunkel. Es gibt weder Straßenlampen, noch dringt Licht aus dem Gebäude, das wir gerade verlassen haben, denn jeder ist bemüht, ein eventuelles Hintergrundleuchten zu vermeiden, das den Betrieb der Teleskope stören könnte.

»Wir versuchen die Lichtverschmutzung so gering wie möglich zu halten«, erklärt Zoran.

Schon nach den ersten Schritten bemerken wir, dass die kleinen Taschenlampen, die wir bei uns haben, nicht nötig sind: Nachdem sich die Augen an die Dunkelheit gewöhnt haben, reicht das Licht der schmalen Mondsichel leicht aus, um unseren Weg zu beleuchten.

Ein kurzer Gang, und wir sind am OGS-Teleskop, wo uns Eduardo und Martín begrüßen, die heute für den Betrieb der Instrumente verantwortlich sind.

Zoran packt zwei Flaschen Champagner aus, die er mitgebracht hat. »Es ist Tradition, nach jeder gelungenen Verbindung mit ARTEMIS eine gute Flasche zu entkorken«, rechtfertigt er sich. »Bis die Verbindung da ist, sind es noch zehn Minuten«, sagt er. »Gehen wir doch in den Kontrollraum hinüber.«

Dort erfahren wir, dass ARTEMIS ein Satellit ist, den die ESA im Jahr 2001 ins All schoss, um Methoden der optischen Kommunikation zwischen Bodenstationen und Satelliten sowie von einem Satelliten zum anderen zu entwickeln.

Gewöhnlich werden für die Kommunikation mit Satelliten Funkwellen benutzt. Über sie werden dem Satelliten Befehle übermittelt, und der Satellit schickt über sie die von seinen Instrumenten gesammelten Informationen zur Erde zurück. Besonders bei Bildern, die er von der Erde, dem Mond oder anderen Objekten gemacht hat, ist die Datenmenge sehr groß. Da wäre es sinnvoll, wenn man ein Kommunikationsmittel hätte, das mehr Informationen übertragen kann als eine Funkverbindung.

Bei der modernen Telekommunikation auf der Erde werden große Datenmengen tatsächlich bereits per Licht übertragen: In modernen Großstädten sind überall Glasfaserkabel verlegt, die schnelle Verbindungen zwischen Computern herstellen. Eine solche optische Verbindung wäre auch nützlich, wenn ein Satellit viele Bilder herabschicken soll. Genau das ist der Zweck des Satelliten ARTEMIS: Er soll prüfen, wie das geschehen kann und was nötig ist, um es zu erreichen.

»Um Punkt neun Uhr dreißig soll ARTEMIS seinen Lichtstrahl einschalten. Es ist bloß ein kleiner Laser, nicht viel stärker als eine Taschenlampe, der da über fünfunddreißigtausend Kilometer hinweg zu uns auf der Erde herunterleuchtet«, erklärt Zoran.

»Aber woher weiß ARTEMIS, ob das Licht uns trifft?«, frage ich.

»Genau darum geht es«, erwidert Zoran. »ARTEMIS weiß ungefähr, wo wir sind, und lässt den Laserstrahl zickzackförmig über unser Gebiet streichen. Wir schauen mit unserem Teleskop hinauf, und sobald wir das Licht sehen, befehlen wir ARTEMIS, seine Zickzackbewegung einzustellen. Dann wissen wir, dass der Lichtstrahl bei uns ankommt. Anschließend kann ARTEMIS auf einen sehr viel schmaleren Lichtstrahl umschalten und ihn für die Datenübertragung nutzen.«

Es wird neun Uhr dreißig, aber nichts passiert. Doch kurz darauf sehen wir auf einem der Computerbildschirme einen kleinen Lichtpunkt: Der Lichtstrahl von ARTEMIS scheint auf uns herab. Die Computer schicken den Befehl hinauf, die Suchbewegung einzustellen, und der Lichtpunkt verharrt regungslos. Wir eilen aus dem Kontrollraum hinaus in den Kuppelbau, in dem das gewaltige Teleskop steht. Es ist in einem steilen Winkel auf den Himmel ausgerichtet.

»Sollten wir den von ARTEMIS kommenden Lichtpunkt sehen können?«, frage ich.

»Nicht ganz«, antwortet Zoran. »Für uns ist das Licht nicht sichtbar, weil es infrarot ist, eine Farbe, die unsere Augen nicht wahrnehmen können.«

Er reicht mir ein Infrarotsichtgerät, das genau wie ein Fernglas aussieht. Es funktioniert wie eine Digitalkamera, insofern es das infrarote Bild, das es empfängt, in ein Bild auf dem Bildschirm umwandelt, das das menschliche Auge sehen kann. Und schwupp – da ist er, der Punkt, der von ARTEMIS kommt. Dieses Licht, von Menschen erzeugt, erreicht uns aus einer Entfernung von über fünfunddreißigtausend Kilometern!

Später machen wir den Champagner auf und feiern die gelungene Verbindung zum Satelliten. Das ist genau die Technik, mit der wir bei künftigen Experimenten zur Verschränkung und Quantenteleportation arbeiten wollen. Wir denken daran, eines Tages einen Satelliten zu starten, einen Quantennachfolger von ARTEMIS der nächsten Generation, der eine Quelle für verschränkte Photonen ins All befördern soll. Dort könnte man ein solches Gerät für viele verschiedene Experimente nutzen.

Eine große Herausforderung wäre es, mit ihm den Quantenzustand eines Photons vom Satelliten zur Erde zu teleportieren. Die Grundidee ist dabei eine ganz ähnliche wie bei den oben erörterten Experimenten. Die Umsetzung wird jedoch weit schwieriger sein, da die Geräte an Bord eines Satelliten auf keinen Fall versagen dürfen. Defekte Geräte in einem Satelliten zu reparieren würde schwierig bis unmöglich sein, und daher sind hier sehr hohe Maßstäbe anzulegen.

Wir verbringen die Nacht mit weiteren Testmessungen, die alle positiv verlaufen. Am nächsten Morgen bei der Rückfahrt zum Flughafen heitere Gesichter. Wir haben es mit eigenen Augen gesehen: Das Experiment »Photonenverschränkung über Satelliten« ist im Prinzip machbar. Viele Jahre interessanter wissenschaftlicher Arbeit liegen vor uns.

Der Wagen verlässt das vulkanische Plateau des Teide, und wir gelangen nach der Durchquerung der Pinienwälder wieder in die moderne Welt der von Touristen überquellenden Badeorte an der Küste dieser schönen Kanareninsel.

FAQs

Der Autor hat zahlreiche Fragen über das Internet erhalten. Hier eine Auswahl von Fragen, die immer wieder gestellt werden.

Frage von Benny aus Waitakere, Neuseeland:
Ich habe im Fernsehen Ihr Teleportationsding gesehen. Klingt cool… Aber es befördert nicht wirklich Menschen, oder? Materie wird ja nicht übertragen, nur die Information. Bin ich dann noch derselbe?
Antwort: Die Frage trifft tatsächlich den Nagel auf den Kopf. Wir übertragen eindeutig nur die Information, die ein Photon trägt, auf ein anderes Photon. Es hat den Anschein, als würden wir das Original eigentlich nicht transportieren.

Die Teleportation von Menschen ist und bleibt Science-Fiction.

Die Materie, aus der ein Objekt besteht, ist im Grunde nicht wichtig. Unser Körper tauscht ständig Materie aus, nämlich Atome, die wir in Form von Nahrung zu uns nehmen oder ein- und ausatmen. Fortwährend werden irgendwo in unserem Körper Atome durch andere Atome ersetzt. Doch an uns als Personen ändert dieser Austausch überhaupt nichts.

Was zählt, ist ausschließlich die Information. Die in einem System enthaltene Information bestimmt seine Identität, seinen originalen Charakter. Das teleportierte Teilchen trägt daher die volle Information des Originals. Es ist daher das Original, auch wenn es nicht aus derselben Materie besteht.

Frage von Chuck aus Greenville, North Carolina, USA:
Würde man nach einer Teleportation noch derselbe sein? Ich frage mich, was bei der Teleportation mit der Seele oder dem Geist geschieht. Ich weiß nicht, ob Sie uns Menschen rein materiell definieren, aber falls es eine Seele gibt, was geschieht mit ihr?
Antwort: Damit haben Sie ins Schwarze getroffen: Was ist das, die *Seele*?

Die moderne Wissenschaft neigt zu der Annahme, dass die Seele nichts Separates ist, sondern ein kompliziertes Merkmal einer komplizierten Anordnung von Atomen, die man das Gehirn nennt. Wenn das stimmt, wird auch unsere Persönlichkeit von der spezifischen Anordnung der Atome im Gehirn bestimmt.

Was würde also mit der Seele passieren, wenn diese komplizierte Anordnung von Atomen, unser Gehirn, teleportiert würde? Sie würde natürlich auch teleportiert werden. Man könnte sogar sagen, dass *nur* die Seele teleportiert wird, weil nur Information übertragen wird.

Frage von Saskia aus Innsbruck, Österreich:
Ich finde das Thema äußerst faszinierend. Aber ich möchte wissen: Was passiert mit dem originalen Photon A, nachdem sein Zustand auf Photon B »teleportiert« wurde?
Antwort: Das ist eine gute Frage. Das originale Photon ist verschränkt worden. Aber was bedeutet das? Es bedeutet nur, dass es keine individuellen Eigenschaften mehr hat. Es ist ein Photon ohne Eigenschaften, ein Etwas ohne bestimmte Merkmale. Seine Eigenschaften wurden alle übertragen. Überdies wurde es im Detektor gemessen und ist dadurch verschwunden. Was würde das nun bedeuten, wenn die Teleportation von Menschen eines Tages ins Auge gefasst oder gar funktionieren würde? Das weiß keiner.

Frage von Serge aus Paris, Frankreich:
Ist die Teleportation nicht einfach Quantenfaxen?
Antwort: Auf den ersten Blick könnte es so aussehen, denn was übertragen wird, ist letzten Endes nur Information. Es gibt aber einen bedeutenden Unterschied: Es ist ein fundamentales Gesetz,

dass Quantenzustände sich nicht klonen lassen. Faxen würde jedoch bedeuten, an einem weit entfernten Ort einen Klon herzustellen. Die Quantenteleportation umgeht sogar dies, indem sie das Original verschränkt und dadurch das Original ohne irgendwelche Merkmale zurückbleibt.

Frage von Christian aus Bath, England:
Es wäre sehr interessant, die Quantenverschränkung als Kommunikationsmittel für das interplanetare Internet zu untersuchen. Verstehen wir eigentlich genug von der Quantenmechanik, die ja eine brauchbare theoretische Grundlage für die Technik darstellt, um an solche Geräte als Grundlage eines interplanetaren Netzes zu denken?
Antwort: Genau daran arbeiten wir gerade. Der nächste Schritt wird die Quantenkommunikation mittels Satelliten sein. Vielleicht werden wir eines Tages ein Photon oder etwas in diesem Sinne von einem Satelliten hinunter zu einer Bodenstation teleportieren. Doch im Prinzip ist Ihr Vorschlag machbar. Es spricht nichts dagegen, die Quantenteleportation eines Tages für die Kommunikation zu nutzen, auch im All.

Frage von Joanna aus San Francisco, Kalifornien:
Selbst wenn alles andere funktionieren würde, würde bei der Teleportation von Menschen nicht die Menge an Daten für den klassischen Kanal die Grenzen des technisch Machbaren übersteigen?
Antwort: Stimmt, das ist ein echtes Problem. Ich nenne mal ein paar Zahlen: Der Mensch besteht aus rund 10^{28} Atomen (plus/minus einen Faktor zehn oder so). Nimmt man die relative Anordnung der Atome hinzu, brauchen wir wahrscheinlich mindestens zehnmal mehr Bits an Information. Alice' Bellzustandsanalysator spuckt also 10^{29} klassische Bits aus. Bei der heutigen Technologie könnte man mit etwas Fantasie annehmen, dass wir pro Sekunde ein Terabit (tausend Gigabit) senden können. Dann würden wir für die Übertragung der Information 10^{17} Sekunden benötigen, was mehr als einer Milliarde Jahre entspricht. Schon für die Abwicklung der klassischen Daten wären also ein paar anständige technische Durchbrüche erforderlich.

Frage von Brad aus Tucson, Arizona:
Ich bin so enttäuscht... Anton Zeilinger kommt zu dem Schluss, dass »die Teleportation von Menschen unmöglich ist«. Warum sollte das nicht möglich sein bei einer Gattung, die im großen Plan des Universums nicht mehr als ein einzelliges Wesen ist...

Man kennt doch die dummen Sprüche, früher hatten Physiker ja auch behauptet: Hummeln können nicht fliegen, und die Raumfahrt ist ein Witz.

Antwort: Jemand soll einmal Folgendes gesagt haben:

Wenn dir ein einigermaßen berühmter Wissenschaftler sagt, dass etwas in Zukunft möglich sein wird, hat er wahrscheinlich Recht.

Wenn dir derselbe Wissenschaftler sagt, dass etwas unmöglich sein wird, hat er wahrscheinlich Unrecht.

Hoffen wir das Beste.

Ausblick

Während dieses Buch fertig gestellt wird, laufen die Experimente weiter. Wenn Sie, liebe Leserin, lieber Leser, dieses Buch in der Hand halten, gibt es wahrscheinlich schon wieder Neues zu berichten.

Die Vorbereitungen zu Weltraumexperimenten haben schon begonnen. So läuft etwa ein Experiment mit Hilfe des Teleskops der Optical Ground Station (OGS) auf Teneriffa, das wir auf Seite 326 besucht hatten. In dem Experiment befindet sich eine Messstation auf der Insel La Palma und die andere auf Teneriffa. Die beiden Messstationen sind also 144 Kilometer voneinander entfernt. Natürlich ist es extrem schwer, über so große Entfernungen noch einzelne Photonen aufzufangen. Das Experiment wird natürlich in der Nacht durchgeführt und war nur aufgrund der hervorragenden Eigenschaften des großen Spiegelteleskops der OGS möglich.

In einem parallelen Experiment wird ein ähnliches Spiegelteleskop in Matera in Süditalien verwendet. Hier senden wir einen schwachen Lichtimpuls zu einem Satelliten, der aus lauter Spiegeln besteht. Ziel ist es, die zurückgeworfenen Photonen auf der Erde wieder nachzuweisen. Dabei soll der hinausgeschickte Lichtpuls schließlich so schwach gemacht werden, dass unten nur mehr einzelne Photonen detektiert werden. Beide Experimente gemeinsam werden endgültig zeigen, dass Quantenkommunikation mit Satelliten technisch möglich ist. Dann ist der Weg dafür offen, eine speziell dafür designierte Quelle auf einem Satelliten oder auf der internationalen Raumstation ISS zu stationieren, was faszinierende neue Möglichkeiten eröffnet.

Von ganz besonderem Interesse ist die Frage, wie die Entwicklung des Quantencomputers weitergehen wird. Es gibt sehr viele Gruppen weltweit, die daran arbeiten. Die einen setzen auf einzelne Atome oder Ionen als die Träger der Information, andere arbeiten daran, die Siliziumtechnologie bestehender Computer so zu modifizieren, dass man einzelne Quantenbits kodieren und verarbeiten kann. Wieder andere Gruppen versuchen sich mit kleinsten, supraleitenden Elementen, und so weiter und so fort. Es ist unmöglich, abzusehen, welche dieser Technologien sich durchsetzen werden. Es kann auch durchaus so sein, dass wir heute noch gar nicht an der endgültigen Quantentechnologie arbeiten. Vielleicht sieht diese ganz anders aus, als wir es uns heute vorstellen. Es entstehen ja immer wieder neue Ideen, die faszinierende Ausblicke eröffnen.

Eine solche faszinierende neue Idee ist die des Ein-Weg-Quantencomputers, die wir bereits kurz erwähnt hatten. Das wirklich Faszinierende daran ist, dass er nach einem grundlegend anderen Prinzip funktioniert als alle anderen Quantencomputer, ja sogar als alle anderen Computer. Einen bestehenden Computer füttert man auf einer Seite mit dem Input, dem Rechenproblem, und bekommt am anderen Ende das Rechenresultat heraus. Dies gilt für unsere normalen Computer des täglichen Lebens bis hin zu den Quantencomputern.

Prinzipiell ganz anders funktioniert der Ein-Weg-Quantencomputer. Hier startet man mit einem sehr komplexen verschränkten Zustand vieler Quantenbits. Dieser Zustand ist so reich, dass er alle Lösungen aller Probleme, die man bearbeiten möchte, bereits in sich enthält. Die Rechnung funktioniert nun nicht so, dass der Computer den Input abarbeitet, sondern zur Lösung eines bestimmten Problems misst man eines dieser Quantenbits. Durch diese Messung werden die anderen Quantenbits von einem hochgradig verschränkten Zustand in einen neuen Zustand gebracht, der noch immer verschränkt ist, aber bereits Information über die erste Messung enthält. Dann folgt eine weitere Messung an einem anderen Quantenbit und so weiter und so fort. Wenn alle vorgesehenen Messungen durchgeführt sind, bleiben ein paar verschränkte Quantenbits übrig, und diese enthalten das Resultat der

Rechnung! Durch diese fortgesetzten Messungen an einzelnen Quantenbits wird also der verschränkte Zustand in die Richtung des Messresultats getrieben. Der Ein-Weg-Quantencomputer erinnert irgendwie an den Aufsatz der *Bibliothek von Babel* des argentinischen Autors Jorge Luis Borges. Diese Bibliothek von Babel besteht aus allen Büchern, die je geschrieben wurden, und aus allen Büchern, die je noch geschrieben werden. Wie ist so etwas möglich? Ganz einfach. Diese Bibliothek enthält Bücher mit allen nur denkbaren Kombinationen von Buchstaben. Sie enthält also dieses Buch. Dann enthält sie alle Exemplare dieses Buchs mit einem Druckfehler, alle Exemplare dieses Buchs mit zwei Druckfehlern und so weiter und so fort. Es ist also letztlich eine sinnlose Bibliothek, denn das richtige Buch zu finden ist ein unglaublich aufwendiges Unterfangen.

In einem gewissen Sinn ist der Quantenzustand, mit dem der Ein-Weg-Quantencomputer beginnt, so etwas wie diese Unendliche Bibliothek. Der Quantenzustand enthält alle möglichen Rechenresultate, und durch Beobachtung zwingt man ihn, letztendlich das richtige Resultat herzuzeigen. Diese vollkommen neue Idee, wie ein Computer funktioniert, ändert grundlegend unsere Vorstellungen darüber, was Rechnen bedeutet.

Vielleicht gibt es in der Zukunft auch einmal ein Quanteninternet, ein weltweites Netz von Quantencomputern, die untereinander mittels Teleportation Information austauschen. Ein solches Quanteninternet wäre gleichzeitig sicher gegen jedweden Abhörversuch. Ob Quantencomputer überhaupt einmal alle heutigen Computer ablösen werden, ist eine gute Frage. Es gibt aber keinen grundsätzlichen Grund, warum dies nicht doch einmal der Fall sein sollte.

Eine Frage, die heute schon zu hitzigen Debatten führt, ist die, ob die Quantenphysik in unserem Gehirn eine Rolle spielt. Die allgemeine Meinung ist, dass dies nicht der Fall sein kann, da im Gehirn ja nicht die idealen Bedingungen vorherrschen, die bisher für den Nachweis von Quantenphänomenen Voraussetzung waren. Damit diese auftreten können, muss ein System ja von der Umgebung sehr gut isoliert sein, denn jede Störung von außen zerstört das Quantenphänomen, das man beobachten will. So war dies etwa beim Doppelspalt: Jede Störung des Teilchens, das durch den Doppelspalt durchgeht, zerstört die Interferenzen. So ist es bei der Verschränkung: Störungen eines der beiden Teilchen kann die Verschränkung sehr leicht kaputtmachen. Im Gegensatz dazu sind unsere Nervenzellen im Gehirn sozusagen in einer warmen Suppe eingebettet und keineswegs von der Umgebung isoliert.

Ganz ausgeschlossen ist es jedoch nicht, dass die Quantenphysik in unserem Gehirn doch in irgendeiner Form zur Anwendung kommt. Der Grund dafür, dass die Frage wieder offen ist, kommt aus den Quantencomputern selbst. Dort hat man nämlich entdeckt, dass es selbst in einem Quantencomputer, wo eine stärkere Wechselwirkung der einzelnen Quantenbits untereinander herrscht, möglich ist, Information in einer gegen Störung sehr robusten Weise zu speichern. Dies könnte etwa so sein, dass mehrere Quantenbits durch eine Störung von außen auf gleiche Weise geändert werden, so dass die Beziehung untereinander, die der eigentliche Träger der Information ist, dadurch nicht gestört wird. Aber das ist natürlich heute Spekulation, oder anders gesagt, es wäre ein hochinteressantes Forschungsprogramm, zu untersuchen, ob Zufall oder Verschränkung in unserem Gehirn eine wichtige Rolle spielen. Ob uns solche Fragen allerdings der Lösung der Frage des Bewusstseins näher bringen, ist offen. Die Fragen »Was ist Bewusstsein? Wird es je Maschinen geben, die Bewusstsein tragen? Wie können wir herausfinden, ob ein System Bewusstsein trägt?« sind Fragen, die nur sehr schwer zu beantworten sind.

Am wichtigsten und interessantesten sind wohl die weltanschaulichen Konsequenzen der Quantenphysik. Wir haben in diesem Buch einige der Anschauungen gesehen, die nicht funktionieren. Wir haben etwa gelernt, dass die Vorstellung, die Welt sei in ihren Eigenschaften unabhängig von uns, und wir beobachten sie nur passiv, falsch ist. Der österreichische Physiker Wolfgang Pauli hat gemeint, dass diese Vorstellung eines von der Welt losgelösten Beobachters nicht mehr funktioniert. Ein losgelöster Beobachter wäre etwa so wie der Zuschauer, der sich ein Theaterstück ansieht. Die Frage, ob er zusieht oder nicht, beeinflusst überhaupt nicht das Geschehen auf der Bühne.

Wir haben dagegen aber gelernt, dass der Beobachter durch Auswahl der Beobachtungsinstrumente, durch Auswahl der Messinstrumente, sehr großen Einfluss nehmen kann. Er kann durch seine Messinstrumente nicht nur das beobachtete System beeinflussen. Das ginge ja noch. Wir haben aber gelernt, dass er sogar durch Auswahl des Messinstruments entscheiden kann, welche Eigenschaften von Quantensystemen Wirklichkeit werden. Es ist nicht nur so, dass die Beobachtung das Beobachtete stört. Es ist vielmehr so, dass die Beobachtung die dann beobachteten Eigenschaften eines Systems realisiert.

Wir hatten weiters gelernt, dass die Weltansicht des lokalen Realismus nicht haltbar ist. Dies war die Ansicht, dass das, was wir beobachten, in irgendeiner Form einer wirklichen Eigenschaft der Systeme entspricht, die vor und unabhängig von der Beobachtung existiert. Weiters vertritt der lokale Realismus die Auffassung, dass es keine instantanen Fernwirkungen gibt, dass das, was wir hier beobachten, unabhängig davon ist, was gleichzeitig jemand anderer, weiter weg, tut: ob er eine bestimmte Messung an einem weit entfernten Teilchen durchführt, welche Messung er durchführt oder ob er überhaupt nichts macht.

Wir hatten weiters gelernt, dass in der Quantenwelt eine neue Form des Zufalls herrscht. Das einzelne Beobachtungsergebnis ist rein zufällig, ohne eine verborgene Ursache. Es ist nicht nur so, dass wir nicht wissen, was die Ursache wäre, sondern es ist vielmehr so, dass wir sehr gute Gründe für unsere Ansicht, dass es keine Ursache gibt, haben. Das ist wohl die faszinierendste Konsequenz der Quantenphysik. Jahrhunderte naturwissenschaftlichen Forschens, Jahrhunderte des Suchens nach den Ursachen und Erklärungen der Dinge führen uns plötzlich an eine Wand. Plötzlich gibt es etwas, das wir nicht mehr erklären können, nämlich das Ergebnis in einem einzelnen quantenphysikalischen Experiment. Die Welt, wie sie zum jetzigen Zeitpunkt beschaffen ist, determiniert nicht eindeutig die Welt in ein paar Sekunden, in ein paar Minuten, in ein paar Jahren. Die Welt ist offen. Wir können nur Wahrscheinlichkeiten dafür angeben, welche Ereignisse auftreten können. Da dies aber nicht nur mikrophysikalische Ereignisse sind, beschränkt sich dieser Zufall nicht nur auf die Welt der kleinsten Teilchen. Sie betrifft natürlich auch Dinge, die wir direkt beobachten können, denn mit einem einzigen Quantenereignis können wir sehr viel auslösen. Es muss ja nicht gleich eine Bombenexplosion sein.

Während wir also hier gelernt haben, welche Auffassungen nicht mehr möglich sind, nämlich die eines Realismus, die einer lokalen Welt, die einer von uns unabhängigen Welt, die einer vorhersagbaren, deterministischen Welt, ist es offen und noch nicht geklärt, wie eine neue Weltansicht auszusehen hat.

Es gibt allerdings drei hochinteressante Beobachtungen. Ein neues Weltbild wird drei Eigenschaften der Welt, die in Quantenexperimenten offenbar eine Rolle spielen, in irgendeiner Form in sich einbauen müssen. Die ersten beiden haben mit Freiheit zu tun. Der Zufall des quantenmechanischen Einzelereignisses kann interpretiert werden als die Freiheit der Natur uns die Antwort zu geben, die ihr beliebt. Da das Messresultat in keiner Weise festgelegt ist, auch nicht in verborgener Weise, heißt dies, die Natur ist nicht festgelegt, auch nicht in einer verborgenen Weise.

Die zweite wichtige Eigenschaft der Welt, die wir implizit immer wieder angenommen haben, ohne dass wir sie ausgesprochen haben, ist die Freiheit des menschlichen Beobachters. Dies ist die Freiheit in der Wahl, welche Messung durchgeführt wird. Alice und Bob konnten in ihrem Experiment ja die Schalterstellung wählen, die ihnen beliebte. Es war offenbar eine Grundannahme, dass sie bei dieser Wahl in keiner Weise beeinflusst werden. Diese Grundannahme ist ganz zentral für die naturwissenschaftliche Vorgehensweise. Wäre sie nicht gültig, wäre es sinnlos, in einem Experiment Fragen an die Natur zu stellen, da diese ja von der Natur selbst determiniert wären, und es wäre sinnlos, Naturgesetze aufzustellen.

Diese beiden Elemente der Freiheit sind also wesentliche Elemente unseres Weltbildes. Es gibt aber noch ein drittes Element, das genauso wichtig ist. Dies ist der Begriff der Information. Die Information spielt auf vielfältige Weise in der Quantenphysik eine fundamentale Rolle, die ebenso über das hinausgeht, was in der klassischen Physik galt. In der klassischen Physik ist das Bild wieder das des losgelösten Beobachters. Die Welt existiert an sich in all ihren Eigenschaften unabhängig von uns, und die Information, die wir beziehen, erhalten wir eben *als unbeteiligte Zuschauer*.

Ganz anders in der Quantenphysik. Wir hatten gelernt, das beim Doppelspaltexperiment das entscheidende Kriterium ist, ob in irgendeiner Form Information vorliegt, welchen Weg ein Teilchen genommen hat, den einen Spalt oder den anderen Spalt. Wenn diese Information als Möglichkeit nirgends vorhanden ist, gibt es Interferenzen. In anderen Worten, wenn sich die Information darüber, welchen Weg das Teilchen genommen hat, irgendwo befindet, verschwinden die Interferenzen, und dies ist unabhängig davon, ob wir von dieser Information Kenntnis nehmen oder nicht. Es ist also Information im Sinne von etwas wissen können, im Sinne von eine Aussage über die Welt treffen können, etwas über die Welt sagen können.

Offenbar hat das, was wir im Prinzip über die Welt sagen könnten, einen wesentlichen Einfluss darauf, was Wirklichkeit ist. Ähnlich war es bei den Teleportationsexperimenten. Dort war auch der zentrale Begriff die Information. Der Quantenzustand ist ja nichts anderes als Information, die teleportiert wurde. Offenbar spielt das, was wir über die Welt sagen könnten, eine wichtige Rolle nicht nur bei der Formung des Bildes, das wir von der Welt haben, sondern auch eine wichtige Rolle dabei, was Wirklichkeit sein kann, was sich im Experiment über das Messergebnis als Wirklichkeit manifestiert.

Wir haben hier eine andere wichtige Beobachtung zu machen. Das ist die, dass die Konzepte *Wirklichkeit* und *Information* nicht voneinander getrennt werden können. Es ist hier auch nicht möglich, die Wirklichkeit überhaupt zu denken, ohne gleich über das nachzudenken, was wir von der Wirklichkeit wissen. Aus der Geschichte der Physik haben wir gelernt, dass es immer wieder sehr erfolgreich war, Trennungen von Konzepten aufzugeben, die wir in Experimenten in keiner Weise trennen können. Bei der Trennung der Begriff *Information* und *Wirklichkeit* handelt es sich offenbar um ein solches Begriffspaar.

Es ist nun klar, warum Albert Einstein die Quantenphysik kritisieren musste, warum er Verschränkung als »spukhaft« bezeichnete. Sein Bild einer real, faktisch existierenden Wirklichkeit, die in ihren wesentlichen Eigenschaften unabhängig von uns ist, diese Trennung von Wirklichkeit und Information ist offenbar nicht haltbar.

Unsere Welt ist also einerseits freier, als dies die klassische Physik zugelassen hat. In diese Welt sind wir als Beobachter aber auch stärker eingebettet, als dies dort der Fall war.

Nachwort

Herrlicher Frühling ist es auf den Kanaren, die Jahreszeit, in der alles wächst und gedeiht und die Luft mit millionenfachem Blütenduft erfüllt ist. Alice und Bob treffen sich nach all den Jahren, um über die alten Zeiten und das schöne Projekt zu sprechen, an dem sie mit Professor Quantinger gearbeitet haben. Sie hörten, es seien neuere Experimente auf den Inseln Teneriffa und La Palma durchgeführt worden. Zunächst sind sie zu Teneriffas vulkanischem Krater Teide hochgestiegen, um die Optical Ground Station (OGS) zu besichtigen. Dieses Teleskop war an frühen Tests der Quantenkommunikation über die Entfernung von 145 Kilometern zwischen Teneriffa und La Palma beteiligt. Das hat sich, wie seit vielen Jahren geplant, als ideales Testfeld für die Weltraum-Quantenkommunikation erwiesen.

Als sie aus der Seilbahn steigen, werden sie wieder von Professor Quantinger erwartet, der ihnen die Geschichte erzählt, da Alice und Bob seit jenen frühen Tagen nicht mehr an Quantenexperimenten mitgewirkt haben.

»Wie ihr wisst«, sagt Professor Quantinger, »plante ich seit Anfang der 2000er Jahre, einen Satelliten in den Orbit zu bringen, der eine weltweite Quantenkommunikation ermöglicht. Diese Pläne umfassten satellitengestützte Quantenkryptographie zwischen zwei beliebigen Orten auf der Erde und ebenso Quantenteleportation.«

»Das hört sich faszinierend an!«, ruft Alice aus. »Ich nehme an, Sie haben inzwischen schon einen Satelliten hochgeschossen?«

»Leider ist die Geschichte nicht so einfach«, erwidert Professor Quantinger. »Ich hatte nicht viel Erfolg mit dem Versuch, genügend Kollegen und Teams zu überzeugen, um ein ernsthaftes europäisches Quanten-Satellitenprogramm in die Wege zu leiten. Doch überraschenderweise rief mich eines Tages Jian-Wei Pan, ein ehemaliger Student von mir, aus China an. Er berichtete, seine Gruppe habe beschlossen, einen Satelliten hochzubringen, und bot mir an, mich zu beteiligen.«

»Gab es da nicht Sicherheitsprobleme«, fragt Bob, »bei einer solchen Zusammenarbeit?«

Professor Quantinger sagt: »Überhaupt nicht. Wir haben ganz klar entschieden, dass alle Ergebnisse veröffentlicht werden könnten.«

Dann erzählt er, was geschah.

Die chinesische Gruppe entwickelte den Quantensatelliten Micius – oder Mozi, benannt nach einem chinesischen Philosophen (470-391 v. Chr.), der etwa zur selben Zeit wie Aristoteles, der berühmte griechische Philosoph, lebte. Mozi hat beispielsweise als Erster nachgewiesen, dass sich Licht geradlinig fortbewegt, ein Ergebnis, das von großer Bedeutung für die optische Kommunikation ist.

Die österreichische Gruppe war für die europäische Bodenstation verantwortlich, die die Signale von Micius empfing, während die chinesischen Kollegen für die Bodenstationen in China zuständig waren. Die Hardware und Software für die europäischen und für die chinesischen Bodenstationen wurden unabhängig entwickelt. In Europa lag eine Station in der Nähe von Graz. Sie war mit einem Teleskop ausgerüstet, das zum Verfolgen von Satelliten, besonders von Raumschrott, entwickelt worden war. Die andere von den Europäern betriebene Station war die OGS auf Teneriffa.

Der Satellit wurde am 16. August 2016 vom Kosmodrom Jiuquan in der Wüste Gobi gestartet. »Man hatte mich eingeladen, dem Ereignis beizuwohnen«, sagt Professor Quantinger. »Der Start fand mitten in der Nacht statt, ich stand nur ein paar hundert Meter von der Rakete entfernt im Freien. Der Countdown, natürlich auf Chinesisch, war überall zu hören, und das Dröhnen der gezündeten Raketentriebwerke war ohrenbetäubend. Der Abgasfahne des Satelliten mit eigenen Augen zu folgen und zu wissen, dass ein Teil der Ausrüstung an Bord auf unserer früheren Forschungsarbeit beruhte, war natürlich eine Riesenfreude. Kurz darauf erfuhren wir, dass der Satellit problemlos den ersten Orbit erreicht und bereits die Verbindung zur Bodenstation hergestellt hatte.«

»Ich wünschte, wir hätten dort sein können. Das hört sich sehr eindrucksvoll an«, sagt Bob.

Scherzend erwidert Alice: »Vielleicht sollten wir ein eigenes Satellitenprogramm beginnen, damit wir das sehen können?«

Die Kommunikation zwischen Micius und den Bodenstationen findet auf die gleiche Weise statt wie die oben beschriebene Kommunikation zwischen ARTEMIS und OGS. Micius sendet grüne Laserstrahlen nach unten, und die Bodenstation schickt rote Laserstrahlen nach oben, um seine Position mitzuteilen, und die Bodenstation schickt rote Laserstrahlen nach oben, damit Micius sie finden kann.

Die Ausrichtung des grünen Lasers ist sehr genau. Wenn er beispielsweise die OGS erfasst, kann man sehr schön sehen, wie sich der grüne Fleck über den Himmel bewegt. Geht man aber nur zwanzig Meter zur Seite, verschwindet der Punkt.

Zunächst führten die Chinesen alle Tests durch und rüsteten die chinesischen Bodenstationen mit Quantenkryptographie aus.

Für die erste interkontinentale Quantenkommunikation entschied man sich für die Station in der Nähe von Graz und die Xinglong-Station in China, die 7600 Kilometer entfernt war. Auf diese Weise richtete man einen kryptographischen Schlüssel ein, mit dessen Hilfe dann am 29. September 2017 ein interkontinentales Videogespräch zwischen der österreichischen und der chinesischen Akademie der Wissenschaften verschlüsselt wurde.

Außerdem hatte die Gruppe um Jian-Wei Pan Quantenteleportation zwischen einer Bodenstation und Micius hergestellt. Und sie verteilte verschränkte Photonen an zwei verschiedene chinesische Bodenstationen, die 1500 Kilometer voneinander entfernt waren. In diesem Experiment beobachtete man eine Verletzung der Bell'schen Ungleichungen.

»War das Experiment frei von den Schlupflöchern«, ruft Alice aus, »auf die wir in unseren früheren Experimenten gestoßen sind?«

»Natürlich nicht«, erläutert Professor Quantinger, »das ging nicht in dem bahnbrechenden Experiment, das einen Entfernungsweltrekord aufstellte. Doch in den letzten paar Jahren zeigt sich eine Entwicklung, die die Schlupflöcher immer besser schließt.«

»Sind sie jetzt alle geschlossen?«, fragt Bob. »Ich weiß noch, dass es zwei Schlupflöcher gab, das Kommunikationsschlupfloch und das Detektionsschlupfloch.«

»Aber eigentlich gab es immer schon ein drittes Schlupfloch, welches erst in letzter Zeit die notwendige Beachtung fand. Es geht darum, dass die Wahl, welche Messung am jeweiligen Photon durchgeführt wird, vollkommen frei sein muss. Man nennt es daher das Wahlfreiheitsschlupfloch. Also noch ein wenig Geduld. Ich werde Ihnen die ganze Geschichte erzählen. Doch lasst uns rüber nach La Palma fahren, wo das letzte Experiment stattgefunden hat.«

Sie fahren zur Küste und stechen mit einem Tragflächenboot in See. Zunächst sind Alice und Bob vom Anblick der vielen Delfine und Bartenwale hingerissen, doch als sie genug gesehen haben, wenden sie sich wieder Professor Quantinger zu, der ihnen von den neueren Entwicklungen zu berichten beginnt.

»Sie erinnern sich vielleicht noch an den Stand der Dinge um das Jahr 2010. 1998 hatten die Experimente von Weihs in Innsbruck das Kommunikationsschlupfloch geschlossen. Dort wurden zwei verschränkte Photonen auf zwei Messstationen verteilt, die 300 Meter auseinanderlagen, und die Messung wurde an jedem der beiden Orte unabhängig von einem superschnellen Quantenzufallsgenerator entschieden. Auf diese Weise konnte sich keine Seite mit der anderen über die Messentscheidung verständigen.

Das Detektionsschlupfloch wurde von Rowe und Mitgliedern der Wineland-Gruppe geschlossen, wobei sie dicht gepackte Atome verwendeten. Dabei wies man fast alle verschränkten

Atome nach, und das Problem des Wahlfreiheitsschlupflochs wurde von Scheidl in einem Experiment auf den Kanarischen Inseln zufriedenstellend gelöst.

2015 führte man dann vier Experimente durch, die sowohl das Kommunikationsschlupfloch als auch das Detektionsschlupfloch schlossen. Das erste Experiment, das anschließend veröffentlicht wurde, führte Ronald Hansons Team in Delft mit 1200 Meter voneinander entfernten Farbzentren in Diamanten durch. Diese beiden Farbzentren wurden, wie oben beschrieben, durch den Austausch von Verschränkung (*entanglement swapping*) verschränkt.

Drei Photonenexperimente fanden statt, das eine in Wien, durchgeführt von Marissa Giustina, Marjin Versteegh und Sören Wengerowsky und Mitarbeitern, sowie am NIST in Boulder, Colorado, von Lynden Shalm in der Gruppe von Sae-Woo Nam und seinen Freunden, das andere in München von Harald Weinfurters Gruppe. Im Weinfurter-Experiment wurden zwei 396 Meter voneinander getrennte Atome mittels des Austauschs von Verschränkung erneut verschränkt. Auf diese Weise konnte das Detektionsschlupfloch geschlossen werden, weil sich der Zustand der verschränkten Atome sehr genau nachweisen lässt.

Bei den Experimenten in Wien und Boulder waren in beiden Fällen die verschränkten Photonen direkt nachweisbar. Um das Detektionsschlupfloch zu schließen, mussten mehr als drei Viertel der Photonen nachgewiesen werden. Dies war durch die Entwicklung der supraleitenden Photonendetektoren möglich geworden. Sie nutzen Metalle, die bei niedrigen Temperaturen keinen Widerstand haben. Die Absorption von nur einem Photon hebt die Supraleitfähigkeit auf, und der resultierende Widerstand lässt sich leicht aufzeichnen. In beiden Experimenten bestimmte wieder ein schneller Zufallsgenerator die Messrichtung der Polarisation über große Entfernungen und schloss auf diese Weise auch das Kommunikationsschlupfloch.

»Das Wiener Experiment fand in einer sehr ansprechenden Umgebung statt«, sagt Professor Quantinger lächelnd. »Wir hatten für das Experiment nach einem ruhigen und temperaturbeständigen Kellerraum in Wien gesucht. Gefunden haben wir ihn im zweiten Untergeschoss der kaiserlichen Hofburg. Malt euch ein modernes Quantenexperiment an einem Ort aus, wo etwa hundert Jahre zuvor feierliche Festakte des Habsburgerreichs stattfanden.«

»Zuvor waren diese Schlupflöcher einzeln in separaten Experimenten geschlossen worden«, erinnert Alice, »daher bestand noch immer die Möglichkeit, dass die Natur tatsächlich boshaft ist und in jedem Experiment die anderen Schlupflöcher benutzt, wenn sie nicht gleichzeitig geschlossen wurden.«

»Ja«, fährt Bob fort, »alle diese Schlupflöcher sind in allen Experimenten geschlossen worden, und das war's.«

»Nun, so klar ist das nicht, denn das Wahlfreiheitsschlupfloch beruht auf Annahmen in all diesen Experimenten«, wendet Professor Quantinger ein. »Zwar wurden überall Zufallszahlengeneratoren verwendet, die unabhängig voneinander waren, trotzdem konnte immer noch ein unbekannter, früherer Einfluss vorliegen, der beide Messentscheidungen bestimmte.«

»Aber wäre das nicht sehr seltsam?«, fragt Bob.

»Ja, im Prinzip lässt sich das nicht ausschließen. Es verlangt eine neue Physik«, sagt Alice.

»Ein solches Ereignis, das beide Wahlen beeinflusst, musste in der Vergangenheit beide Zufallszahlengeneratoren betreffen«, erklärt Professor Quantinger. »In den beschriebenen Experimenten könnte ein solches Ereignis vor dem Experiment auf weniger als eine Mikrosekunde beschränkt sein, eine millionstel Sekunde.«

»Aber wie lässt sich das verbessern? Was kann man machen?«, fragt Alice.

»Die Lösung«, sagt Professor Quantinger, »ist die Verwendung verschiedener Himmelsobjekte, deren Licht uns von sehr weit her aus entgegengesetzten Richtungen erreicht.

Ein erstes derartiges Experiment wurde in Wien durchgeführt. Dazu suchte man zwei Sterne in unserer Heimatgalaxie, der Milchstraße, aus, die zwischen 600 und 3600 Lichtjahre entfernt waren. So kam man darauf, die beiden fernen Sonnensysteme und die Fluktuationen des von diesen Sternen kommenden Lichts als Zufallszahlen zu wählen, die die Polarisationsmessung festlegten. Daher waren die beiden Sternenlichtquellen jetzt unabhängig voneinander unter der Voraussetzung, dass nichts sie früher, d.h. rund 1000 Jahre vor unserer Zeit, gemeinsam beeinflusst hatte. Im Prinzip konnte es noch immer einen unbekannten physikalischen Einfluss geben, der dafür sorgte, aber das wäre dann eine fantastische neue Physik, die vermutlich unsere Annahmen über Zeit und Raum verändern würde.

Folglich muss man noch weiter hinaus und nach Objekten suchen, deren Entfernung viel größer ist. Zu diesem Zweck wurden zwei Quasare ausgewählt, die an fast gegenüberliegenden Orten am Himmel waren, der eine 17,8 Milliarden Lichtjahre entfernt, der andere 12,2 Milliarden Lichtjahre. Man bedenke, dass es das Universum erst seit 14,6 Milliarden Jahren gibt, aber seither hat sich der Raum selbst ausgedehnt. Dieses Experiment war von einer seltenen technischen Schönheit. Beteiligt waren zwei Teleskope auf La Palma, beide mit rund 4 Metern Durchmesser, das italienische Telescopio Nazionale Galileo (TNG) und das britische William Herschel Telescope (WHT).«

Auf der Insel La Palma angekommen, gehen die drei an Land und fahren in einem Taxi die verschlungenen Straßen zum Gipfel hinauf, von wo aus sie einen schönen Blick auf auf die gesamte Versuchsanordnung des Bell-Tests haben. Sie gelangen zum Standort der Teleskope auf dem Roque de Los Muchachos. Dort gibt es ungefähr fünfzehn verschiedene Teleskope, und jedes dient einem anderen Zweck. Auch das gegenwärtig größte Einzelteleskop der Welt, das Gran Telescopio de Canarias (GRANTECAN), steht hier.

In der Nähe sehen sie das Nordic Optical Telescope; daneben befindet sich auf einer Plattform der Container mit der Quelle für die beiden verschränkten Photonen. Die Photonen wurden durch die Luft geschickt, das eine an das TNG und das andere an das WHT, beide von der Quelle rund 500 Meter entfernt.

Neben jedem Teleskop wurde die Polarisation jedes der beiden

Photonen gemessen. Die Polarisationsrichtung wurde durch die Fluktuationen des Lichts des jeweiligen Quasars festgelegt.

Tatsächlich veränderte sich das Quasarlicht ein wenig zum Rot oder zum Blau hin. War es röter, wurde eine Polarisation gewählt, war es blauer, die andere.

All dies geschah in so kurzer Zeit, dass keine Kommunikation schnell genug gewesen wäre, um der anderen Seite mitzuteilen, welche Messung gewählt wurde.

Dieses Experiment verlegte eine hypothetische gemeinsame Quelle um Jahrmilliarden zurück.

»Das ist einfach fantastisch, schwindelerregend!«, meint Bob. »Das ist ein Experiment, das die kleinsten Objekte im Universum, nämlich die Quantenteilchen, und das größte Objekt, das Universum selbst, umschließt.«

Lächelnd sagt Professor Quantinger: »Ich muss Ihnen gestehen, dass das tatsächlich einer meiner Beweggründe für dieses Experiment war.«

»Aber«, sagt Alice und lässt ihrer Fantasie freien Lauf, »könnten wir dann nicht ganz bis zum Urknall am Anfang des Universums zurückgehen?«

»Das ist tatsächlich die letzte verbleibende Herausforderung«, erwidert Professor Quantinger und lässt sich von ihrer Aufregung anstecken. »Aber leider ist das nicht so leicht.«

»Warum das?«, meint Bob. »Wir brauchen einfach größere Teleskope!«

»Das Problem liegt darin«, erklärt Professor Quantinger, »dass das Universum am Anfang ein glühend heißer Feuerball war, der sich rasch ausdehnte. Es ist, als ob man in die Sonne blickt, man sieht nur das Licht, das von der Oberfläche kommt, nicht das Zentrum. Heute können wir nur auf Licht blicken, das von dem expandierenden Universum kommt. Es gibt keine Möglichkeit, über dieses Licht hinauszusehen.«

»Wollen Sie damit sagen, dass wir heute das Glühen des Universums sehen?« fragt Alice. »Ich sehe nichts glühen, wenn ich zum Himmel aufblicke.«

»Nun ja, wegen der Expansion des Universums ist dieses Glühen abgekühlt, daher hat das Universum jetzt eine Temperatur von 2,7° Kelvin, das ist rund 3° über dem absoluten Nullpunkt. Diese Strahlung heißt kosmische Hintergrundstrahlung; sie kann durch Spezialteleskope auf der Erde und auf Satelliten nachgewiesen werden.«

»Warum können Sie nicht diese Hintergrundstrahlung im nächsten Experiment verwenden?«

»Ja«, sagt Professor Quantinger, »das würde uns in der Tat auf einen Zeitpunkt 300 000 Jahre nach dem Urknall zurückbringen.«

»Haben Sie vor, solche Experimente durchzuführen?«, fragt Alice. »Bitte lassen Sie mich das vorher wissen. Ich möchte furchtbar gern dabei sein.«

»Tatsächlich untersuchen wir, welche der vorhandenen Mikrowellenteleskope für unsere Experimente geeignet sein könnten, denn sie sind ja nicht für unser Projekt entwickelt worden.«

»Und können wir dann noch weiter zurückgehen?«, fragt Bob.

»Gewiss«, antwortet Professor Quantinger mit einem ironischen Lächeln, »aber damit betreten wir endgültig das Reich der Fantasie. Es gibt zwei Strahlungsarten, die tatsächlich aus dem Urknall stammen. Zum einen Neutrinos, sehr kleine neutrale Teilchen, und zum anderen Gravitationswellen. Doch heute hat noch niemand die leiseste Idee, wie man sie in unseren Experimenten verwenden könnte. Vielleicht hat irgendein gewitzter Mensch einmal einen Gedankenblitz, und dann geht es los.«

Mittlerweile dämmert es. Die Teleskope, von denen sie umgeben sind, öffnen ihre Kuppeln. Alice, Bob und der Professor bleiben noch eine Weile sitzen, bewundern das unabsehbare Sternemeer über ihren Köpfen und lassen sich von ihrer Fantasie davontragen.

»Ich möchte Ihnen noch von einem merkwürdigen Experiment berichten.« Professor Quantinger bricht das Schweigen und fährt fort: »Aber es wird kalt; gehen wir doch in die Cafeteria der Astronomen hinunter. Dort erzähle ich Ihnen eine interessante Geschichte.«

Sie holen sich alle ein Glas des ausgezeichneten einheimischen

Rotweins, und als sie sich gesetzt haben, nimmt Professor Quantinger den Faden wieder auf:

»Als es um die Schließung des Wahlfreiheitsschlupflochs in den kosmischen Experimenten ging, sprachen wir immer von der Nutzung eines physikalischen Zufallszahlengenerators, der sich entweder im Labor befand oder der uns von fernen kosmischen Quellen geliefert wurde.«

»Was könnte es sonst noch geben?«, fragt Alice.

»Nun«, meint Professor Quantinger nachdenklich, »anstelle eines physikalischen Prozesses könnte die Wahl auch von Menschen getroffen werden.«

»Oh, das wirft eine interessante Frage auf!«, meint Bob. »Wird das menschliche Gehirn, in dem die Entscheidungen gefällt werden, nicht auch von physikalischen Gesetzen bestimmt?«

»Das ist eine der ganz großen noch offenen Fragen«, erwidert Professor Quantinger, »aber schon John Bell selbst hat darauf hingewiesen, dass die Entscheidung der Menschen über die Frage, welche Experimente durchgeführt werden sollen, frei sein muss.«

»Oh ja, ich verstehe«, ruft Alice aus, »denn welchen Sinn hätte die physikalische Forschung, wenn die Entscheidung, welche Experimente vorgenommen werden, vorherbestimmt wäre?«

»Ich denke«, Bob wirft lächelnd ein, »dass jeder ein solches Experiment durchführen kann. Man nimmt einfach zwei Leute, setzt jeden auf eine Seite des Messgerätes und lässt sie einen Schalter umlegen.«

»Tatsächlich hat man die ersten Experimente, in denen keine Zufallszahlengeneratoren verwendet wurden, auf diese Weise durchgeführt«, erklärt Professor Quantinger. »Die Experimentatoren wählten aus, was zu messen war. Doch unlängst wurde ein sehr interessantes Experiment durchgeführt, an dem hunderttausend menschliche Beobachter beteiligt waren.«

»Wie bekommt man nur so viele Menschen in ein Labor?«, fragt Bob.

»Die Idee zu diesem Experiment hatte Morgan Mitchell in Barcelona. Die Menschen konnten die für das Experiment entwickelte Software auf ihre Smartphones herunterladen. Dann brauchten sie nur noch 0 oder 1 zu drücken, um eine, wie man hoffte, zufällige Zahl zu wählen.«

»Und wo wurde das Bell-Experiment durchgeführt?«, fragt Alice.

»Man hat weltweit dreizehn Experimente in zwölf verschiedenen Laboratorien vorgenommen. Insgesamt hunderttausend menschliche Beobachter erzeugten 10 Millionen Zufallszahlen, die über eine Cloud-Infrastruktur auf die dreizehn Experimente verteilt wurden.«

»Das hat sicher Spaß gemacht!«, sagt Bob, und Alice nickt zustimmend.

Sie fügt hinzu: »Wir würden nur zu gern mehr über das Experiment erfahren.«

»Sie können das alles noch auf ihrer Website lesen: thebigbelltest.icfo.eu.«, sagt Professor Quantinger. »Es gibt wahrscheinlich nicht viele Experimente, die 100 000 Teilnehmer hatten, sich über alle Kontinente erstreckten und interessante Ergebnisse von fundamentaler Bedeutung erzielten.«

***

»Es war fantastisch, dass wir Zufallszahlen von Menschen in der ganzen Welt erhielten! Der Big-Bell-Test brachte die Menschen in einem riesigen weltweiten Projekt zusammen.«
Quantum Optics and Information Laboratory, Griffith University, Brisbane

»In eine Zeitspanne von drei Monaten fielen 2015 unsere ersten Bell-Tests (ohne von Menschen erzeugte Zufallszahlen) und die Heirat eines unserer Wissenschaftler. So viel zum Thema Verschränkung!«
The Bell Test Machine, NIST, Boulder

»Eine der praktischen Anwendungen eines Bell-Tests ist die Garantie einer sicheren Kommunikation.«

Labor für Optoelektronik, Fachbereich Ingenieurwissenschaft, Universität Concepción, CEFOP-Concepción, Universität Sevilla, Universität Linköping, Universität La Sapienza, Rom

»Über vierzig Jahre experimentelle Entwicklung waren erforderlich, um schlüssige Tests der Bell'schen Ungleichung durchzuführen.«
Experimentelle Quantenphysik, Ludwig-Maximilians-Universität München, Max-Planck-Institut für Quantenoptik, Garching

Glossar

Bell'sches Theorem	Die Aussage, dass verschränkte Zustände, und damit die Quantenphysik, der Weltsicht des lokalen Realismus widersprechen.
Bellzustände	Die Polarisationen zweier Photonen können auf vier verschiedene Arten miteinander verschränkt sein. Dies sind die vier Bellzustände.
Heisenberg'sche Unschärfebeziehung	Quantenteilchen können nicht gleichzeitig einen wohldefinierten Ort und einen wohldefinierten Impuls besitzen. Zumindest einer von beiden muss unscharf sein.
Laser	Lichtquelle hoher Intensität. In einem Laserstrahl schwingt das Licht im Gleichtakt.
Lokaler Realismus	Die Annahme, dass unsere Beobachtungsergebnisse einer unabhängig von der Beobachtung existierenden Wirklichkeit entsprechen, in der es keine Fernwirkung schneller als mit Lichtgeschwindigkeit gibt.
Photonen	Elementarteilchen, aus denen das Licht besteht

Polarisation des Lichtes	Die Art und Weise, wie eine Lichtwelle schwingt.
Quant	Ursprünglich: Jedes atomare oder subatomare Teilchen. Heute: Jedes Einzelsystem, das Quantenverhalten zeigt.
Quantenteleportation	Übertragung des Quantenzustands, also der Eigenschaften eines Systems auf ein anderes, beliebig weit entferntes, mit Hilfe der Verschränkung.
Verschränkung	Nach der Quantenphysik können Teilchen so eng miteinander zusammenhängen, dass die Messung an einem den Zustand des anderen sofort beeinflusst. Von Einstein als »spukhaft« bezeichnet.
Welle-Teilchen-Dualismus	Photonen – und andere Teilchen – können als Welle oder Teilchen auftreten, je nach gewähltem Experiment.

Zum Weiterlesen und Weiterhören

Populärwissenschaftliche Bücher

Rovelli, Carlo: *Helgoland: Wie die Quantentheorie unsere Welt verändert.* Rowohlt, Hamburg, 2021.

Zeilinger, Anton: *Einsteins Schleier.* C.H. Beck, München, 2003; Goldmann, München, 2005.

Malin, Shimon: *Dr. Bertlmanns Socken. Wie die Quantenphysik unser Weltbild verändert.* Reclam, Leipzig, 2003.

Hörbücher

Zeilinger, Anton und Klaus Sander: *Spukhafte Fernwirkung. Die Schönheit der Quantenphysik.* supposé, Köln, 2005.

Planck, Max und Klaus Sander: *Wissenschaft und Leben.* supposé, Köln, 2005.

Einstein, Albert und Klaus Sander: *Verehrte An- und Abwesende!* supposé, Köln, 2003.

Schrödinger, Erwin und Klaus Sander: *Was ist Materie?* supposé, Köln, 2003.

Fachbücher

Golub, Robert und Steven K. Lamoreaux: *The Historical and Physical Foundations of Quantum Mechanics.* Oxford University Press, New York, 2023.

Bertlmann, Reinhold A. und Anton Zeilinger (Herausgeber): *Quantum [Un]speakables II: Half a Century of Bell's Theorem.* Springer, Berlin, 2016.

Heisenberg, Werner: *Die physikalischen Prinzipien der Quantentheorie.* Mit einer Einführung von Harald Fritzsch und einem Geleitwort von Anton Zeilinger. Hirzel Klassiker (weiße Reihe), Stuttgart, 2008.

Bertlmann, Reinhold A. und Anton Zeilinger (Herausgeber): *Quantum [Un]speakables, From Bell to Quantum Information.* Springer, Berlin, 2002.

Weiterführende Artikel

Zeilinger, Anton: »Einstein wusste, wovon er sprach«, Editorial, in: Physik in unserer Zeit 6, 2015.

Zeilinger, Anton: »Verschränkung – ein Quantenrätsel für jedermann«, in: *Aus den Elfenbeintürmen der Wissenschaft. 1. XLAB Science Festival.* Wallstein, Göttingen, 2005. (Veröffentlicht unter dem Pseudonym A. Quantinger)

Zeilinger, Anton, Gregor Weihs, Thomas Jennewein und Markus Aspelmeyer: »Happy Centenary, Photon«, in: Nature 433, 2005.

Zeilinger, Anton: »Quanten-Teleportation«, in: Spektrum der Wissenschaft, Juni 2000. Neuauflage: Sonderheft »Quantenphänomene«, Spektrum der Wissenschaft, 2003.

von Baeyer, Hans Christian: »In the beginning was the bit«, in: New Scientist, Februar 2001.

Zeilinger, Anton: »The Quantum Centennial«, in: Nature 408, 2000.

Zeilinger, Anton: »Light for the quantum. Entangled photons and their applications: a very personal perspective«, in: Physica Scripta 203, 1998.

Auf YouTube verfügbare Videos

Anton Zeilinger: Nobel Prize Conversations, 15.06.2023
https://www.youtube.com/watch?v=XzWd38AxmAM

Nobelpreis-Vortrag von Anton Zeilinger: Eine Reise durch die wunderbare Welt der Quanten.

Öffentlicher Vortrag im Audimax der Universität Wien, 25.01.2023

https://www.youtube.com/watch?v=fW4SwcMQYdA

Register

Personenregister

Seitenangaben in *Kursivdruck* verweisen auf Abbildungen und tabellarische Darstellungen, **halbfett** gesetzte Ziffern verweisen auf den Bildteil.

A

Achleitner, Ulrich 250
Aristoteles 107, 207
Aspect, Alain 277
Aspelmeyer, Markus 316

B

Bardeen, John 56
Bell, John 99, 102, 111, 179, 187–194, 196 f., 200–204, 206 ff., 210 ff., 212, 222 f., 227, 229 ff., 236, 252, 272–277, 285–288, *286*, *287*, 290 f., 293 ff., 300, *301*, 302 f., 305 f., 309, 312, 314, 319; **3**
Bennett, Charles H. 92 f., 268 f., 272 ff., 293; **5**
Berkeley, George 213
Bertlmann, Reinhold 192, *193*
Blatt, Rainer 313 f.
Bohm, David 189–192
Bohr, Niels 81, 86, 188, 234, 238, 241, 309 f.
Boltzmann, Ludwig *48*, 50
Bose, Satyendra Nath 258
Bouwmeester, Dik 298, 302; **14**
Brassard, Gilles 93, 268, 293; **5**
Braunizer, Ruth 243
Briegel, Hans 316
Broglie, Louis de 82, 84

C

Carnap, Rudolf 276
Cirac, Ignacio *308*
Clauser, John 275 ff.
Crépeau, Claude 93, 293; **5**

D

Dirac, Paul Adrien Maurice 188

E

Eibl, Manfred 298; **14**
Einstein, Albert 8 f., 15, 32 f., *34*, 43 f., 44–56, *48*, *51*, 53–57, 59, *60*, 80, 91, 93 f., *95*, 99, 111, 131, 147–176, 178, 184 f., 187, 189, 191, 195, 197–201, 208 f., 213, 215 f., 222, 226, 228, 234, 238, 241, 242 f., *244*, 245 f., 294 f., 303, 313, 340; **3**
Ekert, Artur 269, 302

F

Fermi, Enrico 258
Feynman, Richard 66, 138, 284
Freedman, Stuart J. 275, 276 f.
Fresnel, Augustin 40
Furry, Wendell 162

G

Gisin, Nicolas 226
Grangier, Philippe 277
Greenberger, Dan(ny, Daniel) 196, 293, 295 f.; **13**
Gropius, Walter 148

H

Haber, Fritz 148
Habicht, Conrad 44
Hallwachs, Wilhelm 50
Heisenberg, Werner 74 f., 80, 85–92, 102, 188, 191, 241, 312

Hong, Chung Ki 255, 257
Hooke, Robert 38
Horne, Mike 179, 276, 295 f., 302; **13**

J
Jauch, Josef Maria 189 f.
Jennewein, Thomas 250, 278
Jozsa, Richard 93, 293; **5**

K
Karas, Anton 22
Kimble, Jeff 313
Kochen, S. 208 f.
Kopernikus 196
Kwiat, Paul 297

L
Lewis, Gilbert Newton 44

M
Maazel, Lorin **1**
MacCready, Paul 29
Malus, Étienne Louis 121, *122*, 185 f.
Mandel, Leonard 255, 257 f.
Maria Theresia, Kaiserin (Österreich) 26
Martini, Francesco De 311
Mattle, Klaus 276, 298; **14**
Mermin, David 190
Michelson, Albert Abraham 42 f.
Millikan, Robert Andrews 54
Molden, Otto 242
Moore, Gordon 317
Moser, Simon 242
Mozart, Wolfgang Amadeus 239

N
Neumann, John von 190
Newton, Isaac 38

O
Okuda, Michael 90
Oseen, Carl Wilhelm 56
Ou, Zhe-Yu 255, 257

P
Pan, Jian-Wei 298, 302; **14**
Paracelsus 90
Pauli, Wolfgang 336
Perdiguez, Josep *324*
Peres, Asher 93, 293, 303; **5**
Petersen, Aage 310
Planck, Max 54, 74, 80, 240, 242
Podolsky, Boris 15, 93 f., 111, 146–176, 178, 187, 191, 195, 197–201, 294
Polzik, Eugene 313
Popescu, Sandu 311

Q
Quantinger (Professor) 61, 106–111, 117–134, 159, 162, 167, 186–214, 221–232, 234, 236, 238

R
Raussendorf, Robert 316
Resch, Kevin 316
Rosen, Nathan 15, 93 f., 111, 147–176, 178, 187, 191, 195, 197–201, 294
Rudolph, Terry 316

S
Schenck, Emmanuel 316
Schrödinger, Erwin 8, 15, 94, 148 f., 156, 162, 168, 188, 196, 204, 239–243, 322; **3**, **8**
Schumacher, Ben 268
Shimony, Abner 81, 192, 275
Simon, Christoph 278
Sodnik, Zoran *324*
Specker, E. 208 f.
Stapp, Henry 196
Strauß, Johann 13

U
Ursin, Rupert 14; **2**

V
Vedral, Vlatko 316
Verne, Jules 263

W
Walther, Philip 316
Warburg, Heinrich 148
Weihs, Gregor 169, 224 f., 231, 250, 278
Weinfurter, Harald 250, 278, 298, 302, 312; **14**
Welles, Orson 22
Wheeler, John Archibald 129
Wien, Wilhelm 49
Wiesner, Stephen 263–269, 275 f.
Wigner, Eugene 194, 201, 276
Wineland, David 231, 313 f.

Wootters, William K. 93, 266, 293; 5

Y
Young, Thomas 38 ff., *41*, 57, 61

Z
Zukowski, Marek 297, 302
Zoller, Peter *308*
Zurek, Wojciech Hubert 266

Sachregister

A
Algorithmen 245
Amplitude 20
Amplitudenmodulation 20
ARTEMIS 325–328
Äther, lichttragender 42
Atome 89, 97
Atomkern 71, *76*
Atomwolken 97

B
Baustein des Universums, Information 73
Bell'sche Ungleichung 111, 206 f., 210 ff., 227, 229 ff., 252, 275 ff., 293 f., 303, 305
– für Nichtphysiker 201–204
– Konsequenzen, philosophische 208
Bell'sches Theorem 187, 194 f., 236, 295
Bellzustand 272 ff., 290, 319
– Identifizierung/Identifikation 288, 312
Bell(zustands)messung (BSA) 99, 102, 285–288, *286*, *287*, 291, 293, 300, *301*, 302 f., 305 f., 309, 314
Beobachtungen 107 f.
Beobachtungsinstrumente, Messungen 337
Beschleunigung 31
Bootsbau 26
Bosonen 258, 262, 289 *siehe auch* Photonen
»Breadboard« 288, 290
BSA *siehe* Bell(zustands)messung
Buckyballs (Falterene) 319

C
CERN (europäische Organisation für Kernforschung) 188

D
Dampfmaschine 27
De-Broglie-Beziehung 84
detection loophole siehe Detektionsschlupfloch
Detektionsschlupfloch *(detection loophole)* 142, 230 f.
Doppelspalt(experiment)/-versuch *41*, 43, *60*, 255, 336, 339
Doppelspalt-Interferenzphänomen 57
down-conversion *siehe* Fluoreszenz, spontane parametrische
Down-Quark 72 f.
Drei-Teilchen-Verschränkung 293 *siehe auch* Verschränkung

E
Einstein-Gleichung 55
Einstein-Podolsky-Rosen-Arbeit (EPR-Arbeit) *150*, 196–200
– Bedeutungszuwachs nach Zitierungen *152*
–, Vortrag zur 146–176
Einstein-Podolsky-Rosen-Kanal (Quantenkanal) 93 f., 97, 102
»Einstein-Podolsky-Rosen-Paradoxon« 111, 195 f.
Ein-Weg-Quantencomputer *siehe* Quantencomputer
Einzelphotoneninterferenz 62
Elektronen 71 f., *76*, 81 f., 85, 89, 97, 258
– Fermionen 258
– Messung 87
– Quantenzustand 88
– Spin-Eigenschaften 264
El-Teide-Observatorium 325
Energieerhaltung, Gesetz der 279 f., 302
Entropie 49
EPR-Arbeit *siehe* Einstein-Podolsky-Rosen-Arbeit
EPR-Lokalitätsannahme 169 ff.
EPR-Realitätskriterium 156–168
Ergebnisse, verwirrende 183–187
Erhaltungssatz *siehe* Energieerhaltung, Gesetz der
Erkenntnistheorie 80 *siehe auch* Philosophie

Erneuerungsprozess, Leben 73
Experimente 106–115, 293–299, 311–316
– Ergebnisse, verwirrende (Alice/Bob) 183–187
–, erste 275–278
– Grundaufbau (Alice/Bob) *110*
– Phase I (Alice/Bob) 115 ff.
– Phase II (Alice/Bob) 135–147

F
Farbe des Lichts 118
Faserkoppler 284–287, *285*, 306
Feld, elektrisches *21*
Fermionen(verhalten) 258, 260
Fliegen 29–35
Fluoreszenz, spontane parametrische (down-conversion) 279 f., 302
Fotoelektrischer Effekt (Gesetz) 50–54, *51*, 56 f., 59
Frequenz 18 ff., 118
Frequenzmodulation 20
»Furry-Hypothese« 162

G
Gasverteilung im Raum *48*
Gesamtwahrscheinlichkeit *siehe* Wahrscheinlichkeit
Geschwindigkeit 27
Geschwindigkeitsunschärfe 80
GHZ-Korrelationen/-Zustände *296*, 297, 299
Glasfaseroptik 16–24
Gott, Existenz(beweis) 213
Gravitationswellen, Nachweis 313
Grenzgeschwindigkeit 32

H
h *siehe* Planck'sches Wirkungsquantum
Halbwertzeit 246
Heisenberg'sche Unschärfebeziehung/-relation 74 f., 80, 85–92, 102, 191, 312 *siehe auch* Quantenunschärfe
– Ontologische Aussage 81
Heuristik 50
Hochgeschwindigkeitskommunikation 267
Hyksos 26
»hyper-dense coding« *siehe* Kodierung, hyperdichte

I
Ikarus 29
Impulsunschärfe 74, 81, *83*
Information 270, *273*, 338
– Baustein des Universums 73
– und Wirklichkeit 339
Informationsverarbeitung/-übertragung 16–24, *17*, 132
Interferenz, destruktive/konstruktive 257, 260
Interferenzstreifen 40, *41*, *60*, 63, 68 f. *siehe auch* Doppelspalt-Interferenzphänomen

K
Kanal (der Informationsübertragung), klassischer 93, *98*, 102, 291
Kochen-Specker-Paradoxon 208
Kodierung, hyperdichte (»hyper-dense coding«) 269, 272, *273*
Kohlenstoff 70
Kommunikationsschlupfloch 225, 228, 230 f.
Kommunikationstechnik 267
Komplementarität 85 ff., 90
Korrelationen (der Messergebnisse) 159 f.
–, nicht-perfekte 181
–, perfekte 164, 170, 179, *180*, 181 f., 186, 189, 200 f., 213, 294 f.
– Zwilligsbeispiel 201 ff.

L
Leben, Erneuerungsprozess 73
Licht 37–44
–, Entropie 49
–, gequetschtes 313
– Polarisation (Quantinger-Vorlesung) 118–134
Lichtgeschwindigkeit 42 f., 215–220, 288
–, doppelte 31 f.
Lichtgeschwindigkeitsgrenze 32
Lichtquanten/-teilchen

45–54 *siehe auch* Photonen
– Polarisation 124–134
Lichtwellen 18
Lokalitätsannahme/-hypothese (Einstein/Podolsky/Rosen) 169 ff., 184, 192
LRT *siehe* Theorie lokaler verborgener Variablen

M
Malus, Gesetz von (Malus'sches Gesetz) *121*, 122, 185 f.
Marsreise 319
Materie, Definition 70–73
Mehrteilchensysteme, verschränkte 295 *siehe auch* Verschränkung
Messergebnisse, Voraussage 156
»Messung«, Quantenmechanik 101
Modulator, elektro-optischer 290
Moleküle, Quantenverschränkung 320
Moore'sches Gesetz 317

N
Nachrichtenübermittlung 216, 218, *219* *siehe auch* Telekommunikation
Neutronen 71 f., 89
Neutronenstern 72
Nichtlokalität des Potenzials 191
Nobelpreis, Einstein 55 f.
No-Cloning-Theorem (Wiesner) 266 f., 307

O
OGS *siehe* Optical Ground Station, Teneriffa
One-Way-Quantencomputer *siehe* Quantencomputer
Ontologische Aussage, Unschärfebeziehung 81
Optical Ground Station (OGS), Teneriffa 333
Ordnung
– und Unordnung (Schäferhunde/Schafherde) 45–54, *46*
– und Wahrscheinlichkeit 48
Ortsunschärfe 74 f., *76*, 80, *83*

P
PBS *siehe* Strahlteiler, polarisierender
Philosophie 241 *siehe auch* Erkenntnistheorie
Photonen (unteilbare Lichtquanten/-teilchen) 44, *56*, 97, *98*, 124–134, *128*, *130*, *133*, 163, 171, 184 f., *256*
– Bosonen 258, 262, 289
–, (energie-/frequenz) verschränkte 97, 204 ff., 279 f., *286*, 297
– Erzeugung *283*
– Nachweis mittels Detektor 183
– Polarisationslisten *180*
– Quanteninterferenz 61–69
– Quantenzustand 131
– Zweizustandssystem 268
Photonendetektor 58 f.
– Funktionsweise *59*
Photonenpaare/-zwillinge 159 f., *161*, *165*, 166, 234, *254*, *256*, *273*, 274 *siehe auch* Zwillinge/Zwillingsteilchen
– Rätsel 171–176, 194–209
–, verschränkte (Erzeugung) 204 ff., *205*, 275, *304*
Planck-Konstante *siehe* Planck'sches Wirkungsquantum (h)
Planck'sches Wirkungsquantum (h, Planck-Konstante) 54, 74, 80, 240
Polarisation/Polarisator(en), Photonen 118, *119*, 120 f., *122*, *123*, 124–134, *128*, 160, 162–168, 171, 177, 179 ff., *180*, 183–186, 204 f., 208, 210 ff., 221 f., 224, 246, 259, *261*, 262, 264, 277 f., *283*, *287*; **10**, **11**
–, lineare 124
–, zirkulare 124
Polarisationskorrelation 280 *siehe auch* Korrelationen
Polarisationsmessungen *296*
Polarizing Beam Splitter (PBS) *siehe* Strahlteiler, polarisierender
Protonen 71 f., 89, 97
Pseudozufallszahlengeneratoren 245

Q
Quanten 130
Quantenausrede 77 ff., *78*
Quantenbild 126
Quantenbit (Qubit) 267 f., 270–274, 334 f.
– Paare, verschränkte 275
Quantencomputer 132 f., 197, 307, *308*, 314 ff., 334 ff.
Quantengeld 263, *265*, 266, 268
Quanteninterferenz 319
– Nachweis 64
– Photonen 61–69
Quanteninternet 335
Quantenkanal *283*, 291 *siehe auch* Einstein-Podolsky-Rosen-Kanal
Quantenkodierung (dichte) *siehe* Kodierung, hyperdichte
Quantenkommunikation, Satelliten 333
Quantenkryptographie 132 f., 197, 268, 317
Quantenlotterie 245–252
– mit zwei Photonen 253–262
Quantenmechanik, Überprüfung 318
Quanten-Nichtlokalität 111
Quantenpirouette *315*
Quantenrepeater *308*
Quantensocken, verschränkte 192, *193*
Quantensuperposition 268 *siehe auch* Superposition, quantenmechanische
Quantenteilchen, verschränkte 179 *siehe auch* Verschränkung
Quantenteleportation 14, *98*, 133, 197; **12, 15** *siehe auch* Teleportation
Quantenunschärfe 74–86 *siehe auch* Heisenberg'sche Unschärfebeziehung/-relation
Quantenverschränkung 92–106, 195–209 *siehe auch* Verschränkung
Quantenverschränkungsgenerator 101
Quantenwiederholstation 307
Quantenwürfel, verschränkte 94–97, *95*, *104 f.*
Quantenzufall 245 f., *249*
Quantenzufallszahlengenerator 246; **9**
Quantenzustand des Photons, kollabierender 131
Quarks 72 f., 89
Quasare 229
Qubit *siehe* Quantenbit

R
Raumfahrt 29–35
Raumsonde Pionier 10 31
Raumzeit, Einheit der 215
Realismus, lokaler (Weltansicht) 207 f., 295, *296*, 337 *siehe auch* Theorie lokaler verborgener Variablen
Realität, Elefantenbeispiel *155*
Realitätskriterium (Einstein/Podolsky/Rosen) 156–168, 191, 200
Reisen
– Geschichte 25–36
– Teleportation 321 ff.
Relativitätstheorie (Einstein) 32 f., 43, *55* f., 215, 228
Roulettespiel 252

S
Satelliten
–, Photonenverschränkung über 328
– Quantenkommunikation 333
Schäferhunde/Schafherde (Ordnung/Unordnung) 45–54, *46*
Schallgeschwindigkeit 29
Schrödinger-Gleichung 239 ff.
»Spin« 313
Spin-Eigenschaft 264
Spinzustand, gequetschter 313
Strahlteiler, polarisierender (Polarizing Beam Splitter, PBS) 122, *125*, 127, *130*, *133*, 160, *161*, 205, *205*, 247, *248*, 253, *254*, *256*, *261*, 277, 284, *285*, 288; **9**
Superposition, quantenmechanische (Überlagerung) 129, 131 f., 135 f., 255, 260, 298 *siehe auch* Quantensuperposition

T

Teilchenkonzept, Licht 37 f., 57
Telekommunikation 16–24 *siehe auch* Nachrichtenübermittlung
Teleportation 25, 35 f., 89 ff., 281–292, 300–310 *siehe auch* Quantenteleportation *sowie* Verschränkung, Teleportation
– Experimentaufbau *287*
– Reisen 322 ff.
– Verschränkung *301*, *308*
–, zeitverzögerte *304*
Theorie des lokalen Realismus *siehe* Theorie lokaler verborgener Variablen
Theorie lokaler verborgener Variablen (Theorie des lokalen Realismus, LRT; Bohm) 189–192
Theorie von Allem (»Theory of Everything«) 151 ff.
»Theory of Everything« *siehe* Theorie von Allem
Tunneleffekt, quantenmechanischer 284

U

Überlagerung *siehe* Superposition, quantenmechanische
Überschallflugzeuge 29
Universum, Widerspruchsfreiheit 216, *217*
Unordnung/Ordnung (Schäferhunde/Schafherde) 45–54, *46*
Unschärfebeziehung/-relation, Heisenberg'sche *siehe* Heisenberg'sche Unschärfebeziehung/-relation
Up-Quark 72 f.
Urknall 229
Ursache-Wirkungs-Prinzip 245

V

Variablen, lokale verborgene 177–182 *siehe auch* Theorie lokaler verborgener
Verkehrsmittel, Zeitbedarf von Tokio nach New York City *30*
Verschränkung (quantenmechanische) 8, 15, *95*, 226 f., *244*, 259, 262, 272, *273*, 282 *siehe auch* Drei-Teilchen- *und* Quantenverschränkung
–, Austausch von *(entanglement swapping)* 302, 307
– Experimentanordnung *197*
– Quantenrätsel 195–209
– Teleportation *287*, 300–310, *301*, *308*
– über Satelliten 328
Verschränkungsverfahren, Quanten 100 ff.
Verschränkungsmessung *286*

W

Wahrscheinlichkeit/Ordnung 48, 136, 251, 253, 255
Wasserwelle 20, *21*, 39, *40*
Welle, elektromagnetische 20, *21*
Wellenausbreitung, Teich *19*
Wellenkonzept/-natur/-theorie, Licht 37–43, 50, 52, 57, 61
Wellenlänge 118
Wellenpaket(bild) 82–85, *83*
– Unschärfe der Geschwindigkeit 84
– Unschärfe des Ortes 84 f.
Widerspruch, Endlosschleife 216, *217*, 218
Wirklichkeit
– und Information 339
–, Vorstellungen von *109*
Wirkungsquantum *siehe* Planck'sches Wirkungsquantum

Z

Zeitbedarf von Tokio nach New York City, Verkehrsmittel *30*
Zufälligkeit/Zufallsfolgen
– Einzelereignis, quantenmechanisches 338
– Tests 250 f.
Zufallszahlengenerator 247
Zwillinge/Zwillingsteilchen 99 *siehe auch* Photonenpaare/-zwillinge
Zwillingsparadoxon (Einstein) 33, *34*

Bildnachweis

Im Text:

Jacqueline Godany (Bild Vorwort; Abbildungen 1; 3; 8; 9; 11; 13; 15; 19; 20; 21; 22; 23; 24; 25; 26; 30; 31; 32; 33; 39; 40; 41; 42; 44; 45; 46; 47; 48; 49; 50; 51)
Thomas Hamann (2; 4; 5; 7; 12; 14; 16; 17; 18; 29; 35; 36; 37; 38; 43; 52)
Institut für Experimentalphysik, Universität Wien (Grafik Stefan Gerlich: 6; Grafik Andreas Poppe: 10; Grafik Bibiane Blauensteiner: I, II)
Physical Review (27)
Journal de Physique (34)

Im Bildteil:

Contrast (1; 4; 7)
Jacqueline Godany (2a, 2b; 8)
Ruth Braunizer (3a)
Walter Thirring (3b)
Renate Bertlmann (3c)
Charles Bennett (5)
Institut für Experimentalphysik, Universität Wien (Foto Andreas Poppe: 6; Foto Gregor Weihs: 9; 10; Foto Michael Reck & Paul Kwiat: 11; Grafik Rupert Ursin: 12; Foto Simon Gröblacher: 13; Foto Marc Steinmetz: 14)
VISUM (Foto: Marc Steinmetz: 15)
Anton Zeilinger (16)

Bild 1 Neujahrskonzert 2005 im Goldenen Saal des Wiener Musikvereins. Die Wiener Philharmoniker unter Lorin Maazel.

Bild 2 Donaulaboratorium in Wien zur Quantenteleportation.
Der Autor diskutiert mit Rupert Ursin einige Punkte des Experiments (oben).
Detailansicht des experimentellen Aufbaus (unten).

Bild 3 Erwin Schrödinger (links oben), an der irischen Küste bei Dublin, ca. 1942. Albert Einstein (rechts oben) in Princeton, 1953.
Unten: John Bell bei einer Fahrt mit der Liliputbahn im Wiener Prater, 1982.

Bild 4 Das Benediktinerstift Melk an der Donau, etwa eine Tagesreise per Pferd von Wien entfernt.

Bild 5 Die Autoren des theoretischen Vorschlages zur Quantenteleportation: Hintere Reihe von links: Richard Jozsa, William K. Wootters, Charles Bennett. Vordere Reihe von links: Gilles Brassard, Claude Crépeau, Asher Peres. Davor die ubiquitäre Schrödingerkatze.

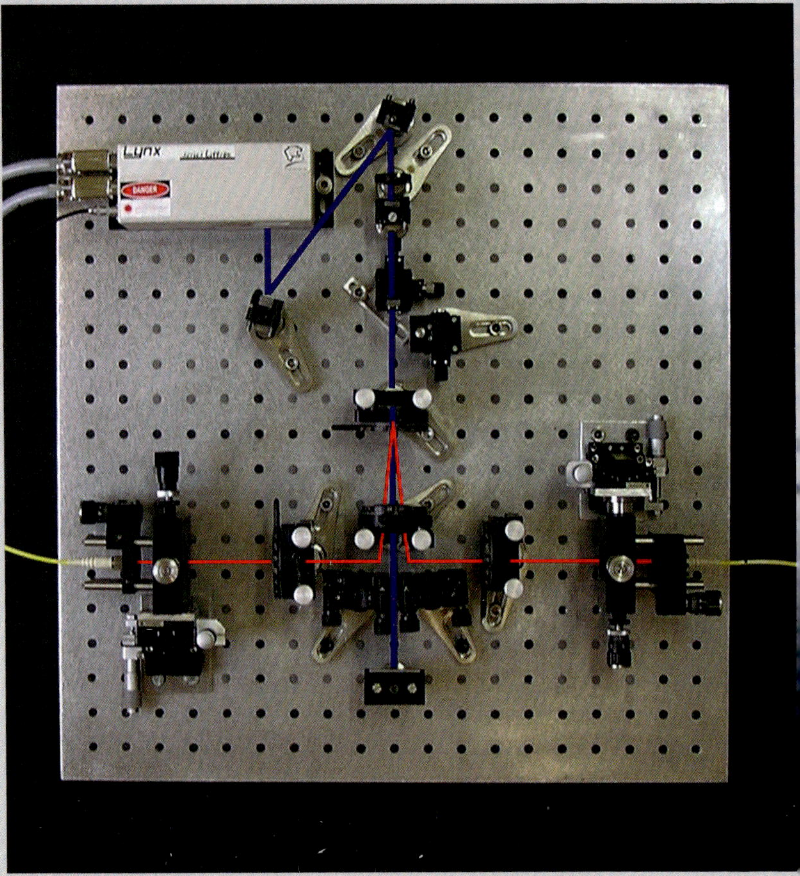

Bild 6 Eine Quelle verschränkter Photonen. Ein Pumpstrahl aus einem Laser (blau) pumpt einen Kristall, wobei Paare verschränkter Photonen (rot) entstehen. Diese werden dann in Glasfasern (gelb) eingekoppelt.

Bild 7 Berge in den Tiroler Alpen.
»Haben die Kühe ihre Farbe, ehe ich sie sehe?«

Bild 8 Die Schrödinger-Gleichung auf dem Grab Erwin Schrödingers in Alpbach in Tirol.

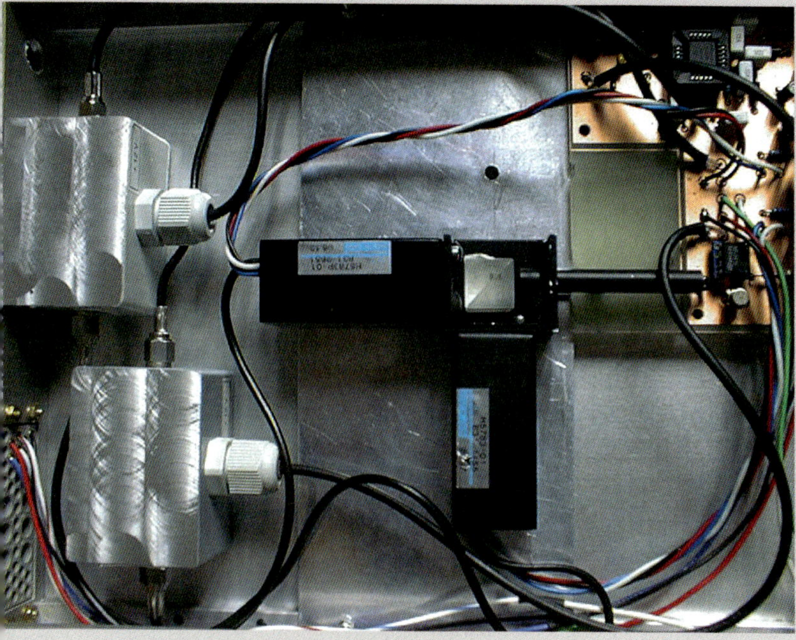

Bild 9 Der Quantenzufallszahlengenerator. Der Strahlteiler ist der Glaswürfel in der Mitte. Links davon und nach unten die beiden Photonendetektoren. Rechts am Ende des schwarzen Röhrchens befindet sich der kleine Laser.

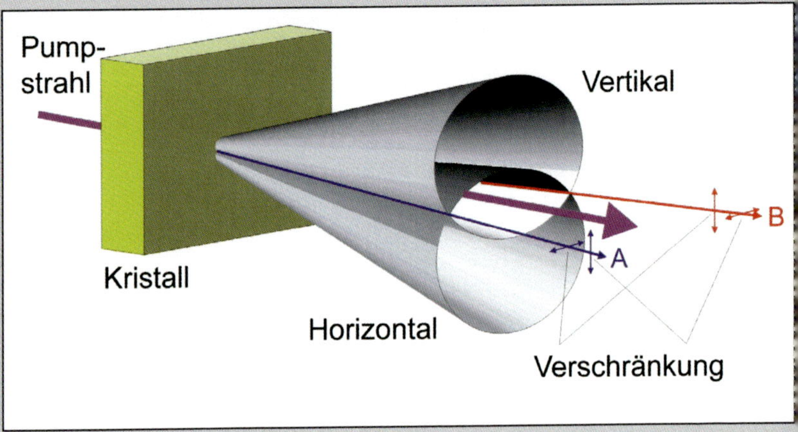

Bild 10 Prozess der parametrischen Konversion zur Erzeugung polarisationsverschränkter Photonen. Die entstehenden Photonen werden entlang Kegeln emittiert, immer in Paaren, so dass ein Photon dem einen Kegel und das andere Photon dem anderen Kegel angehört. Innerhalb eines jeden Kegels sind die Photonen polarisiert, eben horizontal H oder vertikal V. Entlang der Schnittlinien beider Kegel ist die Polarisation der Photonen undefiniert. Jedes könnte ja entweder H oder V sein, je nachdem, von welchem Kegel es kam. Sie müssen aber verschieden sein. Ist das Photon A V-polarisiert, so muss das Photon B die Polarisation H tragen. Ist dagegen das Photon A H-polarisiert, so muss das Photon B die Polarisation V tragen. Wenn beides möglich ist und keines von beiden festgelegt ist, sind die Photonen A und B miteinander verschränkt.

Bild 11 Foto der bei der parametrischen Konversion entstehenden Photonen. Das Bild wurde mit drei Farbfiltern aufgenommen. Die wiedergegebenen Farben sind Falschfarben. Die Photonen im wirklichen Experiment haben Wellenlängen, so dass sie mit freiem Auge nicht beziehungsweise kaum sichtbar waren. Polarisationsverschränkte Photonen erhält man, wenn man die Strahlen entlang der Schnittlinien der beiden grünen Kreise durch Blenden auswählt.

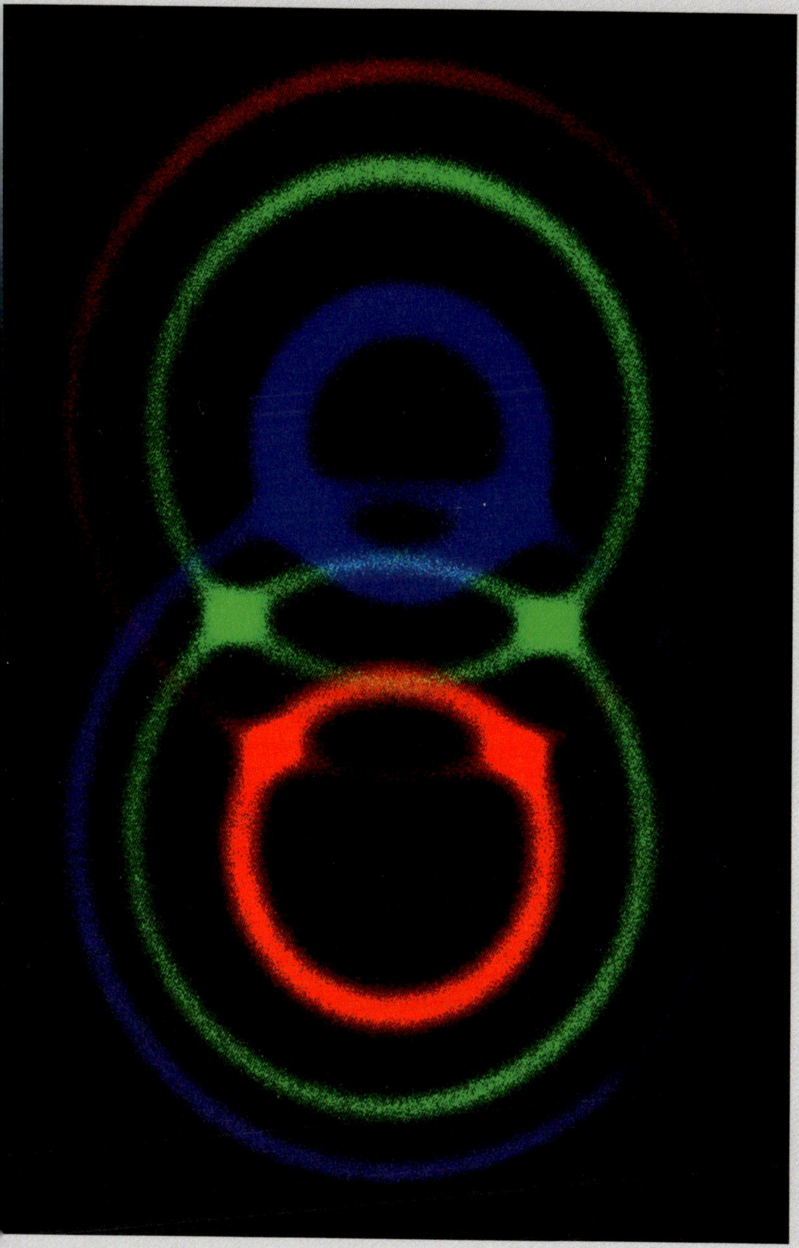

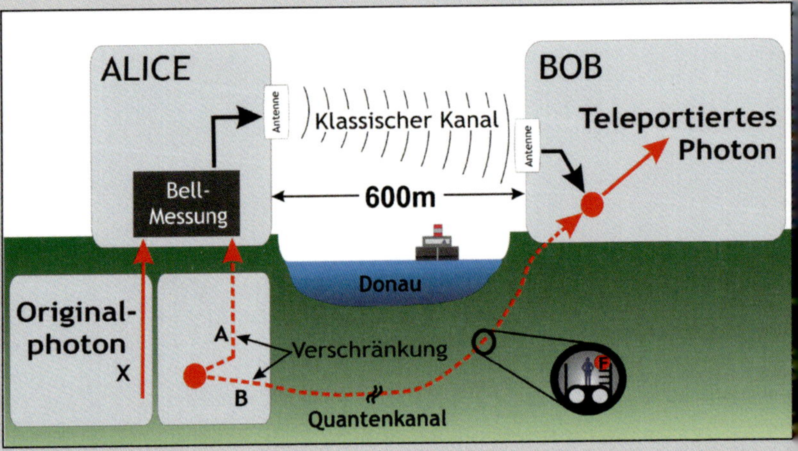

Bild 12 Das Teleportationsexperiment an der Donau. Alice und Bob sind durch zwei Informationskanäle miteinander verbunden. Der klassische Kanal ist eine Funkverbindung über der Donau, der Quantenkanal besteht aus einem verschränkten Paar an Photonen, A und B, die durch Glasfasern fliegen. Die Glasfaser verläuft in einem unterirdischen Tunnel unter der Donau. Alice teleportiert den Zustand des Originalphotons X. Sie macht dazu eine Bellmessung an X und A, wodurch die beiden miteinander verschränkt werden. Die Art dieser Verschränkung teilt sie Bob über den klassischen Kanal mit. In einem Fall der Resultate von A ist Bobs Photon sofort im Originalzustand des Photons X. Er muss also nichts unternehmen. Im anderen Fall muss Bob die Polarisation dieses Photons drehen.

Bild 13 Die drei Autoren der GHZ-Arbeit, Daniel M. Greenberger (links), Michael A. Horne (Mitte) und der Autor (rechts). Aufgenommen in Wien, Mai 2005.

Bild 14 Das Team, das 1997 die erste Teleportation in Innsbruck durchführte. Von links: Dik Bouwmeester, Harald Weinfurter, Anton Zeilinger, Jian-Wei Pan, Manfred Eibl, Klaus Mattle.

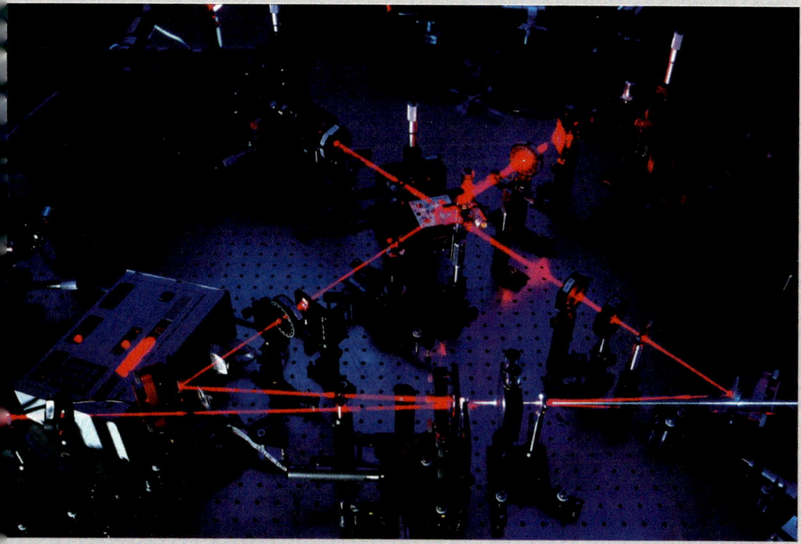

Bild 15 Foto des ersten Teleportationsexperimentes. Von rechts kommt der Pumpstrahl (weiß), der im Kristall ein verschränktes Paar an Photonen (rot) erzeugt. Das Photon links unten wird schließlich das endgültig teleportierte. Beim Rückweg erzeugt der Pumpstrahl das zu teleportierende Photon. Dieses trifft mit dem zweiten verschränkten Photon am Strahlteiler (oben Mitte) zusammen, wo die Bellmessung geschieht.

Bild 16 Die Optical Ground Station der Europäischen Weltraumbehörde auf Teneriffa. Sie beherbergt ein 1,5 Meter Teleskop, mit dem man optisch mit Satelliten kommunizieren kann. Links im Hintergrund El Teide, der höchste Berg Spaniens.